Demografie-Management in der Praxis

Susanne Schuett

Demografie-Management in der Praxis

Mit der Psychologie des Alterns wettbewerbsfähig bleiben

 Springer

Dr. Susanne Schuett
Universität Wien
Fakultät für Psychologie
Wien, Austria

ISBN 978-3-642-54414-9   ISBN 978-3-642-54415-6 (eBook)
DOI 10.1007/978-3-642-54415-6

Die Deutsche Nationalbibliothek verzeichnet diese Publikation in der Deutschen Nationalbibliografie; detaillierte bibliografische Daten sind im Internet über http://dnb.d-nb.de abrufbar.

SpringerMedizin
© Springer-Verlag Berlin Heidelberg 2014

Planung: Dipl.-Psych. Joachim Coch, Heidelberg
Projektmanagement: Axel Treiber, Heidelberg
Lektorat: Martina Kahl-Scholz, Möhnesee
Projektkoordination: Eva Schoeler, Heidelberg
Umschlaggestaltung: deblik Berlin
Fotonachweis Umschlag: © Getty Images/Fuse
Herstellung: Crest Premedia Solutions (P) Ltd., Pune, India

Gedruckt auf säurefreiem und chlorfrei gebleichtem Papier

Springer Medizin ist Teil der Fachverlagsgruppe Springer Science+Business Media
www.springer.com

Vorwort

Seien wir doch ehrlich - wer beschäftigt sich schon gerne mit dem Altern, geschweige denn mit dem Älterwerden oder gar Altsein? Ist die magische Volljährigkeit einmal erreicht, dann gibt es wenige, die gerne weiter altern. Wir verleugnen und verdrängen das Altern und schieben es gern weit weg von uns. Warum? Vor Jahren hat George Soros dies einmal auf den Punkt gebracht:

» Älterwerden gilt als Peinlichkeit und Sterben als Scheitern. **«**

Es gibt kaum ein Thema, das mit so vielen Tabus, Vorurteilen, Mutmaßungen und Befürchtungen besetzt ist, wie das Altern.

- ■ *Warum* sollten Sie das Buch lesen?
Weil es eben ums Altern geht. Und Altern geht uns alle an. Schließlich altert ja jeder von uns. Altern ist auch *der* neue globale Megatrend (der Begriff wurde bereits 1982 von John Naisbitt, Begründer der modernen Zukunftsforschung, geprägt und in seinem Weltbestseller »*Megatrends: ten new directions transforming our lives*« definiert als fundamentale soziale, ökonomische, politische oder technologische Veränderung, die alle Lebensbereiche beeinflusst, und zwar nachhaltig und global). Unternehmen tun viel zur Bewältigung seiner strategischen Herausforderungen: Demografie-Management ist in aller Munde. Doch leichter gesagt als getan - vor allem, wenn es um die Umsetzung in die betriebliche Praxis geht. Vorreiterunternehmen bestätigen: im Demografie-Management kämpft man früher oder später mit besonders massiven Widerständen, und zwar auf sämtlichen Organisationsebenen und in allen Funktionsbereichen.

Dieses Buch unterstützt Unternehmen strategisch und praktisch bei der Bewältigung dieser neuen Herausforderung, und zwar mit der Psychologie des Alterns. Gerade ihre realistische Perspektive auf den Mythos »Altern«, sowohl von der individual- als auch arbeits- und organisationspsychologischen Seite her, hilft bei der operativen Umsetzung von Demografie-Management.

Auf den ersten Blick erscheint die Umsetzung von Demografie-Management zwar als ganz gewöhnlicher organisationaler Veränderungsprozess - wie jeder andere auch. Aber eben nicht ganz. Denn es geht ja nicht um irgendeine Veränderung, wie beispielsweise die Einführung eines neuen IT-Systems. Im Gegenteil: Beim Demografie-Management geht es letztlich um eine höchst sensible, ganz persönliche Veränderung - das eigene Altern.

Deshalb macht Altern auch den meisten von uns Angst, vor allem in der Arbeitswelt. Aus der Psychologie des Alterns und der betrieblichen Realität wissen wir, dass Mitarbeiter und Führungskräfte deshalb fast gar nicht anders können, als höchst sensibel auf die Veränderungsprozesse im Demografie-Management zu reagieren und Widerstand zu leisten.

Die Psychologie des Alterns sagt uns aber auch, dass ein realistischer Umgang mit diesem sensiblen Thema die Umsetzung von Demografie-Management erfolgreicher und nachhaltiger gestalten kann. In diesem Sinne traf bereits Cicero mitten ins Ziel:

» Nicht das Altern ist das Problem, sondern unsere Einstellung dazu. «

Erfolgreiches Demografie-Management muss die Tabus, Ängste und Widerstände rund ums Altern berücksichtigen, allerdings auf eine pragmatisch-zurückhaltende Art. Fragen zum Altern im betrieblichen Kontext sind letztlich Akzeptanz- und Vertrauensfragen.

Konkret empfiehlt sich für die Umsetzung von Demografie-Management ein alternspsychologisches Change-Management, basierend auf einer spezifisch-entwickelten »Sechs-Säulen-Strategie«. Das kompakte Praktikerhandbuch präsentiert erstmalig die »sechs Säulen des erfolgreichen Demografie-Managements«:

Entscheidend ist, dass Unternehmen ihre Mitarbeiter und Führungskräfte für die Umsetzung *Sensibilisieren!* (Säule 1: Alternsbewusstsein), *Qualifizieren!* (Säule 2: Alternskompetenz) und *Motivieren!* (Säule 3: Alternsmotivation). Schließlich muss »Altern managen« nicht nur bewusst, sondern auch gelernt und gewollt werden.

Außerdem muss Altern auch erlaubt und gelebt werden: Unternehmen sollten deshalb unbedingt in diesem Sinne *Kommunizieren!* (Säule 4: Alternskommunikation), *Führen!* (Säule 5: Alternsführung) und *Kultivieren!* (Säule 6: Alternskultur).

Mit dem resultierenden Umsetzungserfolg im Demografie-Management bekommen Unternehmen die Chance, als ökonomische und gesamtgesellschaftliche Innovatoren die vielleicht schwierigste Lebenskunst im 21. Jahrhundert — unser neues Altern — im Sinne eines *»Ready to Age«* erfolgreich mitzugestalten und voranzutreiben.

■ **Wer** sollte das Buch lesen?
Das Buch richtet sich an alle, die betriebliches Demografie-Management planen, entwickeln, umsetzen, optimieren oder begleiten.

Dies inkludiert Geschäftsführer und Vorstände, Führungskräfte aller Managementebenen und Funktionsbereiche, Personalverantwortliche, Arbeitnehmervertreter, Aufsichtsräte und Risikomanager, aber auch Betriebsärzte, Betriebspsychologen, Behinderten-, Gleichstellungs-, Gesundheits- und Sicherheitsbeauftragte - und natürlich auch interne wie externe Unternehmens- bzw. Organisationsberater mit ihren verschiedenen Schwerpunkten und Fachrichtungen.

Gleichzeitig ist das Buch auch von Interesse für alle Praktiker, Lehrende und Studierende der Betriebswirtschaftslehre, Psychologie sowie der Medizin, Pflege- und Gesundheitswissenschaften.

Außerdem ist das Buch auch für all diejenigen, die mehr über ihr eigenes Altern, über das Altern am Arbeitsplatz und in Unternehmen erfahren möchten. Denn für die meisten von uns ist das Altern nach wie vor ein weißer Fleck auf der Landkarte des Lebens: Man begibt sich auf unbekanntes Terrain, ohne sich auszukennen oder vorzubereiten. Dabei kann man so viel dafür tun, dass man gesund, motiviert und leistungsfähig älter wird und dabei auch noch Spaß hat.

- ### *Wie* sollten Sie das Buch lesen?

Als kompaktes Praktikerhandbuch geschrieben, orientiert sich das Buch konsequent an den Bedürfnissen und Problemen in der Praxis. Das neueste Wissen übers Altern und sein betriebliches Management soll Ihnen so interessant, einfach und unterhaltsam wie möglich vermittelt werden. Die »sechs Säulen des erfolgreichen Demografie-Managements« wurden auf der Basis der neuesten Erkenntnisse und Methoden der Psychologie des Alterns, der Arbeits- und Organisationspsychologie sowie des Demografie-Managements entwickelt.

Auf wissenschaftlichen Jargon wird deshalb ebenso bewusst verzichtet wie auf die klassisch-wissenschaftliche Zitierweise; für eine bessere Lesbarkeit sorgt auch die Verwendung maskuliner Formen für alle geschlechtsspezifischen Bezeichnungen. Ein vollumfängliches Verzeichnis der verwendeten und auch zum Weiterlesen empfohlenen Literatur finden Sie am Ende des Buches - ebenso wie eine Auswahl einiger exzellenter nationaler und internationaler Organisationen und Ressourcen, wenn Sie sich eingehender mit den verschiedenartigen Herausforderungen des Alterns und seinen transformationellen Aspekten beschäftigen möchten.

Außerdem sind alle Kapitel so geschrieben, dass Sie diese unabhängig voneinander lesen können - je nach Ihrem aktuellem Bedarf und Interesse. Das erste Kapitel dient als kurze Einführung in die Thematik »Megatrend Altern und Demografie-Management«. Darauf aufbauend erklärt das Kapitel 2, warum Sie es beim Demografie-Management, insbesondere wenn es um seine Umsetzung geht, mit einem ganz besonderen Veränderungsprozess und mit ganz besonderen Widerständen zu tun haben.

Der Hauptteil des Buches präsentiert das alternspsychologische Change-Management, basierend auf den »sechs Säulen des erfolgreichen Demografie-Managements«. Die Kapitel 3 bis 8 behandeln jeweils eine Säule und folgen dabei immer dem gleichen Schema, welches das Lesen auch wieder so einfach und angenehm wie möglich machen soll. Jedes Kapitel beantwortet die folgenden Fragen: *Was* ist mit der jeweiligen Säule bzw. dem Erfolgsfaktor gemeint (*Know-What*)? *Warum* ist dieser Faktor wichtig für die erfolgreiche Umsetzung von Demografie-Management (*Know-Why*)? *Wie* realisiert man diesen Erfolgsfaktor in der betrieblichen Praxis (*Know-How*)?

Das abschließende Kapitel 9 zeigt auf, wie der daraus resultierende Umsetzungserfolg, einschließlich seiner ökonomischen und sozialen Effekte, im Unternehmen verankert werden kann, und zwar so nachhaltig, »... bis Altern kein Thema mehr ist.« Im Schlusswort finden Sie dann ein provokantes Plädoyer für ein neues Selbstverständnis von Altern.

- ### Viele haben mitgeholfen — Danke

Auch als Alleinautorin habe ich dieses Buch nicht »alleine« geschrieben. Ich forsche seit vielen Jahren im Bereich Altern, Gesundheit und Organisation und hatte bis dato das Glück, viel zum Wissen der *scientific community* beitragen zu können, aber auch enorm vom Wissen derselben profitiert zu haben. Daher gilt ein erster Dank natürlich den zahlreichen Experten aus der Altersforschung sowie –praxis.

Gleichzeitig möchte ich mich bedanken bei Unterstützern, Kollegen und Studenten meiner bisherigen universitären Wirkungsstätten, nämlich der Ludwig-Maximilians-Universität, München, der Durham University, Großbritannien, der *University of California*, San Diego, sowie, aktuell, der Universität Wien; an diesen Orten hat es stets Freude gemacht, über Alterns-relevante Themen zu forschen, lehren und schreiben.

Ohne die - erneut - großartige familiäre Unterstützung wäre vieles viel schwieriger gewesen, und ich möchte mich an dieser Stelle auch sehr herzlich bei Herrn Joachim Coch vom Springer-Verlag sowie bei Frau Dr. Martina Kahl-Scholz für die exzellente, unkomplizierte Zusammenarbeit bedanken.

Als Wissenschaftlerin habe ich die Wissenslücke in diesem Bereich gesehen, und viele Gespräche mit Führungskräften von Unternehmen, großen und kleineren, haben mich bestärkt, dieses Praxisbuch dann zu schreiben. Ich hoffe, dass es die betriebliche Realität betreffend Altern und Demografie-Management tatsächlich entscheidend verbessern hilft.

Susanne Schuett
Wien, Oktober 2013

Inhaltsverzeichnis

III   Demografie-Management, und zwar nachhaltig

Die Autorin

■ **Frau Dr. Susanne Schuett**

Susanne Schuett, promovierte Psychologin, forscht seit vielen Jahren international im Bereich Altern, Gesundheit und Organisation. Wissenschaftlich ausgebildet in Deutschland, Großbritannien und den USA, gilt ihr Arbeits- und Forschungsinteresse den neuen Dynamiken des Alterns, beim Einzelnen und im Unternehmen. Susanne Schuett lebt und arbeitet derzeit in Wien.

Kontakt: Susanne Schuett, Institut für Angewandte Psychologie: Gesundheit, Entwicklung, Förderung der Universität Wien, Liebiggasse 5, A-1010 Wien, e-mail: susanne.schuett@univie.ac.at, Web: ▶ www.drschuett.info

Altern managen! Von der Strategie zur Umsetzung

1

》 Die wettbewerbskritischen Faktoren sind nicht mehr Ökonomie und Technologie. Es ist die Demografie. (Peter F. Drucker) 《

»Altern managen oder nicht managen, das ist die Frage«, die Unternehmen – große, mittlere, kleine, private, öffentliche – mehr denn je beschäftigt. Schließlich ist es auch eine der alles entscheidenden Fragen ihrer Wettbewerbsfähigkeit. Denn ihre Kunden werden immer weniger und gleichzeitig immer älter: die Nachfrage nach neuen Dienstleistungen und Produkten steigt, und es eröffnen sich neue Geschäftsfelder. Doch auch die Unternehmen selbst altern: ihre Mitarbeiter und Führungskräfte werden immer älter, und es kommen immer weniger nach. Entscheidend für ihre Zukunftssicherung wird deshalb sein, ihr eigenes Altern zu managen. Viele Unternehmen haben sich auch schon längst fürs »Altern managen« entschieden und bereits wichtige strategische Weichen gestellt. Auf dem Weg von der Strategie zur operativen Umsetzung ihres Demografie-Managements plagen sie nun massive Widerstände.

1.1   *Megatrend Altern*: Immer weniger, immer älter

Unsere Bevölkerungspyramide wird zur Urne.

Unternehmen aller Größen und Branchen stehen vor einer historisch noch nie dagewesenen globalen Herausforderung: Immer mehr von uns werden immer älter, und es kommen immer weniger nach. 2050 wird es erstmals in unserer Geschichte weltweit dauerhaft mehr ältere Menschen als jüngere geben. Wir haben es bald nicht mehr mit einer Über-Bevölkerung der Welt zu tun, vor der wir die letzten fünfzig Jahre gewarnt worden sind, sondern mit einer Unter-Bevölkerung. Japan, das weltweit älteste Land, wird noch innerhalb des 21. Jahrhunderts über die Hälfte seiner Bevölkerung verlieren. Die Bevölkerungs-»Pyramiden« verwandeln sich in »Pilze«; manche sprechen sogar von Bevölkerungs-»Urnen«.

Wir haben Alterns-Neuland betreten!

Der Megatrend Altern ist in aller Munde. Häufig auch als **demografischer Wandel** bezeichnet, umfasst er als Querschnittsthema den Doppeltrend aus Alterung und Bevölkerungsrückgang. Das 20. und 21. Jahrhundert ist für Alternsforscher und Demografen das, was das 15. Jahrhundert für die großen Entdecker war. Was unser Altern anbelangt, haben wir Neuland betreten. Unser neues Altern ist ein Megatrend, der uns, unsere Zukunft und alle Generationen, die nach uns kommen, maßgeblich beeinflussen wird, und zwar in allen Lebensbereichen, so die Vereinten Nationen. Der Megatrend Altern wurde sogar zum wichtigsten globalen Trend unserer Zukunft erklärt.

Jedes Land altert, nur anders, und unterschiedlich schnell.

Obwohl nur Europa und Japan zu altern scheinen, ist dieser Trend inzwischen zum globalen und sich beschleunigenden Phänomen geworden (◘ Tab. 1.1, ◘ Tab. 1.2). Jedes Land altert, nur anders, und unterschiedlich schnell. Besonders treffen wird es die Schwellen- und Entwicklungsländer, die deshalb weniger Zeit haben werden, sich diesem Trend anzupassen.

☑ **Tab. 1.1** Globales Altern – Die »Top 10« Länder mit dem größten 60+ Bevölkerungsanteil (in %) in den Jahren 2011 und 2050 (Quelle: *United Nations Population Division*, 2011).

2011		2050	
Japan	31	Japan	42
Deutschland	27	Portugal	40
Italien	26	Bosnien und Herzegowina	40
Finnland	25	Kuba	39
Schweden	25	Republik Korea (Südkorea)	39
Bulgarien	25	Italien	38
Griechenland	25	Spanien	38
Portugal	24	Singapur	38
Belgien	24	Deutschland	38
Kroatien	24	Schweiz	37

☑ **Tab. 1.2** Globales Altern – Die »Top 10« Schwellen- und Entwicklungsländer mit den am schnellsten wachsenden 60+ Bevölkerungsanteilen (in %) zwischen 2011 und 2050 (Quelle: United Nations Population Division, 2011).

	Anstieg 2011–2050	60+ Anteil 2050
Vereinigte Arabische Emirate	35	36
Bahrein	29	32
Iran	26	33
Oman	25	29
Singapur	23	38
Republik Korea (Südkorea)	23	39
Vietnam	22	31
Kuba	22	39
China	21	34
Trinidad und Tobago	21	32

Globales Altern ist einer der wenigen vorhersehbaren Langzeittrends in einer Welt, die sich permanent und meist unvorhersehbar verändert und soll über zwei Drittel unserer Zukunft erklären können. Der Megatrend ist eines der größten Risiken für globalen Wohlstand und wird unsere Welt drastisch verändern - jeden Einzelnen, aber auch Wirtschaft und Gesellschaft.

Doch die gute Nachricht ist, dass die Konsequenzen unseres globalen Alterns nicht nur vorhersehbar, sondern auch kontrollierbar

Unser neues Altern wird unsere Welt dramatisch verändern.

Altern muss neu erfunden werden!

sind. Altern muss »neu erfunden« werden, und nicht nur das Weltwirtschaftsforum und die Weltgesundheitsorganisation fordern innovative Konzepte und Lösungen. Während in der Alternsfrage die Regierungen von Washington über Brüssel bis nach Peking noch über neue politische Programme debattieren, geht der private Sektor in Führung. Der Megatrend Altern wird inzwischen mindestens so bedeutend eingeschätzt, wie die Globalisierung und der technologische Fortschritt, wenn nicht sogar bedeutender, wie Peter Drucker bereits 1997 trefflich feststellte. Altern ist der neue globale Wirtschaftstrend, bei dem nicht mehr Rohstoffe und Technik, sondern der Mensch im Mittelpunkt steht.

Absatzmärkte schrumpfen und werden grauer.

Die Auswirkungen dieses globalen Wirtschaftstrends werden deshalb deutlich häufiger erkannt und strategisch berücksichtigt, als noch vor ein paar Jahren. Dies gilt zwar für Unternehmen sämtlicher Branchen, jedoch besonders für die Versicherungsbranche, die in ihrer Vorreiterrolle im Risikogeschäft dessen Komplexität und Nachhaltigkeit aufgezeigt hat: Wir stehen vor mannigfaltigen Herausforderungen - politisch und gesellschaftlich (Zukunft Sozialversicherung, innenpolitische/internationale Ordnung?), volkswirtschaftlich (Zukunft Kapitalmärkte?), betriebswirtschaftlich (Zukunft Absatz-, Arbeitsmärkte? Zukunft Arbeit, Personal, Organisation?), gesundheitlich (Zukunft individueller, kollektiver Gesundheitszustand, Gesundheitssysteme?) und individuell (Zukunft aller Lebensbereiche?). Doch Unternehmen sind nicht nur konfrontiert mit sich ändernden strategischen Umfeld- sowie vertrieblichen Marktbedingungen.

Arbeitsmärkte und Belegschaften schrumpfen und werden grauer.

»Wie sie den Laden führen, wenn die Leute erst mit 75 in Rente gehen« so Peter Drucker, ist zentrale und zugleich schwierigste Management-Aufgabe der Zukunft: Denn nahezu alle Unternehmen sind konfrontiert mit individuellen und inter-individuellen Altersspannen ihrer Mitarbeiter bzw. Führungskräfte von mehr als fünfzig Lebensjahren. Unternehmen sind also gleich mehrfach herausgefordert: Ihre Belegschaften müssen aus einem allgemein schrumpfenden Personalangebot rekrutiert werden, weil immer weniger Junge nachkommen, sowohl was Geburtenrate anbelangt als auch was junge Fachkräfte betrifft; aufgrund sinkender Geburtenraten fehlen bis 2030 in Deutschland 6 Millionen im erwerbsfähigen Alter. Außerdem leben und arbeiten wir auch noch länger als je zuvor: Länger leben heißt länger arbeiten. Hier kann auch keine baldige Trendumkehr einsetzen. Erstens, weil die Politik über kurz oder lang nicht mehr umhin kommen wird, das Pensionseintrittsalter nach oben zu korrigieren; damit verbleiben Mitarbeiter bzw. Führungskräfte lebensarbeitszeitlich länger im Unternehmen. Bereits jeder dritte Angehörige der globalen Fortune-500-Unternehmen ist 50 Jahre und älter. Im Jahr 2030 gilt dies für fast jeden zweiten Erwerbstätigen, insbesondere in den westlichen Industrienationen. Am schnellsten wächst der Anteil der

Erwerbstätigen zwischen 55 bis 65 Jahren und derjenigen jenseits des 65. Lebensjahrs.

Droht ein *Clash of Generations*?

Und schließlich gehören ihre Belegschaften unterschiedlichen Generationen an - eigentlich völlig entgegen gesellschaftlichen Trends in der privaten Lebensführung, arbeiten heute bis zu fünf (!) Generationen »unter einem Dach«: die **Wirtschaftswundergeneration** (1945-1955), **Baby-Boomer** (1956-1965), **Generation X** (1966-1985), **Generation Y** (1986-1994) und die **Generation Z** (post-1994). Diese verschiedenen Altersgruppen und Generationen unterscheiden sich stark in ihren Bedürfnissen, Werten und Einstellungen zur Arbeit sowie auch in Arbeits- und Leistungsverhalten, -fähigkeit, -motivation. Sie denken, fühlen und handeln anders — und altern anders, und sie artikulieren zunehmend »offensiv« ihre jeweiligen Ansprüche an das Unternehmen und Arbeitsumfeld. Deshalb unterscheiden sich auch die Anforderungen, die heute und morgen an Unternehmen gestellt werden. Senioritätsprinzip und traditionelle Führungsordnungen sind umkämpft und kehren sich langsam um; generationenbedingte Konflikte am Arbeitsplatz steigen.

1.2 Unternehmen kämpfen mit Widerständen

In Zukunft hängt der wirtschaftliche Erfolg entscheidend von der Fähigkeit eines Unternehmens ab, die immer weniger werdenden, qualifizierten Arbeitskräfte zu gewinnen und zu binden und die Arbeits- und Leistungsfähigkeit sowie -motivation der immer älter werdenden Belegschaften zu erhalten. Denn insbesondere in Wissens- und Dienstleistungsgesellschaften ist die Wertschöpfung eines Unternehmens abhängig von seinem Personal. Angesichts des Megatrends Altern drohen Produktivitäts- und Kapazitätsrisiken, aber es entstehen auch neue Chancen - und dies gilt für Unternehmen aller Branchen und Größen, von KMU bis multinationalem Konzern, ebenso wie für staatliche und non-profit Organisationen.

Alterns-Risiken drohen, Chancen entstehen.

Das effektive strategische und operative Management der Risiken und Chancen des »alternden Personals« ist zentraler Erfolgsfaktor der Zukunft. Unternehmensleitung, Führungskräfte, Arbeitnehmervertreter und Kontrollorgane sehen zunehmend die Dringlichkeit von betrieblichem **Demografie-Management** sowie dessen ökonomische und soziale Notwendigkeit bzw. Nutzen: Wer alternsorientiertes Risiko- und Chancen-Management betreibt, ist kein Altruist, sondern denkt kaufmännisch und sozial verantwortlich. Die Demografie- bzw. Alterns-Frage ist keine Luxus-Frage mehr, sondern eine existenzielle Frage. Demografie-Management bedeutet dreifachen Gewinn, nicht nur für das Unternehmen selbst, sondern auch für den Einzelnen und die Gesellschaft (▶ Overview: »Demografie-Management: Ökonomischer, individueller und sozialer Nutzen«).

Demografie-Management: Erfolgsfaktor der Zukunft!

1

Demografie-Management: Ökonomischer, individueller und sozialer Nutzen

Unternehmen/Organisation

- Steigerung der Kapazität und Produktivität: u. a. durch gesteigerte Gewinnung, Bindung, Engagement, Qualifizierung und Gesundheit sowie Arbeits- und Leistungsfähigkeit der Mitarbeiter
- Senkung der Personalkosten (insb. aufgrund reduzierter Krankheits-, Rekrutierungs-, Fluktuationskosten)
- Steigerung des Umsatzes und Gewinns
- Sicherung des Erfahrungswissens
- Steigerung der Produkt- bzw. Dienstleistungsqualität
- Steigerung der Kundenzufriedenheit
- Verbesserung der nachhaltigen Unternehmens-/Organisationsentwicklung
- Steigerung der Wettbewerbs-, Innovations- und Zukunftsfähigkeit
- Kapitalrendite Demografie-Management: Erste Kosten-Nutzen-Analysen zeigen, dass - ähnlich wie beim betrieblichen Gesundheitsmanagement - pro investiertem Euro nach einigen Jahren ca. 3-5 Euro zurück fließen (insb. wegen reduzierter Kosten aufgrund von Fehlzeiten, Arbeitsunfähigkeit und Fluktuation sowie gesteigerter Produktivität)

Individuum

- Steigerung der Arbeits- und Leistungsfähigkeit
- Steigerung der Arbeitsmotivation und -zufriedenheit
- Verlängerung der Lebensarbeitszeit
- Verbesserung von Gesundheit und aktivem Altern
- Steigerung von allgemeiner Zufriedenheit, Wohlbefinden, Lebensqualität
- Steigerung des individuellen Wohlstands

Gesellschaft

- Stabilisierung der politischen Ordnung, national/international
- Nachhaltige Entwicklung des Sozialsystems
- Stabilisierung der Kapitalmärkte
- Verbesserung von Gesundheit und aktivem Altern
- Steigerung der Erwerbszeiten und Senkung der Arbeitslosigkeit
- Förderung der Solidarität zwischen den Generationen
- Steigerung des gesamtgesellschaftlichen Wohlstands

Entscheidender Erfolgsfaktor ist die strategische und operative Fähigkeit von Unternehmen, das immer weniger bzw. immer älter werdende Personal zu gewinnen, zu binden und leistungsfähig (d. h. gesund, qualifiziert, motiviert) zu halten.

Zur Bewältigung dieser neuen, komplexen Herausforderungen haben viele Unternehmen begonnen, Demografie-orientierte Unternehmens- bzw. Personalstrategien zu entwickeln, um dann, primär auf Basis unternehmensweiter Altersstrukturanalysen, konkrete Demografie-orientierte Personalmaßnahmen zu konzipieren, nämlich: entsprechende Modelle der Personalplanung, Personalrekrutierung, -auswahl und -beurteilung, Personalführung, Personal- und Teamentwicklung, Arbeitsgestaltung (insb. betreffend Arbeitsplatz, -inhalt, -zeit, -ort und -sicherheit), Gratifikations- und Laufbahngestaltung, Unternehmenskultur und Kommunikation sowie Demografie-orientiertes Wissens-, Gesundheits-, Talent- und Diversity-Management und neue *Work-Life-Balance* Konzepte.

> **Unternehmen entwickeln Demografie-orientierte Personalstrategien, analysieren Altersstrukturen und konzipieren Maßnahmen.**

Das sind wichtige Schritte. Damit der ökonomische und soziale Nutzen von betrieblichem Demografie-Management auch zum Tragen kommt, müssen Demografie-orientierte Personalmaßnahmen erfolgreich umgesetzt, angewendet und auch beibehalten werden. Doch die konkrete Umsetzung in die betriebliche Praxis bleibt weiterhin unzureichend und beschränkt sich meist nur auf einzelne Maßnahmen zu Gesundheitsmanagement und Personalentwicklung. Obwohl sich Unternehmen der Notwendigkeit und Dringlichkeit von Demografie-Management sehr wohl bewusst sind und ihre entwickelten Ansätze auch umsetzen wollen, verschwinden viele Demografie-Management Projekte als Papiertiger wieder in der Schublade. Die Umsetzung Demografie-orientierter Personalmaßnahmen ist zentrales Problem in Unternehmen.

> **Umsetzung von Demografie-Management ist ein großes Problem in der Praxis.**

Das strategische und operative Management ist nämlich konfrontiert mit nachhaltigen personalen und organisationalen Widerständen, und dies auf nahezu sämtlichen Organisationsebenen und in nahezu sämtlichen Funktionsbereichen bzw. Abteilungen, Standorten. Altern managen ist leichter gesagt als getan. Denn die meisten Mitarbeiter bzw. Führungskräfte sind mit Demografie-orientierten Veränderungsprozessen überfordert und reagieren höchst sensibel bis total-verweigernd, wenn Unternehmen das Thema Altern auch nur »ansprechen«. Aus der Sicht der Psychologie des Alterns ist dieses Verhalten völlig normal und die resultierenden Widerstände ein quasi-Faktum, dem man sich einfach stellen muss – das man allerdings auch positiv beeinflussen kann durch gezieltes Intervenieren.

> **Altern managen ist leichter gesagt als getan!**

Der Abbau dieser Widerstände ist absolut erfolgskritisch. Andernfalls kommt der ökonomische und soziale Nutzen von betrieblichem Demografie-Management nicht zum Tragen und operatives Demografie-Management läuft ins Leere – ohne entsprechenden *return-on-investment*, wenn es nicht sogar, wie häufig, nachhaltige »Überschuss-Aufregung« im Unternehmen verursacht. In der betrieblichen Praxis herrscht jedoch Unklarheit über diese spezifische Widerstandsproblematik. Dies stellt alle Verantwortlichen, die mit der strategischen Konzipierung und Entwicklung oder mit der Umsetzung und Professionalisierung von betrieblichem Demografie-Management beauftragt wurden, vor besondere Herausforderungen.

> **Widerstände im Demografie-Management sind die neuen Herausforderungen.**

Demografie-Management: Besonderer Wandel, besondere Widerstände

Verstehen! Altern macht Angst

2

> » Jeder will alt werden, aber keiner will alt sein. (Marcus Tullius Cicero) «

Warum ist der Umsetzungsprozess im Demografie-Management so anders, als andere Umsetzungsprozesse? Und warum sollten Sie sich auch noch mit der »Psychologie des Alterns« auseinandersetzen? Veränderung ist Veränderung und Widerstand ist doch Widerstand. Reicht nicht einfach ein ganz normales Change-Management? In diesem Kapitel beschäftigen wir uns mit den Antworten bzw. damit, warum Demografie-Management besondere und besonders hartnäckige Ängste und Widerstände hervorruft, warum Altern Angst macht, und wie die »Psychologie des Alterns« dabei helfen kann, diese Ängste und resultierende Widerstände abzubauen und das Veränderungsvorhaben Demografie-Management erfolgreich zu meistern. Es geht darum, ein Unternehmen und sein Personal mit einem spezifisch-entwickelten alternspsychologischen Change-Management, basierend auf den »sechs Säulen des erfolgreichen Demografie-Managements«, »*ready*« zu machen für die nachhaltige Umsetzung von Demografie-Management. »*Alterns-Readiness*« sichert die erfolgreiche individuelle, betriebliche und letztlich gesellschaftliche Bewältigung des wahrscheinlich schwierigsten Kapitels der Lebenskunst im 21. Jahrhundert: das neue Altern.

2.1   Alt sind nur die anderen

Keine Veränderung ohne Widerstand!

Veränderungen rufen Widerstände hervor, unabhängig davon, ob es sich um personale oder organisationale Veränderungen handelt. Widerstände entstehen auch nicht nur bei negativen Veränderungen, sondern sogar bei Veränderungen mit positiven Konsequenzen für die Betroffenen. In der betrieblichen Praxis hat man es mit Widerständen zu tun, wenn Entscheidungen oder Maßnahmen aus nicht ersichtlichen Gründen von Einzelpersonen, Gruppen bzw. in der Organisation abgelehnt werden. Widerstände können aktiver oder passiver Natur sein. Bei Einzelpersonen äußert sich **aktiver Widerstand** typischerweise in Form von Widerspruch, Gegenargumentation, Beschwerden oder Ausreden, **passiver Widerstand** als Abwesenheit, Lustlosigkeit, fehlendes Engagement und Rückzug. In der Gruppe bzw. Organisation zeigt sich aktiver Widerstand in Form von gegenseitigen Angriffen, Cliquenbildung, Machtspielen und Gerüchten, passiver Widerstand als angespannte Atmosphäre, Debatten über Unwichtiges und mangelnde Kooperation. Grundsätzlich sind Widerstände ein gutes Zeichen und zeigen, dass die Veränderung ernst genommen wird. Denn **fehlender Widerstand** bedeutet meist, dass niemand an die Umsetzung glaubt und sich nichts verändert. Nichts desto trotz gefährden Widerstände massiv die Umsetzung von Veränderungsprozessen und gelten als die zentrale Herausforderung in jedem Veränderungsmanagement — und damit auch im Demografie-Management.

Widerstände haben primär psychologische Ursachen. Menschen sind »Gewohnheitstiere« und mögen eigentlich keine Veränderungen. Widerstand ist letztlich nichts anderes als ein Versuch, das »Gewohnte« zu verteidigen. Denn Veränderung bedeutet, das »Vertraute« und »Sichere« verlassen und sich auf etwas »Neues« und »Unbekanntes« einlassen zu müssen. Dies wird meist als Bedrohung empfunden, macht Sorge, verunsichert und macht Angst. Und genau diese Angst erzeugt Widerstände. Im Demografie-Management hat man es mit ganz besonderen Ängsten und besonders hartnäckigen Widerständen zu tun. Deshalb klaffen im betrieblichen Umgang mit dem Megatrend Altern Wunsch und Wirklichkeit noch weit auseinander.

Veränderungen machen Angst!

Viele führen dies zurück auf wirtschaftlich schwierige Zeiten, fehlende Budgets, unzureichende personelle Ressourcen und Verantwortlichkeiten. Zu Recht, denn diese strukturellen Hindernisse können die Umsetzung Demografie-orientierter Personalmaßnahmen wesentlich beeinträchtigen (▶ Kap. 9). Doch die primäre Ursache ist eine andere, und zwar eine besondere Widerstandsproblematik, die der Umsetzung von betrieblichem Demografie-Management quasi-immanent zu sein scheint. Betroffen sind sämtliche Organisationsebenen und Funktionsbereiche bzw. Abteilungen, Standorte - und dies, obwohl die Veränderung Demografie-Management sogar positive Konsequenzen hat: nicht nur für das gesamte Unternehmen, sondern auch für jeden Einzelnen und die Gesellschaft (▶ Kap. 1).

Demografie-Management erzeugt besonders hartnäckige Widerstände!

Warum ist das strategische und operative Management bei der Umsetzung Demografie-orientierter Personalmaßnahmen mit besonders hartnäckigen Widerständen konfrontiert?

Zunächst einmal ist betriebliches Demografie-Management und seine Umsetzung eine Aufgabe, die zusätzlich zum vorrangigen Tagesgeschäft erledigt werden muss. Da Veränderungen wie die Umsetzung Demografie-orientierter Personalmaßnahmen Zeit, Kraft und Geld kosten, werden diese häufig kritisch hinterfragt und erst einmal abgelehnt. Dies gilt insbesondere für Führungskräfte der zweiten Ebene und des mittleren Managements. Zudem wird das Management der alternden Belegschaften meist als »soft«-Thema bzw. optionale Aufgabe abgetan, deren Ausführung auf die Personalabteilung abgeschoben wird. Vor dem Hintergrund ökonomischer und betriebswirtschaftlicher Zwänge kommt erschwerend hinzu, dass sich betriebliches Demografie-Management auch jeglicher Kosten-Nutzen-Betrachtungsweise zu entziehen scheint. Demografie-Management kann nur begrenzt gerechtfertigt werden und gilt nach wie vor als wenig gewinnbringend. Vielen scheint der Aufwand viel zu hoch, ein weiteres »schwammiges« Querschnittsthema ins betriebliche Management einzuführen. Denn die notwendigen Investitionen amortisieren sich nicht in kurzer Zeit, und der ökonomische Nutzen ist schwer messbar, insbesondere bei Personalmaßnahmen mit präventivem Charakter. Auch aufgrund der Krise sowie der weiterhin unsicheren konjunkturellen Lage gerät Demografie-Management in vielen Unternehmen wieder ins Abseits. Kurzfristige Strategien zur

Vor allem Führungskräfte gehen auf die Barrikaden.

2

Demografie-Management ist kein gewöhnliches Veränderungsvorhaben.

Bewältigung des Megatrends Altern, wie z.B. Kurzarbeit und Umstrukturierungen, werden häufig einem langfristig angelegten, nachhaltigen Demografie-Management vorgezogen.

Jedoch sind die besonders hartnäckigen Widerstände im Demografie-Management nicht ausschließlich rational bedingt und können auch nicht nur auf die Durchsetzung eigener Interessen und auf politische Motive zurückgeführt werden. Im Gegenteil, die besondere Widerstandsproblematik im Demografie-Management ist primär emotionaler Natur. Versteht man Demografie-Management aus der Perspektive der »**Psychologie des Alterns**«, so stellt man fest, dass es um ein ganz besonderes Veränderungsvorhaben geht. Obwohl der demografische Wandel inzwischen in aller Munde ist, ist das Altern ein merkwürdig abstraktes Phänomen geblieben. Dies ist höchst problematisch, denn im Demografie-Management geht es nicht nur um das Management eines abstrakten Alternsphänomens oder sich verändernder betrieblicher Altersstrukturen. Demografie-Management ist auch nicht vergleichbar mit dem Management einer administrativ-technokratischen Veränderung im Unternehmen, wie beispielsweise die Einführung eines neuen IT-Systems (oft schon schlimm genug). Im Gegenteil, es geht um das Altern jedes Einzelnen - spätestens dann, wenn es zur konkreten Handlungsebene kommt und Demografie-orientierte Personalmaßnahmen umgesetzt, angewendet und beibehalten werden sollen. Die »Psychologie des Alterns« sagt uns, dass Altern ein höchst sensibler, primär psychologischer Veränderungsprozess ist (▶ Overiew »Was hat Demografie-Management mit Psychologie zu tun?)

Was hat Demografie-Management mit Psychologie zu tun?
Vielen ist nicht klar, dass es im Demografie-Management letztlich um das individuelle Altern geht, und dass Altern ein höchst sensibler, primär psychologischer Veränderungsprozess ist. Denn es sind in erster Linie psychologische Faktoren, die die vermeintlich rein altersbedingten körperlichen und sozialen Veränderungen beeinflussen.

Diese »psychologischen Faktoren« sind: Fähigkeiten und Fertigkeiten bzw. Verhalten (auch Leistungsfähigkeit, Sozial-, Kommunikations-, Coping-Verhalten), Kognitionen (Wahrnehmung, Aufmerksamkeit, Lernen, Gedächtnis, Erfahrungs-, Expertenwissen, Denken, Problemlöse-, Planungs-, Kontrollfunktionen, Kreativität, Sprache), Emotion und Motivation (insb. Zufriedenheit, Wohlbefinden, Werte, Einstellungen, Bedürfnisse, Motive), sowie Motorik und Persönlichkeitseigenschaften.

Altern wird primär »im Kopf« bestimmt, wie bereits Mark Twain trefflich bemerkte:

> » Age is an issue of mind over matter. «

Zudem verändert sich das Gehirn im Laufe eines Lebens stärker, als jedes andere Organ.

Die **Alternsforschung** und **Alternspraxis** wären ohne die Psychologie völlig undenkbar. Die Psychologie des Alterns widmet sich der Beantwortung der zentralen Alternsfragen:

1. Wie verändert sich der Mensch über die Lebensspanne in seinen psychischen, biologisch-körperlichen und sozialen Aspekten, einschließlich seiner Erkrankungen?
2. Wie bewältigt man das Älterwerden und die damit verbundenen (tatsächlichen und befürchteten) Einschränkungen, Defizite und Verluste?
3. Ist das Altern beeinflussbar und welche individuellen, betrieblichen und gesellschaftlichen Gestaltungsmöglichkeiten gibt es?
4. Was sind die psychischen, biologischen und sozialen Bedingungen des Alterns?
5. Was sind die Potenziale des Alterns und was sind seine Grenzen?

Da Veränderungen Angst machen, macht uns auch das Altern Angst. Altern wird, wie Veränderungen generell, als Bedrohung empfunden - und zwar als massive Bedrohung, über die man nichts Genaues weiß, auf die man keinen Einfluss hat und der man auch nicht gewachsen ist. Bis zum Erreichen der Volljährigkeit freuen wir uns noch auf das Altern und die vermeintlich damit einhergehende Freiheit. Danach plagt uns die Angst vor dem Altern und den vermeintlich damit einhergehenden Grenzen. Es gibt kaum jemanden, der sich nicht vor dem Altern fürchtet. Die Angst vor dem Altern und seinen Auswirkungen ist sogar ein internationales Phänomen, nur die Angstinhalte unterscheiden sich von Land zu Land (während sich z. B. die Deutschen am meisten vor Gedächtnisverlust fürchten, betrifft die größte Angst der Inder den altersbedingten Haarausfall).

Es geht um das Altern, und das macht Angst!

Erschwerend hinzukommt, dass Altern nach wie vor ein höchst sensibles Tabuthema ist. Altern und der Tod haben *das* Tabu unserer Zeit, die Sexualität, ersetzt, bemerkt George Soros trefflich:

> » Älterwerden gilt als Peinlichkeit und Sterben als Scheitern «

Die Alternsängste und -tabus betreffen meist die möglichen, befürchteten Begleiterscheinungen des Alterns, die auch noch viel schlimmer empfunden werden, als wenn sie tatsächlich eintreten. Obwohl wir heutzutage in einer vermeintlichen »Gesellschaft ohne Tabus« leben, gibt es kaum ein Thema, das mit so vielen Tabus, Vorurteilen sowie Mutmaßungen und Befürchtungen besetzt ist, wie das Altern. Da man über Tabus und Ängste nicht spricht, beeinflussen diese hinter den

Altern ist das Tabu unserer Zeit.

Kulissen massiv unser Wahrnehmen, Denken, Fühlen, Wollen und Handeln (▸ Overview: »Altern: Die häufigsten Ängste und Tabus«).

Altern: Die häufigsten Ängste und Tabus
- körperliche Veränderungen
- Verlust der Attraktivität
- Einbußen in Wahrnehmung, Motorik
- Erkrankungen und Schmerzen
- Verlust des Gedächtnisses, Demenz
- Abnahme der Leistungsfähigkeit
- Veränderungen der Sexualität
- Verlust der Mobilität
- Abhängigkeit von der Hilfe anderer
- Verlust der Selbständigkeit
- Pflegebedürftigkeit
- Verlust des Partners
- Alleinsein und Einsamkeit
- sozialer Abstieg und Altersarmut
- Ausschluss aus der Gesellschaft
- Alterssuizid
- Sterben und Tod

In keinem anderen Lebensbereich sind diese mit dem Altern verbundenen Tabus, Vorurteile und Ängste so ausgeprägt, wie im Arbeitsleben (mehr zu den Vorurteilen gegenüber dem Altern bzw. Älteren im Arbeitsleben ▸ Kap. 5). Denn im Arbeitsleben scheint es nur eine relativ kurze Phase zu geben, in der man vermeintlich »richtig« ist bzw. das »richtige Alter« hat, wie bereits Charles Montesquieu trefflich bemerkte:

» Es ist wenig Zeit zwischen der Zeit, wo man zu jung und der, wo man zu alt ist. **«**

Altern im Arbeitsleben macht besonders Angst!

(▸ Overview: »Altern im Arbeitsleben: Die häufigsten Ängste und Tabus«).

Altern im Arbeitsleben: Die häufigsten Ängste und Tabus
- altersbedingter Verlust des Arbeitsplatzes oder der beruflichen Position
- altersbedingte Benachteiligungen (»zu alt« oder »zu jung« sein)
- Verlust von Ansehen und Status sowie Anerkennung und Wertschätzung: u. a. »nichts mehr wert sein«, »nicht mehr erwünscht sein, gebraucht, ernst genommen werden«, »auf dem Abstellgleis landen«, »nicht als alter Hase, sondern als altes Eisen gelten«

- Abnahme der Arbeits- und Leistungsfähigkeit: u. a. »nicht mehr mithalten können«, »den Anforderungen nicht mehr gewachsen sein«
- neue Anforderungen durch zunehmende Technisierung und Umwälzungen (aufgrund von Fusionen, Umstrukturierungen, Konkurse)
- Arbeitsplatzwechsel und neue Lernsituationen
- neue Führungssituationen bzw. -anforderungen, insb. »Jung führt Alt«
- Generationenkonflikte am Arbeitsplatz
- Karriere-, Lern- und Entwicklungsziele nach dem 50. Lebensjahr (»doch nicht in Deinem Alter«)
- Ausscheiden aus dem Berufsleben
- Übergang in den Ruhestand und nachberufliche Tätigkeit
- länger arbeiten wollen (»doch nicht in Deinem Alter«)

Das »alt sein« beginnt, je nach Branche, oftmals bereits ab dem 40. Lebensjahr, und man wird plötzlich, jedoch völlig ungerechtfertigter Weise, zum »alten Eisen« gezählt (»**Jugendwahn**«). Auch in der gängigen Praxis des betrieblichen Talent-Managements hört man mit 40 auf, Talent zu sein. In diesem Zusammenhang nicht zu vernachlässigen sind die tiefgreifenden Umstrukturierungen der letzten Krisenjahre, die häufig verbunden waren mit dem Abbau von Arbeitsplätzen gerader älterer Arbeitnehmer sowie Frühverrentungsprogrammen und Vorruhestandsregelungen. Die Ängste vor altersbedingtem Verlust von Arbeitsplatz, Position, Ansehen und Status, Wertschätzung sowie die Befürchtung von altersbedingten Benachteiligungen sind für ältere Erwerbstätige leider oftmals harte Realität. So brauchen Vierzigjährige in Europa heute durchschnittlich ein Jahr, bis sie wieder Arbeit finden, obwohl sie voll arbeitsfähig sind; und die Jobchancen für über 50-jährige gestalten sich als noch viel schwieriger. Doch ebenso wenig zu vernachlässigen ist das oftmals zu lange andauernde »zu jung sein«, deshalb als unerfahren gelten und nicht ernst genommen werden, ganz abgesehen von der weltweit dramatisch ansteigenden Jugendarbeitslosigkeit. Chefsessel sind nur für Ältere reserviert: Das »**Senioritätsprinzip**« steht dem Jugendwahn diametral gegenüber. Verantwortlichkeiten und Entlohnung steigen mit dem Lebensalter, Betriebszugehörigkeit und Berufserfahrung. Führungskräfte sind somit immer älter und erfahrener, als ihre Mitarbeiter. Doch angesichts des Megatrends Altern sind sowohl »Senioritätsprinzip« als auch »Jugendwahn« überholt, ebenso wie die Vorstellung, freie Stellen nur noch mit jungen Menschen zu besetzen, die aber das Wissen der über 40-jährigen haben sollten.

Alternsängste im Arbeitsleben sind deshalb besonders massiv und kritisch, da die Arbeitstätigkeit der zentrale Stützpfeiler unserer Identität und (finanziellen) Sicherheit ist. Zudem werden auch unser

Jugendwahn steht dem Senioritätsprinzip diametral gegenüber!

Arbeit als Stützpfeiler der Identität und Sicherheit.

Selbstwert, unsere gesellschaftliche Position, Anerkennung und soziale Teilhabe maßgeblich im Arbeitsleben bestimmt. Es überrascht deshalb nicht, dass der (altersbedingte) Verlust des Arbeitsplatzes und insbesondere das endgültige Ausscheiden aus dem Arbeitsleben die größte Angst ist, und zwar unabhängig davon, ob dies bereits eingetreten ist oder bevorsteht, und ob dies »gewollt« oder »erzwungen« wurde. Die meisten, aber insbesondere Männer, fühlen sich in ihrem Selbstwert geschwächt, überflüssig, nutz- und bedeutungslos, sogar verloren. Zudem plagen sie massive Sinnlosigkeitsgefühle, die nicht selten in eine tiefe Depression stürzen können.

Altern managen macht noch mehr Angst, weil es eine direkte Konfrontation mit dem eigenen Altern bedeutet.

Nicht nur das Altern, einschließlich seiner Begleiterscheinungen im Arbeitsleben und darüber hinaus, ist tabu und macht Angst, sondern auch die Auseinandersetzung und der Umgang mit dem eigenen Altern und dem Altern anderer — so wie im **betrieblichen Demografie-Management**. Denn Demografie-Management, insbesondere wenn es um die Umsetzung, Anwendung und Beibehaltung von alternsorientierten Maßnahmen geht, verlangt von den Unternehmensangehörigen eine Konfrontation mit dem eigenen Altern und damit eine Auseinandersetzung mit Tabus und Ängsten. Zudem herrscht überhaupt die Angst vor der Komplexität des Themas Altern. Letztlich verlangt Demografie-Management auch einen Umgang mit eigenen (alternsbedingten) Defiziten. Doch kaum etwas fällt so schwer, wie das Erkennen der eigenen Defizite, das Eingeständnis von Hilfebedarf und die Annahme von bzw. Bitte um Unterstützung. Dies gilt besonders für einmal beherrschte, nachlassende Fähigkeiten von hoher persönlicher Relevanz. Deshalb erleben die meisten sowohl präventive Maßnahmen zur Verhinderung alternsbedingter Defizite als auch Interventionsmaßnahmen zur Kompensation bereits bestehender Defizite als Bedrohung für das eigene Selbstwertgefühl sowie für Unabhängigkeit und Selbständigkeit. Die Anwendung Demografie-orientierter Personalmaßnahmen wird damit zum Eingeständnis bzw. öffentlichem »Bekenntnis« von vermeintlicher »Schwäche« und »alt sein«. Das Management von Demografie wird dann, so die allgemeine Perzeption, das Management von zunehmender Zerbrechlichkeit und Schwäche; ist man hier dabei, ist nun vollends öffentlich dokumentiert, dass man »zum alten Eisen gehört« oder, schlimmer noch, dass man auf einer etwaigen *handshake*-Liste weit oben rangiert.

Demografie-Management ist Neuland.

Erschwerend hinzu kommt, dass für die meisten Unternehmen betriebliches Demografie-Management Neuland ist. Bis vor wenigen Jahren war das Querschnittsthema Altern in Unternehmens- und Personalpolitik nur von geringer Relevanz. Wenn das Thema berücksichtigt wurde, dann führte dies zu rationalisierungsbedingtem Personalabbau älterer Mitarbeiter, Frühverrentungsprogrammen und Vorruhestandsregelungen. Es überrascht deshalb nicht, dass Unternehmensangehörige dem Management dieses Querschnittsthemas reserviert gegenüber stehen und es mit Sozialabbau, Arbeitszeitverlängerung und Lohnminderung verbinden.

Die meisten befürchten auch im Zusammenhang mit Demografie-Management, ähnlich wie beim Gesundheits-Management, bevormundet zu werden und haben Angst vor Eingriffen in die Privatsphäre — müssen doch bei vielen Demografie-orientierten Personalmaßnahmen die aktuelle Lebenssituation und auch persönliche Werte berücksichtigt werden. Speziell Führungskräfte fürchten sich darüber hinaus auch vor einer Überforderung durch die Doppelbelastung mit Tagesgeschäft und der Zusatzaufgabe Demografie-Management. Verstärkt wird dies durch die Angst vor den damit verbundenen neuen Anforderungen, welchen man möglicherweise nicht gewachsen ist.

Angst vor Eingriff in Privatsphäre und Zusatzbelastung!

Demografie-Management macht allein schon deshalb Angst, weil es eine Veränderung ist - und zwar eine besonders tiefgreifende Veränderung, sowohl auf personaler und als auch auf organisationaler Ebene. Da bereits »normale« Veränderungen am Arbeitsplatz als Bedrohung empfunden werden und Befürchtungen auslösen, potenziert sich dies im Demografie-Management. Zudem wird über diese Befürchtungen selten offen gesprochen, meist aus Angst vor der Reaktion der Vorgesetzten oder weil es einfach schwer fällt, diese zu verbalisieren; Gefühle erschweren die Verständigung. Schließlich ist Angst im beruflichen Umfeld noch immer ein Tabuthema und gilt als Zeichen von Schwäche.

Demografie-Management ist eine Veränderung, die Angst macht.

Menschen können daher fast gar nicht anders, als höchst sensibel auf Demografie-orientierte Veränderungen am Arbeitsplatz zu reagieren und sich zu wehren. Die meisten Mitarbeiter und Führungskräfte sind daher von Demografie-orientierten Veränderungsprozessen überfordert und reagieren höchst sensibel bis total-verweigernd, wenn Unternehmen das Thema »Altern« ansprechen. Demografie-Management und seine Personalmaßnahmen finden nur verhalten Zuspruch und werden meist abgelehnt; Unternehmensangehörige verhalten sich reserviert. Wer beschäftigt sich schon gerne mit dem Altern, geschweige denn mit dem eigenen Altern oder gar alt sein? Altern wird verleugnet und verdrängt: Ich doch nicht! Alt sind nur die anderen. Doch je mehr das Altern verdrängt wird, desto mehr wird Altern zum Schreckensgespenst und die Angst vorm Altern wächst. Mit der Angst vorm Altern wachsen auch die besonders hartnäckigen Widerstände im Demografie-Management: Es ist diese psychologische Mixtur aus einer grundsätzlichen Scheue/Sorge vor Veränderungen, gepaart mit der besondere Ohnmacht und Angst beim Thema Altern, die sozusagen im Kollektiv beim Demografie-Management im »Hintergrund« gegen fast jede Alterns-Initiative im Sinne nachhaltiger Widerstände wirkt.

Mitarbeiter reagieren höchst sensibel und leisten Widerstand.

2.2 Altern geht uns alle an

Die »**Psychologie des Alterns**« sagt uns, dass Altern nicht zwangsläufig Angst machen muss. Denn Veränderungen, unabhängig davon, ob es sich um personale oder organisationale Veränderungen handelt,

Altern muss keine Angst machen!

2

machen nur dann Angst und erzeugen Widerstände, **wenn diese Veränderungen als Bedrohung empfunden werden, der man nicht gewachsen ist**. Fühlt man sich jedoch der vermeintlichen Bedrohung gewachsen, wird die Veränderung nicht mehr als Gefahr, sondern als Chance wahrgenommen, und die Angst sinkt. Altern macht also nur dann Angst, wenn es als Bedrohung wahrgenommen wird, der man nicht gewachsen ist. Verringert sich die wahrgenommene Bedrohung, kann Altern von der Bedrohung zur Chance werden, und die Angst sinkt.

Alternsangst ist beeinflussbar.

Diese Bedrohungswahrnehmung lässt sich beeinflussen und wird damit zum Schlüssel für den Erfolg in Veränderungsprozessen, und damit auch zum Schlüssel für den Erfolg im Altern. Denn ob eine Veränderung wie das Altern als Bedrohung oder Chance wahrgenommen wird bzw. ob Angst resultiert oder eben nicht, ist abhängig von primär **vier veränderbaren psychologischen Faktoren:** (1) **Problembewusstsein für die Veränderung** (Bewusstsein), (2) **Kompetenz für die Veränderung** (Wissen, Können), (3) **Motivation für die Veränderung** (Wollen), (4) **Wahrnehmung aufgrund von Umgebungsfaktoren, dass die Veränderung erlaubt und erwünscht ist** (Dürfen, Sollen). Für die Angst vorm Altern bedeutet dies, dass Altern zwar eine existenzielle Herausforderung ist, aber man sich nicht zwangsläufig davor fürchten muss, weder im Privat- noch im Arbeitsleben. Fürchten wird man sich nur dann, wenn man (1) sich der Herausforderung Altern nicht bewusst ist (Nicht-Bewusstsein), (2) über falsches Wissen übers Altern verfügt und keine Fähigkeiten zur Alternsmeisterung vorhanden sind (Nicht-Wissen, Nicht-Können), (3) eine negative Einstellung zum Altern und seiner Meisterung hat (Nicht-Wollen), und (4) man wahrnimmt, dass in der Gesellschaft bzw. im Arbeitsleben Altern nicht erlaubt, geschweige denn erwünscht ist (Nicht-Dürfen, Nicht-Sollen). Die resultierenden Ängste führen dazu, dass man sein eigenes Altern verleugnet und verdrängt. Eine konstruktive Auseinandersetzung sowie Meisterung seines eigenen Alterns bleibt auf der Strecke und die Angst vorm Altern wächst.

Voraussetzungen für Altern ohne Angst

Zentrale Voraussetzung für »Altern ohne Angst« ist deshalb, dass man (1) ausreichend für das Thema sensibilisiert ist, (2) über das nötige Wissen übers Altern sowie über die Fähigkeiten zur Alternsmeisterung verfügt, (3) eine positive Einstellung zum Altern und seiner Meisterung hat, und (4) man wahrnimmt, dass Altern erlaubt und erwünscht ist. Diese Faktoren reduzieren die vermeintlich »natürliche« Angst vorm Altern. Das eigene Altern wird nicht mehr verleugnet und verdrängt. Im Gegenteil, man setzt sich konstruktiv mit dem Veränderungsprozess auseinander, bereitet sich rechtzeitig darauf vor und meistert aktiv sein eigenes Altern.

Demzufolge macht Demografie-Management auch nur dann Angst und erzeugt Widerstände, wenn die damit verbundenen personalen und organisationalen Veränderungen als Bedrohung empfunden werden, der man nicht gewachsen ist. Entsteht das Gefühl, dass man der vermeintlichen Bedrohung Demografie-Management gewachsen ist, wird auch Demografie-Management von der Gefahr zur Chance - die Angst sinkt und damit auch die Widerstände. Da sich diese Bedrohungswahrnehmung beeinflussen lässt, wird sie auch zum Erfolgsschlüssel im Demografie-Management. Denn ob Demografie-Management als Bedrohung oder Chance wahrgenommen wird und Angst bzw. Widerstände resultieren, ist auch abhängig von primär vier veränderbaren psychologischen Faktoren. Altern im Arbeitsleben ist zwar auch eine existenzielle Herausforderung - nicht nur für jeden Einzelnen, sondern auch für Unternehmen -, jedoch muss diese nicht zwangsläufig Angst machen. Zentrale Voraussetzung für »Demografie-Management ohne Angst bzw. Widerstand« ist deshalb, dass im Unternehmen:

1. ein gemeinsames Bewusstsein für das Alternsproblem und sein betriebliches Management vorhanden ist,
2. die Kompetenzen vorhanden sind, d. h. das Wissen über das Altern und sein betriebliches Management sowie die Fähigkeiten für den Umgang mit dem eigenen Altern und dem Altern anderer,
3. die Motivation für das Altern und sein betriebliches Management vorhanden ist bzw. positive Einstellungen dazu Themen herrschen,
4. die Wahrnehmung besteht, dass Altern und sein betriebliches Management erlaubt, geschweige denn erwünscht ist.

Diese Faktoren reduzieren nicht nur die vermeintlich quasi-immanenten Ängste bzw. Widerstände im Demografie-Management, sondern fördern auch das notwendige Vertrauen in bzw. Akzeptanz von Demografie-orientierten Personalmaßnahmen. Die Unternehmensangehörigen setzen sich konstruktiv mit den personalen und organisationalen Veränderungen im Demografie-Management auseinander. Nicht nur das eigene Altern, sondern auch das Altern der anderen bzw. das Altern des Unternehmens wird mittels Umsetzung, Anwendung und Beibehaltung von Demografie-Management aktiv gemeistert.

> Voraussetzungen für Demografie-Management ohne Angst und Widerstand

Problem ist aber, (1) dass den wenigsten Mitarbeitern und Führungskräften bewusst ist, dass jeder altert, dass Altern alle angeht, (2) dass die wenigsten wissen, was Altern eigentlich ist, was man tun kann, (3) dass die meisten das auch gar nicht wollen, und schließlich (4) auch nicht altern bzw. altern managen dürfen in unseren »*Forever young*« Lebens- und Arbeitswelten. Zentral für den Abbau der Ängste bzw. Widerstände im Demografie-Management ist deshalb die Überwindung der häufigen Bewusstseins-, Qualifikations-, Motivations- und Wahrnehmungshindernisse - und zwar nicht nur durch Maßnahmen auf der personalen Ebene, sondern auch auf der organisationalen Ebene. Denn die Veränderung von Problembewusstsein, Qualifikation, Motivation sowie insbesondere der Wahrnehmung, dass Altern und sein betriebliches Management erlaubt und erwünscht ist, braucht nicht nur Personalentwicklung, sondern auch Organisations-

> Hindernisse im Demografie-Management überwinden!

Demografie-Management braucht alternspsychologisches Change-Management!

das Sechs-Säulen-Modell des erfolgreichen Demografie-Managements

entwicklung - und zwar in den Bereichen Unternehmenskommunikation, Führungs- und Unternehmenskultur. Diese personalen und organisationalen Veränderungen betreffen alle Unternehmensangehörigen: nicht nur Mitarbeiter, sondern auch Führungskräfte aller Ebenen, Arbeitnehmervertreter sowie auch Betriebsärzte (bzw. Betriebspsychologen, Behinderten-, Gleichstellungs-, Gesundheits- und Sicherheitsbeauftragte) und Aufsichtsräte.

Versteht man die »**Psychologie des Alterns**« im Sinne eines alternspsychologischen Change-Managements, so kann sie uns helfen, diese Bewusstseins-, Qualifikations-, Motivations- und Wahrnehmungshindernisse im Demografie-Management zu überwinden bzw. die Ängste und Widerstände abzubauen. Dies erfordert den Prozess eines alternsorientierten Unternehmenswandels auf personaler und organisationaler Ebene. Schließlich bedeutet betriebliches Demografie-Management das Management nachhaltiger Veränderungen: einer gesellschaftlichen Veränderung (demografischer Wandel) und einer individuellen Veränderung (Altern), die wiederum ebenso nachhaltige Veränderungen bewirken - politisch, sozial, gesundheitlich, betriebswirtschaftlich, volkswirtschaftlich, individuell. Außerdem ist Demografie-Management selbst eine Veränderung, und zwar nicht nur auf betriebsorganisatorischer, sondern auch auf individueller Ebene. Zur Begleitung der Umsetzung im Demografie-Management brauchen Unternehmen deshalb die »Psychologie des Alterns« im Sinne eines alternspsychologischen Change-Managements.

Auf dieser Grundlage trägt ein spezifisch-entwickeltes »**Sechs-Säulen-Modell des erfolgreichen Demografie-Managements**« wesentlich bei zum Abbau von Ängsten und Widerständen sowie zum Aufbau von Akzeptanz und Vertrauen - die zentralen Voraussetzungen, um das Demografie-Management erfolgreich umzusetzen und nachhaltig im Unternehmen zu verankern. Die Realisierung dieser sechs Säulen bzw. Erfolgsfaktoren in der betrieblichen Praxis erfordert die Durchführung spezifischer Handlungsmaßnahmen zur Überwindung der Widerstandsursachen bzw. Hindernisse. Diese Erfolgsfaktoren helfen, erfolgreich mit dem sensiblen Thema des Alterns und seines betrieblichen Managements, einschließlich der damit verbundenen Tabus, Ängste und Widerstände, umzugehen. In anderen Worten geht es um die Schaffung der »*Alterns-Readiness*«, d. h. das Unternehmen reif für Demografie-Management machen bzw. den Boden für die erfolgreiche Umsetzung, Anwendung und Beibehalten von Demografie-orientierten Maßnahmen vorzubereiten, und zwar mittels den sechs evidenzbasierten Voraussetzungen für erfolgreiches Demografie-Management. Die damit verbunden personalen und organisationalen Veränderungsprozesse betreffen **alle** Unternehmensangehörige, und zwar in unterschiedlicher Weise. Die »**Psychologie des Alterns**« liefert dazu das notwendige Wissen und betriebliche Know-how im Sinne pragmatischer alternssensibler personal- bzw. organisationspsychologischer Interventionsmethoden, welche in den folgenden Kapiteln zu den jeweiligen Säulen bzw. Erfolgsfaktoren erläutert werden (◐ Tab. 2.1).

	Säule	Motto	Prozess
Tab. 2.1 Die sechs Säulen des erfolgreichen Demografie-Managements			
Personale Erfolgsfaktoren	1 Alternsbewusstsein	*Sensibilisieren! Altern geht uns alle an*	Bildung eines Problembewusstseins fürs Altern und sein betriebliches Management
	2 Alternskompetenz	*Qualifizieren! Altern muss gelernt werden*	Entwicklung des Wissens und der Fähigkeiten fürs Altern und sein betriebliches Management
	3 Alternsmotivation	*Motivieren! Altern muss gewollt werden*	Förderung der Motivation fürs Altern und sein betriebliches Management
Organisationale Erfolgsfaktoren	4 Alternskommunikation	*Kommunizieren! Altern muss thematisiert werden*	Etablierung einer alternsorientierten Unternehmenskommunikation
	5 Alternsführung	*Führen! Altern muss zur Chefsache werden*	Entwicklung alternsorientierten Führungsverhaltens
	6 Alternskultur	*Kultivieren! Altern muss gelebt werden*	Verankerung einer alternsorientierten Unternehmenskultur

Der Abbau der Ängste und Widerstände im Demografie-Management - im Sinne der Überwindung der Bewusstseins-, Qualifikations-, Motivations- und Wahrnehmungshindernisse - erfolgt mittels personalen Erfolgsfaktoren (Säulen 1-3: Alternsbewusstsein, Alternskompetenz, Alternsmotivation) und organisationalen Erfolgsfaktoren (Säulen 4-6: Alternskommunikation, Alternsführung, Alternskultur). Die personalen Erfolgsfaktoren fördern primär das erforderliche Bewusstsein sowie die notwendige Qualifikation und Motivation in der Belegschaft. Die organisationalen Erfolgsfaktoren beeinflussen zwar primär die Wahrnehmung in der Belegschaft, dass Altern und sein betriebliches Management erlaubt und erwünscht ist. Jedoch wirken sie auch positiv auf das erforderliche Bewusstsein sowie die notwendige Qualifikation und Motivation. Die Umsetzung von Demografie-Management in Unternehmen erfordert also das maßgeschneiderte Gestalten besonderer personaler und organisationaler Veränderungsprozesse. Es geht um alternspsychologisches Change-Management bzw. alternspsychologische Personal- und Organisationsentwicklung: Gemeinsam transformieren die »sechs Säulen des erfolgreichen Demografie-Managements« die »Bedrohung« Demografie-Management in eine »Chance«. Dies reduziert die Ängste und damit die Widerstände gegen die notwendigen personalen und organisationalen Veränderungsprozesse.

Die Realisierung dieser sechs Säulen bzw. Erfolgsfaktoren in der betrieblichen Praxis reduziert nicht nur die Widerstände gegen das Altern und sein betriebliches Management, sondern schafft auch das besondere Vertrauen und die notwendige Akzeptanz für das tiefgreifende Veränderungsvorhaben Demografie-Management. Denn Demografie- und Alternsfragen, insbesondere im betrieblichen Kontext, sind letztlich Vertrauensfragen. Die »Alterns-Sache« ist primär eine »Vertrauens-Sache«. Der Erfolg eines jeden Demografie-

Personale und organisationale Erfolgsfaktoren im Demografie-Management

Vertrauen und »Ready to age«

2

Management-Projekts entscheidet sich letztlich mit dem Vertrauen, das die verschiedenen Personalgruppen in das jeweilige betriebliche Management des Alterns haben. Die sechs Säulen des erfolgreichen Demografie-Managements machen Unternehmen und ihr Personal »*ready to age*«, und sichern damit die nachhaltige Umsetzung, Anwendung und Beibehaltung von demografie- bzw. alternsorientierten Veränderungsmaßnahmen im Unternehmen. Doch nicht nur das: »*Alterns-Readiness*« sichert die erfolgreiche individuelle, betriebliche und letztlich gesellschaftliche Bewältigung des wahrscheinlich schwierigsten Kapitels der Lebenskunst im 21. Jahrhundert: das neue Altern.

Potenziale des Alterns nutzen und Risiken minimieren!

Die sechs Erfolgsfaktoren bilden die Grundpfeiler für jeden Umsetzungsprozess im Demografie-Management. Dies gilt sowohl für privatwirtschaftliche Unternehmen aller Branchen und Größen, von KMU bis multinationalem Konzern, ebenso wie für staatliche und non-profit Organisationen. Denn jedes Demografie-Management erfordert einen ganz besonderen Unternehmenswandel, bei dem es um das maßgeschneiderte Gestalten höchst sensibler personaler und organisationaler Veränderungsprozesse geht. Wesentlich dabei ist ein behutsamer Umgang mit dem sensiblen Thema des Alterns und seines betrieblichen Managements, einschließlich der damit verbundenen Tabus und Ängste sowie der resultierenden Widerstände (alternspsychologisches Change-Management): Durch die Schaffung von besonderem Vertrauen und Akzeptanz mittels der »sechs Säulen des erfolgreichen Demografie-Managements« können die Potenziale des Alterns besser genutzt und seine Risiken minimiert werden – für nachhaltigen ökonomischen und sozialen Erfolg im demografischen Wandel.

spezifische Unternehmenswelten berücksichtigen!

Trotzdem dürfen bei der Realisierung weder strukturelle Hindernisse (wie fehlende Budgets, unzureichende personelle Ressourcen und Verantwortlichkeiten) noch rationale Ursachenfaktoren (wie vermeintlich rationale Gegenargumente und die Durchsetzung eigener Interessen sowie politische Motive) vernachlässigt werden. Denn diese können den Umsetzungsprozess im Demografie-Management zusätzlich beeinträchtigen. Wichtig zu beachten ist auch, dass sich die Ursachen der Widerstände im Demografie-Management nicht nur zwischen Branchen und Unternehmen, sondern auch zwischen einzelnen Organisationsebenen und Funktionsbereichen bzw. Abteilungen sowie Standorten und auch zwischen Unternehmensangehörigen (Mitarbeiter, Führungskräfte, Unternehmensleitung, Arbeitnehmervertreter, Betriebsärzte (bzw. Betriebspsychologen, Behinderten-, Gleichstellungs-, Gesundheits- und Sicherheitsbeauftragte) und Aufsichtsräte) unterscheiden können. Bei der Durchführung bedarfsorientierter Handlungsmaßnahmen ist deshalb immer ein spezifisches Vorgehen zu konzipieren.

Nachhaltigkeit sicherstellen, bis Altern kein Thema mehr ist!

Um die Nachhaltigkeit des so erzielten Umsetzungserfolgs sicherzustellen, muss betriebliches Demografie-Management im Unternehmen verankert werden (▶ Kap. 9). Da »umgesetzt und angewendet«

noch lange nicht »beibehalten« heißt, geht es darum, die neuen alternsorientierten Prozesse im Unternehmen zu verstetigen und in den Arbeitsalltag zu integrieren. Es gilt deshalb spezifische Strukturen und Organisation zu schaffen, aufzubauen und Schritt für Schritt im Unternehmen wachsen zu lassen. In diesem Prozess spielen auch Erfolgskontrolle und Evaluation eine zentrale Rolle. Alternsorientierter Unternehmenswandel bedeutet letztlich nichts anderes als die nachhaltige Gestaltung und Verankerung alternsorientierter Arbeitsprozesse »…bis Altern kein Thema mehr ist.«

Die sechs Säulen des erfolgreichen Demografie-Managements

Sensibilisieren! Altern muss bewusst werden (Säule 1)

3

> » Alte Leute sind junge Menschen, die zufällig früher älter geworden sind. (*Anonymus*) «

In diesem Kapitel beschäftigen wir uns mit der ersten Säule des erfolgreichen Demografie-Managements bzw. dem ersten Schritt, wie Sie ein Unternehmen und sein Personal »*ready*« machen für die nachhaltige Umsetzung von Demografie-Management: die Erzeugung eines gemeinsamen Bewusstseins für das Problem »demografischer Wandel bzw. Altern« und seine Lösung: »Demografie-Management«. Diese Alternsbewusstseins-Bildung überwindet das in der Praxis weit verbreitete, personale »Bewusstseinshindernis« im Unternehmenswandel Demografie-Management. Ängste und Widerstände werden reduziert, Akzeptanz und Vertrauen aufgebaut. Basierend auf der »Psychologie des Alterns« hilft Ihnen das Kapitel zu verstehen, *was* mit dem personalen Erfolgsfaktor »Alternsbewusstsein« gemeint ist (*Know-What*), und *warum* dieser so wichtig ist für die Umsetzung von Demografie-Management (*Know-Why*). Doch wir beschäftigen uns nicht nur damit, was idealerweise sein sollte, sondern auch damit, wie Sie diesen personalen Erfolgsfaktor konkret im Unternehmen realisieren können. Das Kapitel unterstützt Sie mit praxisnahem Wissen und konkreten Handlungsempfehlungen, damit Sie die Bildung von Alternsbewusstsein in der betrieblichen Praxis erfolgreich meistern (*Know-How*).

3.1   Altern? Ich doch nicht!

Kein Problem, keine Veränderung!

Die nachhaltige Umsetzung von Demografie-Management in der betrieblichen Praxis erfordert Veränderungen - nicht nur in Organisation und Struktur, sondern bei jedem Einzelnen. Schließlich geht es dabei um personale und organisationale Veränderungsprozesse, die mit dem eigenen Altern zu tun haben. Und Altern ist ja selbst ein Veränderungsprozess, und zwar ein höchst sensibler, tabuisierter und angstbesetzter, psychologischer Veränderungsprozess. Der tiefgreifende Unternehmenswandel betrifft deshalb alle Personalgruppen bzw. Unternehmensangehörige. Doch das »Gewohnheitstier« Mensch mag eigentlich keine Veränderungen und das eigene Altern schon gleich gar nicht. Sich an das Älterwerden anpassen bzw. sich dafür verändern, ist tabu und macht Angst. Grundsätzlich gilt, dass sich Menschen vor allem dann nicht ändern, wenn es keinen zwingenden Grund dafür gibt: Wo kein unmittelbar drängendes Problem, da keine Veränderung. Allerdings muss dieses drängende Problem bzw. der zwingende Grund für die Veränderung den Unternehmensangehörigen in einem ersten Schritt erst bewusst werden. Es muss eine Veränderung »in den Köpfen«, aber auch »in den Herzen« erfolgen - ein Bewusstseinswandel im Sinne der Entstehung eines gemeinsamen, rationalen und emotionalen Problembewusstseins. D. h., der Großteil des Personals weiß (rational, »Kopf« bzw. »Verstand«) und fühlt (emotional, »Herz«):

1. »Es gibt ein Problem.«
2. »Das Problem hat konkret erfahrbare Auswirkungen (Risiken, Chancen).«
3. »Wir sind davon persönlich betroffen.«
4. »Die Auswirkungen des Problems sind beeinflussbar und es gibt drängenden Veränderungsbedarf in konkreten Handlungsfeldern.«
5. »Es gibt Maßnahmen zur Problemlösung; diese sind absolut dringlich, notwendig, nützlich.«
6. »Wir sind für die Problemlösung (mit-)verantwortlich.«

So banal dies klingen mag, so wichtig ist dieser **Bewusstseinswandel**. Denn ohne ein gemeinsames **Problembewusstsein** in den Köpfen und Herzen gibt es keinen nachhaltigen **Unternehmenswandel**: Ohne Bewusstseinswandel kein Unternehmenswandel. Dies gilt besonders dann, wenn die personalen und organisationalen Veränderungen ein großes Maß an Kooperation, Initiative und auch »Opfer« von den Unternehmensangehörigen verlangen und damit über die normale Pflichterfüllung hinausgehen, so wie im betrieblichen Demografie-Management. Als wenig gewinnbringend geltende Aufgabe, die zusätzlich zum Tagesgeschäft erledigt werden muss, kostet Demografie-Management Zeit, Kraft und Geld. Zudem fordert insbesondere die Umsetzung, Anwendung und Beibehaltung Demografie-orientierter Maßnahmen eine Konfrontation mit dem eigenen Altern und den damit verbundenen Tabus und Ängsten. Doch diese unliebsame Auseinandersetzung schiebt natürlich jeder gerne so weit wie möglich von sich.

Solange die Unternehmensangehörigen kein gemeinsames Problembewusstsein für das Veränderungsvorhaben Demografie-Management haben, werden alle eingeleiteten personalen und organisationalen Veränderungsprozesse früher oder später zum Stillstand kommen (**Bewusstseinshindernis im Demografie-Management**). Demografie-orientierte Maßnahmen werden nicht umzusetzen sein und ins Leere laufen. Wie und warum sollen sie sich mit einem Problem, geschweige denn mit seiner Lösung, auseinandersetzen und sich dafür einsetzen, wenn sie das Problem und seine Auswirkungen, d. h. Risiken und Chancen, nicht verstehen? Wenn sie sich nicht persönlich davon betroffen fühlen? Wenn sie keinen drängenden Handlungs- bzw. Veränderungsbedarf empfinden? Wenn sie weder entsprechende Maßnahmen sehen, noch deren absolute Dringlichkeit, Notwendigkeit und Nutzen spüren? Wenn sie sich für die Problemlösung nicht zumindest mitverantwortlich fühlen? Anstatt sich zu verändern, werden die Betroffenen zumindest passiven, wenn nicht sogar aktiven Widerstand gegen die eingeleiteten Maßnahmen zur Lösung des Problems leisten - eigentlich nur allzu verständlich. Mangelndes Problembewusstsein in Unternehmen gilt mit Abstand als die größte Hürde bei der Umsetzung von betrieblichem Demografie-Management. Insbesondere Führungskräfte der zweiten Ebene und des mittleren Ma-

Kein Unternehmenswandel ohne Bewusstseinswandel!

Mangelndes Problembewusstsein gefährdet das Demografie-Management.

3

nagements aller Unternehmensbereiche bzw. Abteilungen und Standorte sind sich dem Demografie-/Alternsproblem und seinen möglichen Folgen für ihre Unternehmen nicht ausreichend bewusst. Dies ist besonders kritisch, da Führungskräfte für der Umsetzung, Anwendung und Beibehaltung von Demografie-Management eine Schlüsselrolle spielen (▸ Kap. 7). Sie verkennen den vollen Umfang und die Dramaturgie des demografischen Wandels bzw. des Megatrends Altern, des eigenen Alterns und des Alterns ihrer Mitarbeiter. Zudem fühlen sie sich weder davon betroffen noch für die Problemlösung verantwortlich. Handlungs- bzw. Veränderungsbedarf wird keiner gesehen. Demografie-Management wird alles andere als dringlich und notwendig, geschweige denn nützlich empfunden. Hier scheint es in der betrieblichen Praxis auch keinen Fortschritt zu geben. Im Gegenteil, Studien zeigen sogar eine rückläufige Tendenz in der Verbreitung des Problembewusstseins für den demografischen Wandel und das Altern, deren Folgen und betriebliches Management in Unternehmen.

Demografie-Management hat einen schlechten Ruf.

Dies ist nachvollziehbar. In betrieblichen Demografie-Management-Projekten entsteht meist kein wirkliches gemeinsames Problembewusstsein auf breiter Unternehmensbasis, denn die Menschen fragen sich (angesichts des immer größer werdenden Drucks am Arbeitsplatz auch zu Recht!): Was ist Demografie-Management eigentlich und hat es überhaupt einen zwingenden Grund? Gibt es überhaupt ein so unmittelbar drängendes Problem, dass Demografie-Management genau jetzt in der betrieblichen Praxis umgesetzt werden muss? »Ja, der demografische Wandel« werden Sie sagen. Aber das ist noch längst nicht im Bewusstsein aller Unternehmensangehörigen angekommen. Sie müssen sich klar machen, dass, nur weil Ihnen das Problem bewusst ist, das noch lange nicht heißt, dass sich auch alle Unternehmensangehörigen dessen bewusst sind. Insbesondere die gemeinsame und persönliche Betroffenheit vom demografischen Wandel bzw. Megatrend Altern, geschweige denn vom eigenen Altern, ist auf der Betriebsebene selten anzutreffen. Ebenso wenig verbreitet ist ein Verantwortungsgefühl für die Lösung des Demografie- bzw. Alternsproblems (im Folgenden als »Demografie-/Alternsproblem« bezeichnet). Auch haben die meisten nur vage Vorstellungen davon, was Demografie-Management überhaupt bedeutet (▸ Overview »Typische Aussagen über das Demografie-/Alternsproblem und sein Management«).

> **Typische Aussagen über den demografischen Wandel bzw. Altern und sein Management**
> — »Der demografische Wandel kommt doch erst 2050. Warum sollen wir uns heute damit beschäftigen und Demografie-Management machen?«
> — »In unserem Unternehmen ist das Durchschnittsalter niedrig und auch die Altersverteilung ist gleichmäßig. Wir brauchen kein Demografie-Management.«

- »Wir haben doch keinen Fachkräftemangel, wenn ich mir die Arbeitslosenzahlen so ansehe, vor allem bei den Jugendlichen. Da brauchen wir kein Demografie-Management.«
- »Warum Demografie-Management? Mit Kurzarbeit und Umstrukturierungen kommen wir auch über die Runden.«
- »Der demografische Wandel ist doch inzwischen ein alter Hut, genauso wie Demografie-Management.«
- »Wir managen schon so viele Querschnittsthemen. Wir machen Öko-Management, Gesundheits-Management, Talent-, Gender- und Diversity-Management, Innovations-Management, sogar die Work-Life-Balance managen wir. Da brauchen wir kein extra Demografie-Management mehr.«
- »Demografie-Management ist viel zu aufwendig und rechnet sich einfach nicht. Es kostet nur Zeit und Geld und bringt nichts.«
- »Erst einmal müssen wir unsere Arbeit machen; da bleibt keine Zeit für Debatten über den demografischen Wandel und das Älterwerden. Und am Ende sterben wir so oder so.«
- »Den demografischen Wandel und das Altern sollen die Politiker managen. Die sind verantwortlich. Wirtschaft, Unternehmen und ihre Belegschaften haben damit doch nichts zu tun.«
- »Der demografische Wandel ist nur ein Rekrutierungsproblem der Personalabteilung. Wenn, dann sind die fürs Demografie-Management zuständig.«
- »Demografie-Management ist doch im Prinzip Gesundheits-Management. Und das machen wir schon.«
- »Der demografische Wandel geht mich nichts an. Überhaupt bin ich nicht alt. Da brauche ich nichts managen.«
- »Ältere Mitarbeiter gehen sowieso bald in Rente. Da brauchen wir kein Demografie-Management.«
- »Demografie-Management ist nur was für die älteren Mitarbeiter. Muss ich denen jetzt gut zureden und das ‚Händchen halten'?«

Denn das Problem (demografischer Wandel, Altern), ebenso wie seine Lösung (Demografie-Management), lässt sich schwer bewusst machen bzw. »verkaufen«. Zwar ist der demografische Wandel in aller Munde und dominiert unsere mediale Öffentlichkeit. Auch die kursierenden Statistiken und Vorhersagen, ebenso wie das Angebot an Literatur, Materialien und Informationsmöglichkeiten sind inzwischen unüberschaubar geworden. Trotzdem ist der demografische Wandel und insbesondere das Altern »Thema non grata« geblieben, insbesondere für den Einzelnen. Für gewöhnlich steht auch im betrieblichen Alltag der demografische Wandel nicht auf der Tagesordnung, geschweige denn das Altern. Auch in der Unternehmens- und Personalpolitik spielten diese Themen eine eher untergeordnete Rolle.

Altern ist Thema non grata.

3

Betriebliches Demografie-Management ist für die meisten Unternehmen Neuland.

Altern ist schwer greifbar.

Der demografische Wandel bzw. das Altern sind sehr komplexe und schwer greifbare Veränderungen, mit denen sich nur die wenigsten intensiv auseinandersetzen. Dasselbe gilt für deren negative wie positive Auswirkungen auf Unternehmen, ihre verschiedenen Funktionsbereiche bzw. Abteilungen sowie auf ihre einzelnen Unternehmensangehörigen. Die Folgen des demografischen Wandels bzw. Alterns für die eigene Unternehmens- und Arbeitstätigkeit sind den meisten unklar und werden nach wie vor als isolierte Themen behandelt, die einen letztlich »nichts angehen«.

Auswirkungen in Unternehmen (noch) nicht spürbar.

Erschwerend hinzukommt, dass der demografische Wandel bzw. das Altern noch in weiter Ferne zu liegen scheinen, und ihre Auswirkungen erst als »Problem« wahrgenommen werden, wenn sie bereits das unmittelbare Tagesgeschäft betreffen. Die Risiken und Chancen zeigen sich erst in Zukunft und sind gegenwärtig in den Unternehmen und ihren einzelnen Bereichen im betrieblichen Alltag am Arbeitsplatz (noch) nicht spürbar. **Nur die Maßnahmen dagegen wären heute schon spürbar, jedoch nicht ihr ökonomischer Nutzen**, sondern nur der Aufwand/die Investition, und zwar in Zeit, Geld und Kraft. Denn Investitionen in »vorausschauende« Maßnahmen, wie Demografie-Management, amortisieren sich nicht in kurzer Zeit, und ihr Nutzen ist schwer messbar.

Alt sind nur die anderen.

Zudem fühlen sich die meisten Menschen am Arbeitsplatz ohnehin nicht vom demografischen Wandel bzw. Altern betroffen und schon gar nicht persönlich, denn sie fühlen sich ja nicht einmal vom eigenen Altern betroffen: Alt sind ja nur die anderen. Nach dem Erreichen der Volljährigkeit wird das Älterwerden verleugnet und verdrängt, und da kann der Megatrend Altern auch nichts daran ändern. Demografie-Management wird deshalb meist als betriebliche Maßnahme für »die Alten« gesehen, und da ja nur die anderen alt sind, geht Demografie-Management auch nur die anderen etwas an. **Somit fühlt sich letztlich keiner betroffen**, geschweige denn (mit-)verantwortlich für die Lösung eines Problems, für das kein akuter Handlungs- bzw. Veränderungsbedarf ersichtlich ist. Demografie-Management gilt als wenig dringlich und schon gar nicht als notwendig oder nützlich. Es besteht also alles andere als ein unmittelbarer Problemdruck, die aktuelle Situation am Arbeitsplatz im Sinne von Demografie-Management zu verändern.

3.2   Altern ist Bewusstseinssache

Bewusstseinsbildung ist 1. Schritt im Demografie-Management.

Eine der wichtigsten und dringendsten Aufgaben im Unternehmenswandel Demografie-Management ist deshalb die Erzeugung eines **unternehmensweiten, gemeinsamen rationalen und emotionalen Bewusstseins** für das zugrundeliegende Problem (demografischer Wandel, Altern) und seine Lösung (Demografie-Management). Denn für die Umsetzung, Anwendung und Beibehaltung muss zuerst der richtige Boden vorbereitet werden, ehe die Veränderungsprozesse induziert werden können (»*Alterns-Readiness*«). Und der erste Schritt in diesem Prozess, ein Unternehmen und sein Personal bzw. seine Angehörigen »*ready*« zu machen für die nachhaltige Umsetzung von Demografie-Management, ist die Erzeugung eines gemeinsamen Bewusstseins für das Problem »demografischer Wandel bzw. Altern« und seine Lösung, »Demografie-Management«. Diese Alternsbewusstseins-Bildung überwindet das in der Praxis weit verbreitete »Bewusstseinshindernis« im Unternehmenswandel Demografie-Management. Ängste und Widerstände werden reduziert, Akzeptanz und Vertrauen aufgebaut.

Die Erzeugung eines gemeinsamen Problembewusstseins bei den Betroffenen ist *die* Grundvoraussetzung für die notwendige Kooperations- und Veränderungsbereitschaft in jedem Wandelprozess - und damit auch im Demografie-Management, insbesondere, wenn es um seine Umsetzung, Anwendung und Beibehaltung geht. Die Zukunft unseres Alterns ist Bewusstseinssache: Denn nur, wenn sich die Betroffenen dem Problem, den Auswirkungen und seiner Lösung bewusst sind und - noch viel wichtiger - sowohl Dringlichkeit, Notwendigkeit und Nutzen der Veränderungen als auch persönliche Betroffenheit und Verantwortung spüren, werden sie die entsprechenden personalen und organisationalen Veränderungen akzeptieren und in diese vertrauen. Akzeptanz und Vertrauen sind auch umso größer, je unumkehrbarer diese Veränderungsprozesse bzw. das zugrundeliegende Problem empfunden werden. In gleichem Maße sinken damit dann auch die dem Unternehmenswandel Demografie-Management quasi-immanenten Ängste vor dem Altern, einschließlich der notwendigen personalen und organisationalen Veränderungen im Unternehmen sowie die resultierenden Widerstände. Der Bewusstseinswandel ist ausschlaggebend, damit die Betroffenen die notwendigen personalen und organisationalen Veränderungsprozesse mittragen, mitgestalten und selbst auch vorantreiben. Nur so können die Demografie-orientierten Veränderungsmaßnahmen wie selbstverständlich in Unternehmensprozesse einfließen.

Der Unternehmenswandel Demografie-Management mit seinen besonderen personalen und organisationalen Veränderungsprozessen rund um das eigene Altern fordert ein ganz spezifisches Problembewusstsein, das »**Alternsbewusstsein**« (1. Säule des erfolgreichen Demografie-Managements). Dieses muss erst geschaffen werden. Erfolgreiches Demografie-Management beginnt »in den Köpfen«, und zwar durch die Erzeugung bzw. Erhöhung des gemeinsamen »Alternsbewusstseins«. Im Unternehmen braucht es eine Öffentlichkeit und damit ein Bewusstsein für den demografischen Wandel und das Altern. Die Unternehmensangehörigen müssen erst für diese Themen bzw. Fragen sensibilisiert werden. Der resultierende Bewusstseinswandel, die erste Säule bzw. evidenzbasierte Voraussetzung eines erfolgreichen Demografie-Managements, bildet auch die Basis für

Zukunft unseres Alterns ist Bewusstseinssache!

Demografie-Management braucht Alternsbewusstsein.

alle anderen Erfolgsfaktoren, nämlich für die »Alternskompetenz« (▶ Kap. 4) und »Alternsmotivation« (▶ Kap. 5) sowie für die »Alternskommunikation« (▶ Kap. 6), »Alternsführung« (▶ Kap. 7) und »Alternskultur« (▶ Kap. 8).

Ziel ist, dass die Mehrheit der Mitarbeiter sowie praktisch alle Führungskräfte sämtlicher Unternehmensebenen und Funktionsbereiche bzw. Abteilungen sowie Standorte ein neues rationales und emotionales Bewusstsein für den demografischen Wandel und das Altern entwickeln. Dies gilt natürlich auch für Arbeitnehmervertreter, Betriebsärzte (bzw. Betriebspsychologen, Behinderten-, Gleichstellungs-, Gesundheits- und Sicherheitsbeauftragte) und Aufsichtsräte, die im betrieblichen Demografie-Management auch eine wichtige Rolle einnehmen. Das Alternsbewusstsein umfasst nicht nur das Bewusstsein für das Problem »demografischer Wandel bzw. Altern«, sondern auch für die Problemlösung »Demografie-Management« in sechs Komponenten (▶ Overview »Alternsbewusstsein im Unternehmenswandel Demografie-Management«):

Alternsbewusstsein im Unternehmenswandel Demografie-Management

Bewusstsein für das Demografie-/Alternsproblem:

1. »Demografischer Wandel bzw. Altern ist ein Problem.«
2. »Das Demografie-/Alternsproblem hat konkret erfahrbare Auswirkungen (Risiken, Chancen).«
3. »Wir sind vom Demografie-/Alternsproblem, seinen Auswirkungen gemeinsam, persönlich betroffen.«

Bewusstsein für die Problemlösung Demografie-Management:

4. »Die Auswirkungen des Demografie-/Alternsproblems sind beeinflussbar, es gibt drängenden Veränderungsbedarf in konkreten Handlungsfeldern.«
5. »Demografie-Management ist dringlich, notwendig und nützlich.«
6. »Wir sind (mit-)verantwortlich für die Lösung des Demografie-/Alternsproblems.«

3.2.1 »Demografischer Wandel bzw. Altern ist ein Problem.«

Wir alle leben und arbeiten immer länger.

Der notwendige Bewusstseinswandel zu Beginn eines jeden Demografie-Management Projekts meint also zunächst die Entstehung des Bewusstseins, dass der demografische Wandel bzw. das Altern überhaupt ein »Problem« ist. Die Unternehmensangehörigen verstehen und verinnerlichen den Megatrend Altern als unaufhaltsamen, unumkehrbaren globalen Doppeltrend aus Alterung und Bevölkerungsrückgang: Menschen leben und arbeiten immer länger, werden aber immer weniger. Aufgrund verbesserter medizinischer Versorgung, gesünderen Lebensweisen und höherem Wohlstand wird sich unsere Lebensspanne, die über die meiste Zeit der Menschheitsgeschichte vorherrschte, bald verdreifachen und in einigen Ländern sogar die magische 100 durchbrechen, so die Prognosen; derzeit leben weltweit über 600 sog. »*Supercentarians*« — Menschen, die mindestens 110 Jahre oder älter geworden sind (die meisten leben in den USA, Großbritannien, Japan, Frankreich, Italien; der derzeit älteste Mensch der Welt, Bolivianer Carmelo Flores Laura, ist sogar 123 Jahre alt). Auch unsere **Lebens*arbeits*spanne** ist gestiegen und hat sich innerhalb von nur einem Jahrhundert von 25 Jahren auf knapp 50 Jahre verdoppelt. Wir können und müssen aber auch immer länger arbeiten: Bis 2050 müsste das Renteneintrittsalter um ca. 10 Jahre auf 75 Jahre angehoben werden, um ein gesundes Verhältnis von Rentnern zu Erwerbstätigen aufrechtzuerhalten (laut Europäischer Kommission liegt dies bei 2:1). Jedoch arbeitet nur knapp die Hälfte der EU-Bürger noch mit 60 oder mehr Jahren. Außerdem wird es von uns immer älter Werdenden aufgrund sinkender Geburtenraten immer weniger geben. Ab 2050 wird es dann dauerhaft mehr ältere Menschen als jüngere geben. Unserer Welt droht nicht mehr die viel gewarnte Über-Bevölkerung, sondern eine dramatische Unter-Bevölkerung. Die ersten Länder werden noch in diesem Jahrhundert über die Hälfte ihrer Bevölkerung verlieren.

3.2.2 »Das Demografie-/Alternsproblem hat konkret erfahrbare Auswirkungen (Risiken, Chancen).«

Alternsbewusstsein heißt jedoch auch, dass den Unternehmensangehörigen nicht nur das Demografie-/Alternsproblem selbst, sondern auch seine konkret erfahrbaren, substanziellen, ebenso unaufhaltsamen und unumkehrbaren Auswirkungen, also seine Risiken und Chancen bewusst werden: Sie verstehen den Megatrend Altern als gesamtgesellschaftliches Problem mit nachhaltigen, mannigfaltigen Konsequenzen in allen Lebensbereichen. Die resultierenden Veränderungen sind nicht nur lokal, sondern auch global. Wie für Peter Drucker ist den Unternehmensangehörigen im Demografie-Management klar, dass das größte »*issue of our times*« das »*age issue*« ist. Als Bedrohung und Chance zugleich macht der Megatrend Altern vor nichts Halt und fordert uns in allen Bereichen unseres Lebens heraus: in Politik und Gesellschaft (Zukunft Sozialversicherung, innenpolitische/internationale Ordnungen?), Gesundheit (Zukunft individueller, kollektiver Gesundheitszustand, Gesundheitssysteme?) und Volkswirtschaft (Zukunft Finanzmärkte?). Für den notwendigen Bewusstseinswandel im Demografie-Management besonders relevant sind die betriebswirtschaftlichen und individuellen Risiken und Chancen des Megatrends Altern, denn diese werden zur erfolgskritischen Herausforderung für Unternehmen (Zukunft Absatz-, Arbeitsmärkte,

> Unser neues Altern ist Chance, aber auch Risiko.

Arbeit, Personal, Organisation?) und den Einzelnen selbst (Zukunft Leben in allen persönlichen, beruflichen Bereichen?) (▶ Overview »Wichtigste betriebswirtschaftliche und individuelle Auswirkungen und Handlungsfelder des Demografie-/Alternsproblems.

3.2.3   »Wir sind vom Demografie-/Alternsproblem, seinen Auswirkungen gemeinsam, persönlich betroffen.«

Altern geht uns alle an!

Eine der wichtigsten Komponenten des Alternsbewusstseins ist das Fühlen von gemeinsamer und auch persönlicher Betroffenheit: Niemand kann sich vom Demografie-/Alternsproblem und seinen Auswirkungen abkoppeln - weder auf individueller, noch auf betrieblicher Ebene. Im Gegenteil: »Altern geht uns alle an«. Das Demografie-/Alternsproblem verändert alle Lebensbereiche, und zwar nachhaltig. Jeder ist betroffen, persönlich, da jeder altert, und zwar seit Geburt. Altern ist ein lebenslanger, primär psychologischer, aber auch biologisch-körperlicher und sozialer Veränderungsprozess. Es wird auch jeder einmal alt, nicht nur die anderen. Früher oder später trifft das Alter jeden: Die Jungen von heute sind die Alten von morgen. Leben ist Altern. Doch mit dem demografischen Wandel verändert sich unser Altern: Jeder altert immer länger bzw. lebt und arbeitet immer länger, und insgesamt werden wir immer weniger. Das neue Altern passiert überall, im Privatleben ebenso wie im Arbeitsleben. Und deshalb altern auch Unternehmen: nicht nur ihre Kunden werden immer älter und weniger, sondern auch ihre Unternehmensangehörigen, die auch immer länger arbeiten können (und auch müssen). Das Altern jedes Einzelnen und das Altern eines Unternehmens beeinflussen sich gegenseitig und sind sogar voneinander abhängig. Die »Wettbewerbsfähigkeit« eines Unternehmens wird zunehmend vom Einzelnen, vom Faktor Mensch bestimmt: vom alternden Unternehmenspersonal (Humankapital Alter), aber auch von alternden Kunden (Wirtschaftskraft Alter). Umgekehrt wird die »Lebensfähigkeit« jedes Einzelnen, d. h. seine Gesundheit, Qualifikation, Motivation (Arbeits- und Leistungsfähigkeit), Zufriedenheit, Wohlbefinden, Lebensqualität und Wohlstand über die Lebensspanne, zunehmend von Unternehmen beeinflusst: denn diese gestalten nicht nur die Arbeitswelt (Arbeitgeber), sondern letztlich alle Lebenswelten (Produkthersteller, Dienstleistungserbringer), die das Altern jedes Einzelnen maßgeblich (mit-)bestimmen. Der notwendige Bewusstseinswandel für den Unternehmenswandel Demografie-Management beschränkt sich jedoch nicht nur auf das Bewusstsein für das Demografie-/Alternsproblem, sondern geht darüber hinaus. Entscheidend ist nämlich nicht nur, dass sich die Unternehmensangehörigen dem Problem einschließlich seiner politischen, sozialen, gesundheitlichen, volks- und betriebswirtschaftlichen sowie individuellen Risiken und Chancen gemeinsam bewusst sind und sich davon persönlich betroffen fühlen.

Alternsbewusstsein heißt, dass sich die Unternehmensangehörigen auch der Lösung des Demografie-/Alternsproblems bewusst sind.

3.2.4 »Die Auswirkungen des Demografie-/ Alternsproblems sind beeinflussbar, es gibt drängenden Veränderungsbedarf in konkreten Handlungsfeldern.«

Ein Bewusstsein für die Problemlösung im Unternehmenswandel Demografie-Management beginnt mit der Bewusstwerdung der Veränderbarkeit bzw. Beeinflussbarkeit der Auswirkungen des Demografie-/Alternsproblems: Der Megatrend Altern muss kein Problem bleiben, sondern kann gelöst werden - und zwar in konkreten Handlungsfeldern mit drängendem Veränderungsbedarf, der sich aus den politischen, sozialen, gesundheitlichen, volks- und betriebswirtschaftlichen sowie individuellen Risiken und Chancen des Demografie-/Alternsproblems ergibt. Wichtig ist, dass die Unternehmensangehörigen auch spüren, dass »es drängt«: Unternehmen und Individuen müssen bereits »heute für morgen« handeln, damit der demografischer Wandel bzw. das Altern keine Bedrohung bleibt, sondern zur gewinnbringenden Chance wird. Es gibt keine Zukunft ohne Altern. Die Auswirkungen sind dramatisch, nachhaltig, unumkehrbar - aber gestaltbar, und zwar politisch-gesellschaftlich, ökonomisch und individuell gestaltbar. Rechtzeitiges Handeln, »Vorsorge«, sichert die Zukunft von Unternehmen, Gesellschaften und von jedem Einzelnen. »Nachsorge« ist teuer und ist angesichts der Tragweite der Veränderungen nahezu unmöglich (◘ Tab. 3.1).

> Wir können und müssen unser neues Altern gestalten, und es drängt!

3.2.5 »Demografie-Management ist dringlich, notwendig und nützlich.«

Eine weitere Komponente des Alternsbewusstseins ist jedoch auch die Einsicht, womit das Demografie-/Alternsproblem, einschließlich seiner Auswirkungen, in den jeweiligen Handlungsfeldern positiv beeinflusst werden kann. Ausschlaggebend dafür ist die Entstehung eines nachhaltigen Gefühls für die Dringlichkeit, Notwendigkeit und den Nutzen von Demografie-Management sowie eines Bewusstseins darüber, was Demografie-Management überhaupt ist bzw. bedeutet. Demografie-Management minimiert die Risiken des demografischen Wandels bzw. Alterns und nutzt seine Chancen, und zwar in dreifacher Hinsicht: Wer Demografie-Management betreibt, ist kein Altruist, sondern denkt kaufmännisch (Management der betriebswirtschaftlichen Risiken, Chancen) und sozial verantwortlich, für den Einzelnen (Management der individuellen Risiken, Chancen) und die Gesellschaft (Management der politischen, sozialen, gesundheitlichen, volkswirtschaftlichen Risiken, Chancen) (► Kap. 1). Obwohl

> Demografie-Management duldet keinen Aufschub mehr!

3

◘ **Tab. 3.1**   Wichtigste betriebswirtschaftliche und individuelle Auswirkungen und Handlungsfelder des Demografie-/Alternsproblems

Auswirkungen	Handlungsfelder
Alternde Absatzmärkte **Risiko:** Umsatz-, Gewinn-, Kundenzufriedenheits-, Wettbewerbsrisiken **Chance:** Steigerung von Umsatz, Gewinn und Wettbewerbsfähigkeit	– Produkt-, Dienstleistungsentwicklung – Produktion, Dienstleistungserbringung – Marketing, Verkauf
Alternde, schrumpfende Arbeitsmärkte & Belegschaften **Risiko:** Wettbewerbs-, Umsatz-, Gewinn-, Kostenrisiken; primär wegen Personalrisiken (Kapazitäts-, Produktivitäts-, Qualitätsrisiken; aufgrund Engpass-, Austritts-, Gesundheits-, Qualifikations-, Motivationsrisiken, drohendem Wissensverlust) **Chance:** Steigerung Wettbewerbsfähigkeit, Umsatz, Gewinn, Senkung von Kosten; primär wegen Personalchancen (Steigerung Kapazität, Produktivität, Qualität; aufgrund Steigerung Gewinnung, Bindung, Gesundheit, Qualifikation, Motivation, Wissenserhalt)	– Unternehmens-, Personalstrategie, -planung – Personalgewinnung (Rekrutierung, Branding) – Personalauswahl – Personalbindung & Engagement – Personal-, Teamentwicklung – Talent-Management – Gesundheits-Management – Laufbahn- und Gratifikationsgestaltung – Arbeitsgestaltung (Platz, Inhalt, Zeit, Sicherheit) – Wissenstransfer und –management – Unternehmens-, Führungskultur, Kommunikation – Querschnittsthemen: Alter(n), Generationen, Talente, Feminisierung, Diversity, Work-Life Balance
Alternde Individuen: **Risiko:** Zufriedenheits-, Lebensqualitäts-, Wohlstandsrisiken; primär wegen Bedrohung Arbeits-, Leistungsfähigkeit, -motivation, -zufriedenheit; aufgrund (psycho-bio-sozialer) Gesundheits-, Qualifikations-, Motivationsrisiken **Chance:** Steigerung von Zufriedenheit, Lebensqualität, Wohlstand; primär wegen Steigerung Arbeits-, Leistungsfähigkeit, -motivation, -zufriedenheit; aufgrund Steigerung (psycho-bio-sozialer) Gesundheit, Qualifikation, Motivation	– Individueller Erhalt, Förderung von Zufrieden‖‖heit, Lebensqualität, Wohlstand; primär durch Erhalt, Förderung Arbeits-, Leistungsfähigkeit, -motivation, -zufriedenheit; aufgrund Erhalt, Förderung (psycho-bio-sozialer) Gesundheit, Qualifikation, Motivation

Demografie-Management kostet und auch Grenzen hat, begreifen die Unternehmensangehörigen die Veränderungsmaßnahmen nicht als Belastung, sondern als Chance, Wettbewerbsvorteil und Zukunftssicherung. Unternehmensangehörige empfinden Demografie-Management als notwendige und gewinnbringende Aufgabe, die keinen Aufschub mehr duldet und »alle angeht.« Demografie-Management ist nicht nur das Management des älteren oder alten Unternehmenspersonals und hat auch nichts mit rationalisierungsbedingtem Personalabbau Älterer, Frühverrentungsprogrammen und Vorruhestandsregelungen zu tun. Demografie-Management zielt letztlich darauf ab, aus den immer älter und kleiner werdenden Arbeitsmärkten Personal zu gewinnen und dies so lange wie möglich zu binden, motivieren und arbeits- und leistungsfähig zu erhalten. Demografie-Management ist für »Alt *und* Jung« (d. h. für alle Altersgruppen und Generationen) sämtlicher Organisationsebenen, Funktionsbereiche bzw. Abteilungen und Standorte: als strategische Aufgabe fördert und nutzt es alternsbedingte Stärken, Potenziale, und verhindert heute die alternsbedingten Schwächen, Risiken von morgen — und zwar über die gesamte Lebensarbeitsspanne bzw. Erwerbslaufbahn: von Anfang an, ein (immer länger werdendes) Arbeitsleben lang.

3.2.6 »Wir sind (mit-)verantwortlich für die Lösung des Demografie-/Alternsproblems.«

Die letzte, vielleicht sogar wichtigste Komponente des Alternsbewusstseins ist der Wandel von der gemeinsamen Betroffenheit zur Verantwortung. Es entsteht das Bewusstsein, dass gemeinsames und persönliches Betroffensein auch Verantwortungsübernahme bedeutet. Jeder ist betroffen und damit (mit-)verantwortlich für sein eigenes Altern, aber auch für das Altern des Unternehmens und in letzter Konsequenz für das Altern der Gesellschaft. Jeder ist in einer Eigen- und Mitverantwortung für lebenslangen Erhalt, Förderung und Einsatz seiner (alternsbedingten) Stärken und Potenziale sowie für die Prävention seiner (alternsbedingten) Schwächen und Risiken - im Privatleben ebenso wie in Wirtschaft und Gesellschaft. Der resultierende Erhalt der Arbeits- und Leistungsfähigkeit sowie -motivation ist die zentrale Voraussetzung dafür, sich bis zum Erreichen des Renteneintrittsalters und darüber hinaus beruflich, gesellschaftlich und für sich selbst engagieren zu können. Unternehmen und Führungskräfte sind in einer Mitverantwortung für das Altern des Einzelnen, des Unternehmens und der Gesellschaft – aus betriebswirtschaftlichen aber auch sozial-ethischen Gründen. Unternehmensangehörige verinnerlichen Demografie-Management nicht nur als Unternehmens- und Führungsaufgabe bzw. -verantwortlichkeit, sondern auch als persönliche Aufgabe bzw. Verantwortlichkeit eines jeden Einzelnen.

Wir müssen für unser neues Altern Verantwortung übernehmen.

3.3 Alternsbewusstsein bilden

Jeder von uns braucht ein Alternsbewusstsein, und zwar nicht nur für den Unternehmenswandel Demografie-Management, sondern überhaupt, um fürs 21. Jahrhundert zukunftsfähig zu bleiben. Und nach der Lektüre der vorhergehenden beiden Abschnitte wissen Sie auch, was Alternsbewusstsein genau ist, warum Sie die Alternsbewusstseins-Bildung auf keinen Fall vernachlässigen sollten, und welche Inhalte entsprechende Sensibilisierungsmaßnahmen umfassen müssten. Und vielleicht ist Ihnen ja auch über Ihr eigenes Altern vieles bewusster geworden. Doch was können Unternehmen konkret tun, um ihr Personal für den Unternehmenswandel Demografie-Management bzw. für das Altern und sein individuelles, betriebliches Management zu sensibilisieren? Wie können sie das im letzten Abschnitt beschriebene Alternsbewusstsein schaffen und damit die 1. Säule des erfolgreichen Demografie-Managements realisieren?

Die nachhaltige Entwicklung eines Alternsbewusstseins ist ein komplexes Vorhaben. Wir müssen uns auch vergegenwärtigen, dass

Alternsbewusstsein macht zukunftsfähig!

Alternsbewusstseins-Bildung braucht Planung und Struktur.

3

die Entwicklung von Alternsbewusstsein ein kontinuierlicher Prozess ist. Anstatt die Unternehmensangehörigen mit einer einmaligen Sensibilisierungsmaßnahme zu überfordern, muss das Alternsbewusstsein schrittweise, aber trotzdem konsequent und kontinuierlich entwickelt und gefördert werden. Dieser Prozess erfolgt auch in engem Zusammenspiel mit der Realisierung der anderen Säulen des erfolgreichen Demografie-Managements. Für die Entwicklung und Durchführung der Alternssensibilisierungsmaßnahmen sollte ein Budget eingeplant werden, ebenso wie Personalressourcen bzw. externe professionelle Unterstützung.

Alternsbewusstsein durch Kommunikation, Diskussion, Reflexion!

Es gibt mehrere Wege bzw. Handlungsmaßnahmen, das notwendige Alternsbewusstsein in der betrieblichen Praxis zu schaffen bzw. zu erhöhen. Ziel ist, dass die Mehrheit der Mitarbeiter sowie praktisch alle Führungskräfte sämtlicher Unternehmensebenen und Funktionsbereiche bzw. Abteilungen sowie Standorte ein neues rationales und emotionales Bewusstsein für den demografischen Wandel bzw. Altern und Demografie-Management entwickeln. Dies gilt natürlich auch für Arbeitnehmervertreter, Betriebsärzte (bzw. Betriebspsychologen, Behinderten-, Gleichstellungs-, Gesundheits- und Sicherheitsbeauftragte) und Aufsichtsräte, die im betrieblichen Demografie-Management eine ebenso wichtige Rolle einnehmen. Entscheidend ist auch, alle Altersgruppen miteinzubeziehen. Um dies zu erreichen, ist es entscheidend, (1) das zugrundeliegende Problem und (2) seine konkret erfahrbaren Auswirkungen (Risiken, Chancen) auf das Unternehmen, seine verschiedenen Funktionsbereiche bzw. Abteilungen und Standorte wie auch auf die einzelnen Unternehmensangehörigen zu verdeutlichen. Zentral dabei ist, (3) die gemeinsame persönliche Betroffenheit von dem Problem bzw. seinen Auswirkungen herauszustellen, ebenso wie den (4) drängenden Handlungs- bzw. Veränderungsbedarf, dass die Problemlösung keinen Aufschub erlaubt. (5) Um dies auch tun bzw. sich verändern zu können, gilt es, nicht nur die entsprechenden Maßnahmen zur Problemlösung aufzuzeigen, sondern auch ein Gefühl für deren absolute Dringlichkeit, Notwendigkeit und Nutzen bei den Betroffenen zu erzeugen. (6) Schließlich muss allen Betroffenen ihre (Mit-)Verantwortung für die Problemlösung bzw. Veränderung klar gemacht werden - und die alles nicht nur auf rationaler, sondern auch auf emotionaler Ebene. Die drei zentralen Methoden bzw. Bausteine der Alternsbewusstseins-Bildung im Unternehmenswandel Demografie-Management sind

1. Kommunikation (»Alterns-Awareness Kampagne«)
2. Diskussion (»Alterns-Awareness Dialog«)
3. Reflexion (»Alterns-Awareness Workshop«).

Bei der Alternsbewusstseins-Bildung spezifisch vorgehen!

Bei der Durchführung dieser Bausteine ist wichtig zu beachten, dass sich das Alternsbewusstsein nicht nur zwischen Branchen und Unternehmen, sondern auch zwischen einzelnen Organisationsebenen und Funktionsbereichen bzw. Abteilungen und Standorten sowie zwischen

Unternehmensangehörigen-Gruppen (Mitarbeiter, Führungskräfte, Unternehmensleitung, Arbeitnehmervertreter, Betriebsärzte [bzw. Betriebspsychologen, Behinderten-, Gleichstellungs-, Gesundheits- und Sicherheitsbeauftragte] und Aufsichtsräte) unterscheiden kann. Bei der Alternsbewusstseins-Bildung ist deshalb immer ein spezifisches Vorgehen zu konzipieren. Zudem ist es unerlässlich, die Maßnahmen an den jeweiligen Branchen-/Unternehmenskontext bzw. an die untersuchte Gruppe mit betriebs-, bereichs- bzw. gruppenspezifischen Informationen anzupassen.

Idealerweise umfasst die Alternsbewusstseins-Bildung alle Unternehmensangehörigen. Jedoch müssen die dabei entstehenden Kosten im Verhältnis zum erzielten Nutzen stehen. **Das empfohlene Vorgehen ist, mit dem Baustein »Kommunikation« einen unternehmensweiten Alternsbewusstseinswandel zu initiieren und fördern. Die Bausteine »Diskussion« und »Reflexion« verankern diesen Wandel, indem sie das Alternsbewusstsein der relevanten Schlüsselpersonen, -gruppen bzw. der »*opinion leader*« im Unternehmen verstärken und schärfen.** Primär sind dies Schlüssel-Führungskräfte des oberen, mittleren und unteren Managements, Schlüssel-Mitarbeiter sowie Schlüsselpersonen der Arbeitnehmervertreter, Betriebsärzte (bzw. Betriebspsychologen, Behinderten-, Gleichstellungs-, Gesundheits- und Sicherheitsbeauftragte) und auch Aufsichtsräte. Da diese nicht nur große Teile der Unternehmensangehörigen repräsentieren, sondern aufgrund ihrer Position in Bezug auf Macht, Vertrauen etc. auch als Multiplikatoren fungieren, wird ihr eigener Alternsbewusstseinswandel den unternehmensweiten Alternsbewusstseinswandel verankern. Führungskräfte sind dabei besonders wichtig, da sie bei der Umsetzung, Anwendung und Beibehaltung von Demografie-Management eine zentrale Rolle spielen (▶ Kap. 7). Insgesamt wird dieser Bewusstseinswandel schrittweise von statten gehen und in engem Zusammenspiel mit der Realisierung der anderen Säulen des erfolgreichen Demografie-Managements erfolgen.

Kommunikation macht Bewusstsein - und nicht nur das. Kommunikation verändert. Zudem ist der Mensch in gleichem Maße Kommunikationstier, wie er Gewohnheitstier und auch Bewegungstier ist. Und bereits Aristoteles wusste: der Mensch ist ein soziales Wesen. Menschen mögen Kommunikation und brauchen sie, und zwar nicht nur für ihr »psychisches« Überleben und Wohlbefinden. Denn Leben und Arbeiten im 21. Jahrhundert ohne Kommunikation ist inzwischen undenkbar. Ebenso undenkbar ist betriebliches Demografie-Management ohne Kommunikation, insbesondere wenn es um seine Umsetzung, Anwendung und Beibehaltung geht. Im Unternehmenswandel Demografie-Management ist Kommunikation die entscheidende Größe, die maßgeblich den Erfolg dieses besonderen personalen und organisationalen Veränderungsprozesses bestimmt. Kommunikation ist die »Allrounder«-Handlungsmaßnahme, die nicht nur sensibilisiert, sondern auch qualifiziert, motiviert, führt,

Alternsbewusstseins-Wandel und opinion leader

Kommunikation ist Allrounder-Handlungsmaßnahme im Demografie-Management!

Viele Kanäle führen zum Alternsbewusstsein!

kultiviert und auch verankert. Kommunikation verändert und spielt deshalb eine Schlüsselrolle bei der Realisierung der sechs Säulen des erfolgreichen Demografie-Managements (▶ Kap. 6).

Kommunikation als Sensibilisierungsmaßnahme schafft Alternsbewusstsein, und zwar unabhängig davon, welche der inzwischen unbegrenzten Kommunikationsformen, -mittel und -wege dafür gewählt werden. Dementsprechend vielfältig sind die Möglichkeiten, die Unternehmensangehörigen für das Demografie-/Alternsproblem und seine Lösung, Demografie-Management, durch Kommunikationsmaßnahmen zu sensibilisieren. Es empfiehlt sich, die im Unternehmen bereits vorhandenen betriebsinternen Kommunikationskanäle zu wählen, die sich ja schon bewährt und als effektiv erwiesen haben. Um die betriebsspezifisch angepassten Themen »demografischer Wandel bzw. Altern und Demografie-Management« im Rahmen einer ca. 6-monatigen »Alterns-Awareness Kampagne« als Dauer-Tagesordnungspunkte zu platzieren, kommen grundsätzlich alle gängigen Kommunikationskanäle in Frage: angefangen vom klassischen schwarzen Brett, dem Newsletter und Intranet, über ohnehin regelmäßig stattfindende Meetings, Teambesprechungen und Betriebsversammlungen, bis hin zu Präsentation und Veranstaltungen. Wichtig bei der Alternsbewusstseins-Bildung durch Kommunikation ist nicht »welche«, sondern »wie viele« unterschiedliche Kommunikationsformen, -mittel und -wege verwendet werden, und »wie oft«. Bei der Schaffung von Alternsbewusstsein in der betrieblichen Praxis gilt die Regel: je mehr unterschiedliche Kommunikationskanäle benutzt werden und je häufiger kommuniziert wird, desto nachhaltiger ist der Alternsbewusstseinswandel im Unternehmen. Entscheidend ist jedoch letztlich das »Was«, die Inhalte bzw. Botschaften, die vermittelt werden (▶ Overview »Kommunikations-Checkliste zur Erzeugung von Alternsbewusstsein im Unternehmen«), und das »Wie«, der Kommunikationsstil.

Kommunikations-Checkliste zur Erzeugung von Alternsbewusstsein im Unternehmen
Was muss kommuniziert werden? Die wichtigsten Botschaften:
Bewusstseinsbildung für das Demografie-/Alternsproblem
1. Wir haben ein Problem! Der demografische Wandel bzw. das Altern verändern…
2. …Alles (Politik, Gesellschaft, Gesundheit, Volkswirtschaft, Unternehmen) und Jeden!
3. Altern geht uns alle an, und zwar auch persönlich!

Wichtige Sub-Botschaften:
— Wir werden immer älter und immer weniger! Wir können, müssen aber immer länger arbeiten!
— Die resultierenden Risiken und Chancen betreffen jeden von uns!

> — Jeder altert und wird einmal alt! Die Jungen von heute sind die Alten von morgen! Individuelles Altern macht Betriebsaltern und vice versa!
>
> **Bewusstseinsbildung für die Problemlösung Demografie-Management:**
>
> 4. Wir können und müssen dringend was tun! Um die Risiken zu verhindern und Chancen zu nutzen,…
> 5. …gibt es Demografie-Management! Es ist dringlich, notwendig, gewinnbringend für jeden von uns,…
> 6. …und wir alle sind dafür (mit-)verantwortlich, und zwar auch persönlich!
>
> *Wichtige Sub-Botschaften:*
>
> — Es gibt drängenden, betrieblichen Handlungsbedarf (z. B. Personalgewinnung, -bindung, -entwicklung, Gesundheits-, Wissensmanagement; Laufbahn-, Gratifikations-, Arbeitsgestaltung)! Es gibt drängenden, individuellen Handlungsbedarf (z. B. Förderung Gesundheit, Qualifikation, Motivation)!
> — Demografie-Management zielt auf Gewinnung, Bindung, Erhalt Arbeits-, Leistungsfähigkeit, -motivation von Alt und Jung, über gesamte Erwerbslaufbahn (heute für morgen)!
> — Unternehmen, Führungskräfte, und jeder Einzelne ist (mit-)verantwortlich für Förderung und Einsatz alternsbedingter Stärken und Prävention alternsbedingter Schwächen — von Anfang, ein Leben lang!

Demografischer Wandel bzw. Altern und Demografie-Management müssen nicht nur zum rational-sachlichen Dauer-»Thema« bzw. -»Tagesordnungspunkt« gemacht werden, sondern auch zum spannenden emotionalen Dauer-»Brenner«, der alle betrifft, alle angeht und für den alle verantwortlich sind. Alternsbewusstseins-Bildung heißt, die zentralen Botschaften nicht nur auf verschiedenen Kanälen zu senden und immer wieder zu wiederholen, sondern auch sowohl auf rational-sachlicher als auch auf emotionaler Ebene zu kommunizieren. Damit erreichen diese nicht nur »die Köpfe«, sondern auch »die Herzen« der Unternehmensangehörigen. Das nachhaltigere Alternsbewusstsein erzeugen nicht die nüchtern-sachlich kommunizierten Informationen, Zahlen, Daten und Fakten, sondern eine emotionale Kommunikation und Botschaften, anschaulichen Beispielen, Geschichten, Vergleichen und Bilder:

» Ein Bild sagt mehr als tausend Worte (Fred R. Barnard) «

(► Overview »Alternsbewusstseinsbildung durch Kommunikation mit Bildern (Beispiel)«)

Altern zum emotionalen Dauer-»Brenner« machen!

3

Alternsbewusstseins-Bildung durch Kommunikation mit Bildern (Beispiel)

»Wir sitzen alle im gleichen Boot« – das von immer älteren und weniger werdenden Menschen durch den »Demografie-/Alterns-Sturm« gesteuert werden muss. Alle müssen anpacken - Alt *und* Jung, Mitarbeiter wie Führungskraft aller Unternehmensebenen und Funktionsbereiche - und rechtzeitig die Segel setzen, um die drohenden Gefahren abzuwenden, aber auch um die Kraft dieses Sturms positiv für jeden von uns zu nutzen. Und dieses Segel-setzen ist Demografie-Management machen, und dies erlaubt keinen Aufschub mehr. Es drängt und braucht jeden von uns. Auf keinen Fall dürfen wir tatenlos bleiben und uns über den Demo-grafie-/Alterns-Sturm beschweren oder gar darauf warten und hoffen, dass sich der Sturm schon wieder legen wird. Denn, wie Arthur William Ward trefflich bemerkt:

» The pessimist complains about the wind; the optimist expects it to change; the realist adjusts the sails. **«**

Betriebliches Demografie-Management hat weder etwas mit Schwarzmalerei zu tun, noch mit Altruismus. Demografie-Ma-nagement ist realistisch: Es rettet uns vor dem Demografie-/Al-terns-Sturm und nutzt ihn als gewinnbringende Chance.

Wichtig ist auch, dass die kommunizierten Inhalte und Botschaften vorgelebt werden:

» Taten sagen mehr als Worte. (Mark Twain) **«**

Altern vorleben und Auswirkungen aufzeigen!

Doch zunächst muss der demografische Wandel bzw. das Altern als Problem sichtbar gemacht werden, insbesondere durch das Aufzeigen ihrer Auswirkungen auf das Unternehmen, seine Funktionsbereiche, Abteilungen und Standorte sowie auf die einzelnen Unternehmens-angehörigen.

Sensibilisieren durch Altersstruk-turanalysen!

Eine besonders effiziente Sensibilisierungsmaßnahme zur unter-nehmensweiten Erzeugung von Alternsbewusstsein ist die Kommuni-kation vorhandener Daten aus betrieblichen **Altersstrukturanalysen**, die in vielen Unternehmen bereits durchgeführt worden sind. Bei der Altersstrukturanalyse geht es um die Darstellung und Früherkennung aktueller und zukünftiger Personalrisiken (primär Kapazität-, Pro-duktivitätsrisiken, drohender Wissensverlust) des gesamten Unter-nehmens, einzelner Bereiche, Abteilungen oder Standorte, die auf die Entwicklung der betrieblichen Altersstruktur unter den Wirkungen des demografischen Wandels bzw. Alterns zurückzuführen sind. Die Ergebnisse dieser Analysen haben insofern einen sensibilisierenden Charakter, als sie die konkreten Auswirkungen des demografischen Wandels bzw. Alterns auf der betrieblichen Ebene verdeutlichen.

Dabei ist unmissverständlich klar zu machen, dass konkrete Risiken drohen und Chancen entstehen, dass aber aktuell weder das Unternehmen noch jeder Einzelne in der Lage ist, diese Risiken zu verhindern und die Chancen zu nutzen. Zentral dabei ist, die gemeinsame persönliche Betroffenheit vom demografischen Wandel bzw. Altern herauszustellen.

Die Dringlichkeit, Notwendigkeit sowie der Nutzen bzw. Ziele, aber auch die Kosten und Grenzen von Demografie-Management muss für jeden Einzelnen sowie für alle Unternehmensebenen, Funktionsbereiche und Abteilungen sowie Standorte unmissverständlich klar gemacht werden - und zwar durch die konsequente und flächendeckende Kommunikation von »*hard facts*« die sich aus der aktuellen und zukünftigen betrieblichen Situation eines Unternehmens ergeben. Unternehmen haben ein ganz handfestes betriebswirtschaftliches Interesse an Demografie-Management, denn es sichert und steigert die Wettbewerbsfähigkeit des gesamten Unternehmens, aber auch der einzelnen Unternehmensbereiche, und führt zu Umsatz- bzw. Gewinnsteigerungen und Kostensenkungen. Aber auch jeder einzelne Unternehmensangehörige gewinnt, sei es Mitarbeiter, Führungskraft, Arbeitnehmervertreter, Aufsichtsrat oder Betriebsarzt. Denn Demografie-Management fördert den individuellen Wohlstand, Zufriedenheit und Lebensqualität (durch verbesserte Gesundheit, Qualifikation und Motivation sowie resultierende gesteigerte Arbeits- und Leistungsfähigkeit) über die gesamte Erwerbslaufbahn, einschließlich der positiven gesamtgesellschaftlichen Konsequenzen, lokal und global. In letzter Konsequenz ist Demografie-Management also nicht nur Unternehmens- und Führungsverantwortlichkeit, sondern wird auch zur persönlichen Verantwortlichkeit jedes Einzelnen.

> **Beim Demografie-Management gewinnt jeder!**

Kommunikation im Rahmen unternehmensweiter »Alterns-Awareness Kampagnen« initiiert und fördert den Alternsbewusstseinswandel im gesamten Unternehmen. Für die Verstärkung, Schärfung und letztlich auch Verankerung dieses Bewusstseinswandels empfiehlt sich die Ergänzung dieser eher »einseitigen Kommunikation« der relevanten Alternsbewusstseins-Botschaften durch die **»zweiseitige Diskussion«** dieser Botschaften, und zwar im Rahmen von »Alterns-Awareness Dialogen«.

Denn für das »Kommunikationstier« Mensch gilt

> **Diskussion: Nicht nur einseitig, sondern auch zweiseitig kommunizieren!**

» …gesagt ist noch nicht gehört, und gehört ist noch nicht verstanden, und verstanden ist noch nicht einverstanden… (Konrad Lorenz) **«**

Um sicherzustellen, dass die Alternsbewusstseins-Botschaften auch richtig gehört und, viel wichtiger, auch richtig verstanden wurden und Zustimmung erhalten, braucht es eine offene Diskussion dessen, was gesagt, gehört und verstanden wurde, und wie es mit dem Einverstanden-Sein aussieht. Überhaupt schließen sich die meisten Menschen nur etwas an, wenn sie eine Chance hatten, sich mit dem

> **…denn gesagt ist noch nicht gehört, verstanden und einverstanden.**

Gesagten bzw. Gehörtem bzw. Verstandenem auseinanderzusetzen und vor allem Fragen zu stellen bzw. zu klären. Jede einseitige Kommunikation braucht auch Diskussion, insbesondere wenn Kommunikation, so wie bei der Alternsbewusstseins-Bildung, verändern soll (▶ Overview »Alterns-Awareness Dialog erklärt«).

»Alterns-Awareness Dialog erklärt«

Alternsbewusstseinswandel durch Diskussion im Rahmen von »Alterns-Awareness Dialogen« meint die Verstärkung und Schärfung des Alternsbewusstseins durch den Dialog zwischen zwei oder mehreren Personen, die, mit Bezug auf das jeweilige Unternehmen, Argumente und Meinungen austauschen sowie Fragen stellen zu:

1. das Demografie-/Alternsproblem,
2. seine konkreten Auswirkungen, Risiken wie Chancen,
3. persönliche Betroffenheit,
4. Veränderungsbedarf und Handlungsfelder,
5. Demografie-Management,
6. unternehmerische und persönliche Verantwortlichkeiten betreffend Demografie-/Alternsproblem.

»Alterns-Awareness Dialoge« sind eine wichtige Möglichkeit, nicht nur falsch Gehörtes bzw. Verstandenes zu korrigieren und vertiefende Informationen zu liefern, sondern auch Standpunkte und Sichtweisen anderer kennenzulernen und diese Themen aus bisher unbekannter Perspektive zu betrachten.

Zudem bieten sie auch ein Austausch-Forum, wo Unternehmensangehörige, die in ihren Funktionsbereichen bzw. Abteilungen und Standorten bereits vom Demografie-/Alternsproblem konkret betroffen sind, die akuten Herausforderungen weiter tragen können. So werden auch für die Angehörigen (noch) nicht betroffener Bereiche bzw. Abteilungen die Auswirkungen des demografischen Wandels bzw. Alterns konkret sichtbar und damit zur Realität. Dieser Austausch verstärkt und schärft wiederum das Alternsbewusstseins jedes Einzelnen und infolgedessen des gesamten Unternehmens für die kommenden Herausforderungen.

Alterns-Awareness Dialoge: Übers Altern diskutieren!

Je breiter diese »Alterns-Awareness Dialoge« angelegt und durchgeführt werden können, desto besser. Zumindest brauchen jedoch die Schlüsselpersonen, -gruppen im Unternehmen (und insbesondere die Führungskräfte aufgrund ihrer zentralen Rolle im Demografie-Management) in der Phase der Alternsbewusstseins-Bildung durch Kommunikation (»Alterns-Awareness Kampagne«) begleitende Diskussionsforen, wo »zweiseitig« kommuniziert werden kann. »Alterns-Awareness Dialoge« können entweder unter der Moderation eines externen Alterns-Experten durchgeführt werden, oder aber auch in geeignete, ohnehin stattfindende Meetings, Teambesprechungen und

Versammlungen, aber auch in Mitarbeitergespräche eingebunden werden. Es empfiehlt sich, aktuelle betriebliche Themen, die auf der jeweiligen Tagesordnung stehen, mit Demografie-/Alternsthemen sinnvoll zu verknüpfen und unter dem Alternsfokus zu diskutieren (z. B. bei konkreten Arbeitsabläufen, aber auch bei allen Personalthemen wie z. B. Neueinstellungen). Für einen sachlichen Diskussionsverlauf ist es wichtig, die Inhalte der Diskussion zu visualisieren im Sinne eines Diskussionsfadens, der später in unternehmensweiten Kommunikationsprozessen Eingang finden sollte. Auch weniger motivierte Mitarbeiter bzw. Führungskräfte können über diesen Weg effektiver erreicht werden. Alternsbewusstseins-Bildung wird so zur positiven »Nebenwirkung«. Immer mehr an Bedeutung gewinnen auch die virtuellen Diskussionsforen Intranet, Online-Foren, Chat-Rooms und Blogging, die zur Durchführung von »Alterns-Awareness Dialogen« unbedingt genutzt werden sollten. Insbesondere die jüngeren Generationen, d. h. die Generation X und vor allem die »Digital Natives«-Generationen Y und Z, können über diese Kanäle effektiver erreicht werden. Zudem lässt sich das für diese Personalgruppen vermeintlich noch in weiter Ferne liegende Thema Alter(n) über diesen Weg besser »vermarkten«. Außerdem sind diese virtuellen Diskussionsforen auch ein effizientes Vehikel, um die »Alterns-Awareness Dialoge« unternehmensweit durchführen zu können.

Die kommunizierten **Alternsbewusstseins-Botschaften** brauchen jedoch nicht nur Diskussion, sondern auch Reflexion. Im Prozess der Alternsbewusstseins-Bildung erzeugt bzw. stärkt der »Alterns-Awareness Workshop« auf der Basis von Reflexion primär die wahrscheinlich wichtigsten Komponenten des Alternsbewusstseins, nämlich das Bewusstsein für die gemeinsame, persönliche Betroffenheit vom Demografie-/Alternsproblem (»Wir sind betroffen, aber auch ich bin betroffen!«) sowie für die gemeinsame, persönliche Verantwortungsübernahme für die Lösung dieses Problem, nämlich Demografie-Management (»Wir sind verantwortlich, aber auch ich bin verantwortlich!«) (▶ Overview »Alterns-Awareness Workshop erklärt«).

Durch Reflexion zu Alterns-Betroffenheit und -Verantwortungsübernahme!

»Alterns-Awareness Workshop erklärt«
Die Stärkung und Schärfung der gemeinsamen, persönlichen Betroffenheit und Verantwortungsübernahme erfordert nicht nur Kommunikation und Diskussion, sondern primär konkrete Alterns-Reflexionen im Sinne einer bewussten, ehrlichen, »unzensierten« Wahrnehmung von, und Auseinandersetzung mit, seinen eigenen Gedanken und Gefühlen zu:
1. sich selbst und dem eigenen Altern
2. den anderen und deren Altern
3. dem Unternehmen und dessen Altern
4. der Gesellschaft und ihr Altern

3

sowie zu den Bedeutungen bzw. Folgen von (1-4) für

5. sich selbst (insb. psychisch, biologisch-körperlich, sozial)
6. andere (in Privatleben sowie Kollegen, Mitarbeiter, Vorgesetzte)
7. seinen Arbeitsplatz und sein Unternehmen
8. die Gesellschaft (politisch, sozial, gesundheitlich, ökonomisch)

sowie aus (5-8) resultierendem Handlungsbedarf, -feldern und -möglichkeiten

9. von sich selbst (insb. psychisch, biologisch-körperlich, sozial)
10. der anderen (in Privatleben sowie Kollegen, Mitarbeiter, Vorgesetzte)
11. seines Unternehmen
12. der Gesellschaft (politisch, sozial, gesundheitlich, ökonomisch)

Alterns-Awareness Workshops: Gemeinsam das Altern reflektieren!

Ziel- und zweckmäßig für die Förderung der notwendigen Alterns-Reflexionen zur Erzeugung bzw. Stärkung der gemeinsamen, persönlichen Betroffenheit und Verantwortungsübernahme sind, je nach unternehmensspezifischem Bedarf, Einzel- bzw. Gruppenworkshops unter der Leitung eines Alterns-Experten. »Alterns-Awareness Workshops« schaffen die Rahmenbedingungen, in denen sich die Schlüsselpersonen bzw. -gruppen des jeweiligen Unternehmens (primär Schlüssel-Führungskräfte des oberen, mittleren und unteren Managements, Schlüssel-Mitarbeiter sowie Schlüsselpersonen der Arbeitnehmervertreter, Betriebsärzte [bzw. Betriebspsychologen, Behinderten-, Gleichstellungs-, Gesundheits- und Sicherheitsbeauftragte] und auch Aufsichtsräte) ihre eigenen Gedanken und Gefühle bewusst, ehrlich und »unzensiert« wahrnehmen und sich mit diesen auseinandersetzen können - in einer vertrauens- und respektvollen Atmosphäre. Die Wirkung von »Alterns-Awareness Workshops« geht jedoch über »Alterns-Awareness Dialoge« hinaus, denn die spezifisch geförderten **Alterns-Reflexionen** erzeugen bzw. stärken primär das Fühlen der gemeinsamen, persönlichen Betroffenheit und Verantwortungsübernahme. Dies ist entscheidend, denn das Fühlen von »Wir sind/Ich bin betroffen!« (gemeinsame, persönliche emotionale Betroffenheit) und »Wir sind/Ich bin verantwortlich!« (gemeinsame, persönliche emotionale Verantwortungsübernahme) bildet die Grundvoraussetzung für jeden Veränderungsprozess, und damit auch für den personalen und organisationalen Veränderungsprozess Demografie-Management.

Alternsbewusstsein durch Befragung!

Natürlich sollte die Alternsbewusstseins-Bildung auch überprüft werden. Die wahrscheinlich effizienteste Methode ist die systematische »**Alternsbewusstseins-Befragung**« der identifizierten Schlüsselpersonen, -gruppen bzw. Angehörigen des Unternehmens. Die Befragung kann als klassisch schriftliche Befragung (»Alterns-

bewusstseins-Fragebogen«), als Online-Befragung (»Alternsbewusst-
seins-Onlinefragebogen«), als persönliche Befragung (»Alternsbe-
wusstseins-Interview«) oder als Fokusgruppenbefragung (»Alternsbewusstseins-Fokusgruppe«) durchgeführt werden, wobei die verschiedenen Befragungsarten unterschiedliche Vor- bzw. Nachteile
haben (▶ Overview »Alternsbewusstseins-Fragebögen vs. Alternsbe-
wusstseins-Interview/-Fokusgruppe«).

**Alternsbewusstseins-Fragebögen vs. Alternsbewusstseins-
Interview/-Fokusgruppe**
Der große Vorteil des *Alternsbewusstseins-Fragebogens* sowie
-Onlinefragebogens ist, dass mit relativ geringem Aufwand eine
große Menge an Alternsbewusstseins-Daten sehr kostengünstig
gewonnen werden können. Es können im Prinzip alle Unternehmensangehörigen im Hinblick auf ihr Alternsbewusstsein
untersucht werden. Diese besonders breite Ansprache sichert
auch die notwendige Datenbasis. Zudem ist die Durchführung
der Befragung anonym und erzielt deshalb »ehrlichere« Antworten, was angesichts der »heiklen«, sensiblen Befragungsthemen
demografischer Wandel, Altern und Demografie-Management
enorm wichtig ist.
    Obwohl das strukturierte *Alternsbewusstseins-Interview*
sowie die *Alternsbewusstseins-Fokusgruppe* relativ kosten- und
zeitintensiv sind und auch nicht den Vorteil der anonymisierten
Befragung haben, ist es trotzdem ziel- und zweckmäßig, diese mit
den wichtigsten Schlüsselpersonen bzw. -gruppen für den Unternehmenswandel Demografie-Management durchzuführen. Denn
im Gegensatz zu Befragungen mittels print- oder online-Frage-
bögen, kann in diesen persönlichen Untersuchungssettings die
subjektive Sicht der Schlüsselpersonen bzw. -gruppen gewonnen
werden. Durch die persönliche Interaktion ergibt sich auch die
Möglichkeit, Hintergründe für Alternsbewusstseins-Hindernisse
zu erfragen sowie Unklarheiten zu beseitigen. Auch neue, bisher
unbekannte Sachverhalte und Sichtweisen kommen zum Vor-
schein, die die Schlüsselpersonen bzw. die durch sie repräsentier-
ten Personalgruppen der verschiedenen Unternehmensebenen
und -bereiche bzw. Abteilungen und Standorte im Zusammenhang mit dem Demografie-/Altersproblem und seinem betrieblichen Management bewegen.

Wichtig ist auch, bei der Untersuchung immer ein spezifisches Vorgehen zu konzipieren. Zudem ist es unerlässlich, die Befragung an
den jeweiligen Unternehmenskontext bzw. an die untersuchte Gruppe
mit betriebs-, bereichs- bzw. gruppenspezifischen Informationen anzupassen.

...denn Befragungen sensibilisieren auch!

Diese Untersuchung ist jedoch nicht nur eine Analysemethode, sondern gleichzeitig eine Veränderungs- bzw. Bewusstseins-Bildungsmaßnahme. Denn über ein Thema befragt zu werden, hat mehr sensibilisierende Wirkung, als man denkt. Ziemlich effektiv lenkt die Alternsbewusstseins-Befragung die Aufmerksamkeit auf den demografischen Wandel, das eigene Altern sowie das Altern der anderen bzw. des Unternehmens. Dies führt zwangsläufig zu sensibilisierenden, alternsbewusstseinsbildenden Denkprozessen, Auseinandersetzungen und Diskussionen, und das Thema wird im Unternehmen breit gestreut. Gleichzeitig eröffnet sich damit auch eine Chance zum gemeinsamen Aufbruch, um den demografischen Wandel und das Altern erfolgreich zu managen. Entscheidend ist deshalb auch, dass die gewonnen Daten über den Status quo des Alternsbewusstseins im jeweiligen Unternehmen nicht nur ausgewertet, sondern auch kommuniziert werden. Werden die Ergebnisse der Alternsbewusstseins-Befragung nicht veröffentlicht, hält die Sensibilisierung nicht lange an, und es entsteht nachhaltiges Misstrauen im Unternehmen.

Ready to age! Ihr Unternehmen ist jetzt alterns-bewusst!

Damit sind wir nun am Ende der Alterns-Sensibilisierung angelangt: das Unternehmen ist nun alterns-bewusst. Vor allem die gemeinsame, persönliche emotionale Betroffenheit und Verantwortungsübernahme ist der erste Schritt der personalen, und daraus resultierend, organisationalen Mobilisierung für den Unternehmenswandel Demografie-Management - um im Bilde zu sprechen: sobald sich die Unternehmensangehörigen gemeinsam und persönlich betroffen und verantwortlich fühlen, bringen sie sich in Position, um im »Demografie-/Alterns-Sturm« rechtzeitig die »Segel zu setzen«.

Qualifizieren! Altern muss gelernt werden (Säule 2)

4

>> Zu wissen, wie man altert, ist das Meisterwerk der Weisheit und eines der schwierigsten Kapitel aus der großen Kunst des Lebens. (Henri Frédéric Amiel) <<

Mit der Sensibilisierung der Unternehmensangehörigen für das Problem »demografischer Wandel bzw. Altern« und seine Lösung »Demografie-Management« haben wir die erste Säule des erfolgreichen Demografie-Managements aufgestellt (Alternsbewusstsein, ▶ Kap. 3). In diesem Kapitel beschäftigen wir uns nun mit der zweiten Säule bzw. dem zweiten Schritt, wie Sie ein Unternehmen »*ready*« machen für die nachhaltige Umsetzung von Demografie-Management: die Entwicklung des notwendigen Wissens und Könnens betreffend demografischer Wandel bzw. Altern und sein betriebliches Management (Alternskompetenz). Dies überwindet das in der Praxis weit verbreitete personale »Qualifikationshindernis« im Unternehmenswandel Demografie-Management. Ängste und Widerstände werden reduziert, Akzeptanz und Vertrauen aufgebaut. Basierend auf der »Psychologie des Alterns« hilft Ihnen das Kapitel zu verstehen, *was* mit dem personalen Erfolgsfaktor »Alternskompetenz« gemeint ist (*Know-What*), und *warum* dieser so wichtig ist für die Umsetzung von Demografie-Management (*Know-Why*). Doch wir beschäftigen uns nicht nur damit, was idealerweise sein sollte, sondern auch damit, wie Sie diesen personalen Erfolgsfaktor konkret im Unternehmen realisieren können. Das Kapitel unterstützt Sie mit praxisnahem Wissen und konkreten Handlungsempfehlungen, damit Sie die Entwicklung von Alternskompetenz in der betrieblichen Praxis erfolgreich meistern (*Know-How*).

4.1   Altern? Kann ich nicht!

Alternsbewusstsein ist notwendig, aber nicht hinreichend für erfolgreiches Demografie-Management.

Ändern sich nun die »Gewohnheitstiere« Menschen in einem Unternehmen, wenn sie durch diese alternsorientierten Sensibilisierungsmaßnahmen (▶ Kap. 3) ein gemeinsames Bewusstsein für das Problem »demografischer Wandel, Altern« und seine Lösung »Demografie-Management« entwickelt haben? Setzen sie nun auch tatsächlich die Segel im »Demografie-/Alterns-Sturm« und tragen den besonderen Unternehmenswandel Demografie-Management ohne Angst und ohne Widerstand mit? Leider ist dem nicht so. Sie verharren noch in der Position zum Segelsetzen, in die sie durch die Alternsbewusstseins-Bildung gebracht wurden. Und sie haben auch noch immer Angst vor den Veränderungen »Altern« und »Demografie-Management«, denn sie mögen als »Gewohnheitstiere« immer noch keine Veränderungen, insbesondere nicht das Altern und sein betriebliches Management. Deshalb werden sie voraussichtlich auch nach wie vor noch Widerstand gegen das Veränderungsvorhaben Demografie-Management leisten. Auch, wenn die Angst und das Widerstandspotenzial aufgrund der Sensibilisierungsmaßnahmen schon etwas gesunken sind. Und auch, wenn dem besonderen Veränderungsvorhaben schon mehr Akzeptanz und Vertrauen entgegen gebracht wird, als vorher. Zu Recht werden Sie sich nun fragen, warum das so ist und ob die ganze »Sensibilisiererei« nun umsonst war? Aber ich kann Sie beruhigen: die Alternsbewusstseins-Bildung war keinesfalls umsonst, ganz im Gegenteil. Im Unternehmenswandel Demografie-Management ist sie *die* Grundvoraussetzung für den Abbau von Widerständen und die Schaffung von Akzeptanz und Vertrauen. **Alternsbewusstseins-Bildung** überwindet das in der Praxis am weitesten verbreitete Umsetzungs-Hindernis im Demografie-Management: das **Bewusstseinshindernis**. Unternehmensweites Alternsbewusstsein ist absolut *notwendig* für die erfolgreiche Umsetzung, Anwendung und Beibehaltung von Demografie-Management, jedoch *nicht hinreichend*.

Wenn sich die Unternehmensangehörigen dem Demografie-/ Alternsproblem und seiner Lösung rational und emotional bewusst sind, heißt das noch lange nicht, dass Demografie-Management auch nachhaltig umgesetzt wird. Ein »alterns-sensibilisiertes« bzw. »alterns-bewusstes« Unternehmen ist noch nicht »*ready*« für den Unternehmenswandel Demografie-Management. Es muss auch »alterns-qualifiziert« bzw. »alterns-kompetent« sein; schließlich muss Altern gelernt werden.

Denn jede Veränderung, personal wie organisational, bringt auch eine Veränderung der Anforderungen mit sich. Und diese veränderten Anforderungen bedürfen meist neuer **Qualifikationen** bzw. Wissen und Fähigkeiten (Kompetenzen). Bei Veränderungen im betrieblichen Kontext gehören zu den Kompetenzen auch die für die Veränderung notwendige Infrastruktur, entsprechende personelle und finanzielle Ressourcen sowie die Festlegung von Verantwortlichkeiten. Diese neuen Qualifikationsanforderungen vergrößern die ohnehin schon vorhandenen Widerstände gegen die Veränderung. Denn die meisten befürchten, die geforderten Qualifikationen nicht zu haben bzw. sich nicht aneignen zu können. Verschlimmert werden diese Befürchtungen, und damit die Widerstände, wenn weder klar gemacht wird, welche konkreten Qualifikationen für die Veränderung notwendig sind, noch für die Entwicklung dieser Qualifikationen gesorgt wird.

Der Unternehmenswandel Demografie-Management bringt auch neue Anforderungen mit sich, die auch ganz besonderer Qualifikationen bedürfen. Denn beim Demografie-Management geht es um das individuelle und betriebliche Management einer ganz besondere Veränderung mit ganz besonderen Anforderungen: das neue Altern im 21. Jahrhundert. Unser neues Altern und Älterwerden ist ohne Beispiel in der Geschichte der Menschheit, und es gibt kaum Rollenvorbilder. Denn wir werden nicht nur um einiges älter und arbeiten viel länger als alle Generationen vor uns (um 1900 wurden Europäer im Durchschnitt nur 49 Jahre alt und arbeiteten 25 Jahre; heute werden wir über 90 und arbeiten knapp 50 Jahre lang; jeder der heute

Altern (managen) will auch gekonnt sein!

Veränderungen erfordern neue Qualifikationen.

Demografie-Management bedarf besonderer Qualifikationen.

4

Altern ist nichts für Feiglinge!

Geboren kann über 100 Jahre alt werden). Wir altern auch ganz anders: Altern hat sich in historisch sehr kurzer Zeit drastisch verändert. Altern ist nicht nur länger, sondern auch viel bunter und vielfältiger, aber auch viel komplexer und fragiler geworden, als je zuvor. Zudem macht Altern enorme Angst und ist, nach wie vor, mit so vielen Tabus, Vorurteilen, Mythen, Mutmaßungen und Befürchtungen besetzt, wie kaum ein anderes Thema (► Kap. 2, ► Kap. 5).

»*Altern ist nichts für Feiglinge*«, stellte Mae West trefflich fest, und schon gleich gar nicht unser neues Altern im 21. Jahrhundert. Denn jeder Einzelne von uns, aber auch Unternehmen und die Gesellschaft sind konfrontiert mit ganz neuen, viel komplexeren und schwierigeren Herausforderungen bzw. Anforderungen, die es zu bewältigen gilt (► Overview »Neues Altern, neue Anforderungen«).

> **Neues Altern, neue Anforderungen**
> - viel länger leben (»90 statt 49 Jahre«)
> - viel länger arbeiten können und müssen (»50 und mehr Jahre statt 25«)
> - in sich immer schneller verändernden Umwelten leben und arbeiten
> - mit immer weniger, aber immer älter werdenden Menschen leben und arbeiten
> - mit viel mehr Generationen gleichzeitig leben und arbeiten
> - aus einem viel längeren Berufsleben ausscheiden
> - viel länger im Ruhestand sein
> - im Alter »noch ältere« Menschen pflegen
> - von immer weniger werdenden Jüngeren unterstützt werden müssen
> - in einer viel längeren Lebensphase hoher Verletzlichkeit leben (Hochaltrigkeit)
> - viel häufiger in viel schwierigeren Verlust- und Grenzsituationen leben
> - und schließlich der Umgang mit Sterben und Tod

Ohne Alternskompetenz wird Leben zum Hochseilakt ohne Fallnetz!

Unser neues Altern braucht Gestaltung. Wie selbstverständlich gehen wir davon aus, dass alle Menschen ein angeborenes Wissen darüber haben, wie man (richtig) altert bzw. älter wird, und wie man mit diesen Anforderungen umgeht bzw. sie bewältigt. Auch sind wir im festen Glauben, dass die dafür erforderlichen Fähigkeiten angeboren sind. Aber dem ist leider nicht so. Altern, vor allem unser neues Altern im Privat- und Arbeitsleben, muss gelernt werden. Das wissen jedoch die wenigsten. Um unser neues Altern und seine Anforderungen zu managen, individuell und betrieblich, brauchen wir entsprechendes Wissen und Fähigkeiten - sonst wird unser Leben zum Hochseilakt ohne Fallnetz.

Unser neues Altern muss erst gelernt werden!

Für den Unternehmenswandel Demografie-Management - und darüber hinaus - braucht deshalb jeder Einzelne (1) das relevante

Wissen nicht nur über die Veränderung »demografischer Wandel«, sondern, und viel wichtiger, auch über die Veränderung »Altern«, einschließlich deren individuelles und betriebliches Management (Alternswissen), sowie (2) das entsprechende *Können* für das individuelle und betriebliche Management des Alterns (Alternsmeisterung) (▶ Overview »Alternskompetenz im Unternehmenswandel Demografie-Management«).

Alternskompetenz im Unternehmenswandel Demografie-Management

1. WISSEN: Alternswissen
   - Wissen über das (eigene) Altern und sein individuelles und betriebliches »Management«
2. KÖNNEN: Alternsmeisterung (Wissen anwenden und zum Meister des (eigenen) Alterns werden)
   - Fähigkeiten für das individuelle und betriebliche »Management« des Alterns

---

Doch diese Alternskompetenz ist Mangelware, und zwar flächendeckend auf individueller, betrieblicher und gesellschaftlicher Ebene. Dies ist höchst problematisch, denn ohne Alternskompetenz bleibt das eigene Altern, und damit auch Demografie-Management, eine Bedrohung. Wenn man nichts über das Altern *weiß* und auch nichts dagegen tun *kann*, dann macht Altern Angst. Denn man fühlt sich der vermeintlichen Bedrohung nicht gewachsen und steht ihr hilflos gegenüber. Anstatt sich konstruktiv mit dem eigenen Altern und dem Altern des Unternehmens auseinanderzusetzen und zu gestalten, entstehen hartnäckige Widerstände - sowohl gegen den individuellen als auch betrieblichen Umgang mit dem eigenen Altern und damit auch gegen das Veränderungsvorhaben Demografie-Management. Solange die Unternehmensangehörigen nicht das notwendige Wissen und die relevanten Fähigkeiten für das Veränderungsvorhaben Demografie-Management haben, bleiben die notwendigen personalen und organisationalen Veränderungsprozesse ein Ding der Unmöglichkeit (Qualifikationshindernis im Demografie-Management). Demografie-orientierte Maßnahmen *können* nicht umgesetzt, geschweige denn angewendet werden. Die Risiken des Alterns (bzw. demografischen Wandels) wachsen, und seine Chancen und Potenziale für den Einzelnen, Unternehmen und die Gesellschaft bleiben ungenutzt.

Deshalb gilt die mangelnde Alternskompetenz von Mitarbeitern und Führungskräften, Arbeitnehmervertretern, Aufsichtsräten und Betriebsärzten (bzw. Betriebspsychologen, Behinderten-, Gleichstellungs-, Gesundheits- und Sicherheitsbeauftragte) als eines der größten Hindernisse bei der Umsetzung von betrieblichem Demografie-Management. Doch nicht nur das. Es bedroht das erfolgreiche Alterns-Management jedes Einzelnen, des gesamten Unternehmens und letztlich der Gesellschaft. Besonders kritisch ist die mangelnde

Alternskompetenz ist Mangelware.

Ohne Alternskompetenz kein erfolgreiches Demografie-Management!

4

Alternskompetenz bei Führungskräften. Denn sie müssen als die Schlüsselpersonen im Demografie-Management nicht nur ihr eigenes Altern managen, sondern auch das Altern ihrer Mitarbeiter (▶ Kap. 7). Ähnliches gilt für Arbeitnehmervertreter, Betriebsärzte und auch Aufsichtsräte, die Einfluss haben auf die Rahmenbedingungen des Alterns am Arbeitsplatz. Ohne Alternskompetenz wird dies für die genannten Personalgruppen schnell zur Doppelbelastung, die nicht bewältigt werden kann. Insgesamt ist also das erfolgreiche personale und organisationale Alterns-Management dreifach bedroht: erstens, weil die notwendige individuell-persönliche Auseinandersetzung mit dem eigenen Altern und seiner Gestaltung ausbleibt; zweitens, weil Demografie-Management nicht umgesetzt wird und damit die notwendigen Rahmenbedingungen fehlen; und schließlich, weil Führungskräfte, Arbeitnehmervertreter, Betriebsärzte und Aufsichtsräte diesen Prozess nur unzureichend mitgestalten.

Jeder altert, aber nichts Genaues weiß man nicht.

Was die Qualifizierung für den individuellen und betrieblichen Umgang mit dem Altern angeht, scheint es keinen Fortschritt zu geben, weder in Unternehmen noch bei den einzelnen Personen. Die Wissens- und Fähigkeitslücken zum Thema Altern (Alternswissen, Alternsmeisterung) sind dramatisch. Jeder von uns altert - aber keiner weiß, warum, was mit einem passiert, worauf man sich einstellen muss, geschweige denn, ob bzw. was man tun kann und sollte (▶ Overview »Altern? Nie gehört. Die häufigsten Wissens- und Fähigkeitslücken«).

Altern? Nie gehört. Die häufigsten Wissens- und Fähigkeitslücken

Obwohl jeder von uns altert, und zwar seit Geburt, und auch jeder einmal alt wird, und zwar älter als alle anderen Generationen vor uns, weiß keiner so recht Bescheid,…

- …was Altern eigentlich ist,
- …was sich genau verändert, wie und warum,
- …ob Altern nur Abbau, Defizite, Verluste, Nachteile (Risiken) mit sich bringt, oder auch Stärken, Gewinne, Vorteile (Chancen),
- …wie Altern das Privat-/Arbeitsleben, aber auch Unternehmen und Gesellschaft beeinflusst,
- …ob Altern beeinflussbar ist,
- …was Altern beeinflusst (positiv wie negativ),
- …wer Altern beeinflussen kann, inwieweit und wie (konkrete Gestaltungsmöglichkeiten),
- …wie man mit dem Altern umgeht, es bewältigt,
- …wie man das lange Leben lernt und »erfolgreich« altert.

Altern ist für die meisten von uns nach wie vor ein weißer Fleck auf der Landkarte unseres Lebens. Man begibt sich auf unbekanntes Terrain, ohne sich auszukennen, ohne sich vorzubereiten, ohne zu wissen, wie man sich verhält und sich am besten in ihm bewegt.

Vorherrschend sind weiterhin falsches Alternswissen sowie lückenhafte Klischees und Vorstellungen darüber, was Altern mit uns macht, und was unsere Einfluss- bzw. Gestaltungsmöglichkeiten dabei sind. Obwohl in empirischen Studien längst widerlegt, ist unser Wissen nach wie vor vom Defizit-/Risiko-Modell des Alterns geprägt (▶ Kap. 5): Altern bedeutet demnach Defizite, Abbau, Verluste und Schwächen und wird damit zum Risiko für jeden Einzelnen, Wirtschaft und Gesellschaft (▶ Overview »Was wir über das Altern zu ‚wissen' glauben«).

> **Unser Wissen ist geprägt vom Defizit-/Risiko-Modell des Alterns.**

Was wir über das Altern zu »wissen« glauben: Typische Aussagen

- »Altern ist eine Krankheit, und man kann nichts gegen sie tun.«
- »Altern heißt, dass der Körper abbaut.«
- »Früher oder später wird jeder dement.«
- »Altern ist ein gefährlicher Abbau, vor dem man sich fürchten muss.«
- »Das Altern bringt nichts, worauf man sich freuen kann.«
- »Altern macht unproduktiver und irgendwann arbeits- und leistungsunfähig, weil man unmotivierter, unqualifizierter und kränker wird, und auch nichts mehr Neues lernen kann.«
- »Altern beginnt mit 65, und das Alter sagt alles aus über eine Person.«
- »Altern ist bei jedem gleich, genauso wie wir auch alle sterben.«
- »Altern ist ein biologisches Programm, das automatisch abläuft.«
- »Altern ist ein Schicksal, das man nicht beeinflussen kann.«

Die wenigsten wissen auch über die Bedeutung von Demografie-Management als individuelle und betriebliche Gestaltungsmöglichkeit des Alterns im Arbeits- und Wirtschaftsleben, einschließlich seiner positiven Konsequenzen für den Einzelnen, das Unternehmen und die Gesellschaft, Bescheid. Jedoch ist es nur allzu verständlich, dass kaum einer wirklich »qualifiziert« ist für sein eigenes Altern — oder für das Altern am Arbeitsplatz. Denn für die meisten Unternehmen ist das Altern Neuland, nicht nur auf gesellschaftlicher Ebene (demografischer Wandel) und betrieblicher Ebene (Altersstrukturwandel im Unternehmen), sondern vor allem auf der individuellen Ebene. Entsprechend vage ist das Wissen darüber, wie man mit betrieblichem Demografie-Management das Altern im Unternehmen (und darüber hinaus) konkret gestalten kann. Vielen ist unklar, was Demografie-Management überhaupt ist, was es genau soll, welche konkreten Maßnahmen es im jeweiligen Unternehmen gibt, wie diese umgesetzt bzw. angewendet werden sollen, und welche Kompetenzen dafür nötig sind. Zudem fehlen meist die dafür erforderlichen Fähigkeiten, einschließlich der notwendigen Infrastrukturen, personellen und finanziellen Ressourcen sowie Verantwortlichkeiten

> **Die wenigsten wissen, was Demografie-Management überhaupt ist.**

4

(▶ Kap. 3, ▶ Overview »*Typische Aussagen über das Demografie-/Alterns-sproblem und sein Management*«).

Wer beschäftigt sich schon gerne mit dem Altern?

Die fehlende Alterns-»Qualifizierung« wird umso verständlicher, wenn man sich die Frage stellt: Wer beschäftigt sich schon gerne mit dem Thema Altern, geschweige denn mit dem Älterwerden oder Alt sein? Wahrscheinlich kaum einer; man selber ja auch nicht! Zudem neigen wir dazu, uns jünger zu fühlen, als wir tatsächlich sind. Diese Tendenz nimmt mit steigendem Alter auch noch zu: ab 70 fühlen wir uns im Schnitt um 12 Jahre jünger und schätzen uns um 10 Jahre jünger aussehend ein. Doch dies nicht ganz zu Unrecht, denn das neue Altern lässt uns nicht nur immer älter, sondern auch gesünder und leistungsfähiger werden: ein heute 65-jähriger hat denselben allgemeinen Gesundheits- und Leistungsstatus, wie seine Eltern als sie 55 Jahre waren. Wir haben also in den letzten drei Jahrzehnten etwa zehn gesunde Alterns- bzw. Lebensjahre gewonnen, und auch diese Tendenz ist steigend.

Grenzenloser Alterns-Idealismus trifft auf zynischen Alterns-Fatalismus.

Trotzdem verdrängen wir unser Altern gern und tun dies auch im großen Stil als »*Forever young*«- und »*Anti-Aging*«-Gesellschaft. Bereits 1910 fanden die ersten »Verjüngungs«-Operationen großen Anklang bei uns: der Wiener Physiologe Eugen Steinach wollte damit die »Neubelebung der alternden Pubertätsdrüsen« fördern, während sein russischer Kollege Serge Voronoff gegen das Altern wie gegen eine Krankheit vorgehen wollte. Inzwischen ist die »Anti-Aging Medizin« ein Milliarden-Dollar-Business, jedoch mit zweifelhaftem Effekt. Ferner bombardieren uns die Medien mit lauter widersprüchlichen Informationen und Berichten: Aktive, gesunde, konsumfreudige und vermögende »*Best Ager*«, »*Silver Ager*« und »*Golden Ager*« stehen düsteren Schreckensbildern der Pflegebedürftigkeit, Altersarmut und verfallenden Körpern bzw. Geistern gegenüber. Wenn Altern thematisiert und diskutiert wird, gibt es wenig Realismus. Es scheint, als müssten wir uns zwischen grenzenlosem Alterns-Idealismus und zynischem Alterns-Fatalismus entscheiden. Es gibt zwar realistische Informationen und Einschätzungen, doch die befinden sich im »Elfenbeinturm« der Wissenschaft: Die gewonnenen Erkenntnisse sind inzwischen fast unüberschaubar geworden und werden auch in den seltensten Fällen als verständliches und anwendbares Alterns-»*Know-How*« in die breite Öffentlichkeit gebracht.

Wir dürfen es nicht dem Schicksal überlassen, wie wir altern.

Kein Wunder also, dass wir uns, wenn überhaupt, nur verhalten mit dem (eigenen) Altern auseinandersetzen, geschweige denn uns gezielt das notwendige Alternswissen und Fähigkeiten zur Alternsmeisterung aneignen. Dies ist dramatisch, wenn man bedenkt, dass unser neues Altern einfach viel zu lange dauert (vor allem das Altern »im Ruhestand«, das inzwischen bis zu 30 Jahren dauert), viel zu komplex geworden ist und uns mit viel zu vielen und zu schwierigen Anforderungen konfrontiert, um es einfach zu ignorieren und dem Schicksal zu überlassen, wie wir altern und alt werden. Dies wäre in etwa damit vergleichbar, wenn wir zu einem 20-jährigen sagen würden, er braucht sich mit den anstehenden Fragen der (Berufs-)

Lebensplanung und -gestaltung nicht beschäftigen, weil er die paar Jahre bis 55 schon irgendwie rumbringen wird. Doch selbst wenn wir uns für das Altern qualifizieren wollten: Wo, wie und wann würden wir dies tun? Leider fehlt es auch nach wie vor an ausreichend und qualitativ guten Bildungsangeboten bzw. überhaupt an Möglichkeiten, sich Wissen über das Altern und die Fähigkeiten für seine Meisterung anzueignen. Die zentrale Bedeutung der systematischen Entwicklung von Alternswissen sowie der Fähigkeiten zur Alternsmeisterung an jeden Einzelnen sowie auch an alle relevanten Akteure und Wirtschaft und Gesellschaft wird nach wie dramatisch unterschätzt.

4.2 Altern ist Kompetenzsache

Die Entwicklung der Alternskompetenz im Unternehmen wird damit zu einer der wichtigsten Aufgaben im Unternehmenswandel Demografie-Management (2. Säule des erfolgreichen Demografie-Managements). Die systematische Entwicklung von Alternswissen und der Fähigkeiten zur Alternsmeisterung ist mehr als nur der zweite Schritt, ein Unternehmen und sein Personal »ready« zu machen für die nachhaltige Umsetzung von Demografie-Management. Ihre Tragweite geht weit über die Überwindung des Qualifikationshindernisses und den resultierenden Abbau der hartnäckigen Widerstände im Demografie-Management hinaus.

Altern lernen ist Zukunftsaufgabe jedes Einzelnen!

Denn wir können uns es nicht mehr länger leisten, uns nicht die notwendige Alternskompetenz anzueignen bzw. die dafür erforderlichen Bildungsangebote nicht bereitzustellen. Über unser neues Altern zu wissen und es meistern zu können ist zur zentralen Lebensanforderung und -aufgabe geworden, die wir keinesfalls vernachlässigen dürfen: Alternswissen und Alternsmeisterung machen jeden einzelnen von uns, aber auch Unternehmen und Gesellschaften erst lebens- und zukunftsfähig: Die Zukunft unseres Alterns ist Kompetenzsache. Ohne Alternskompetenz leben wir wie auf einem Hochseil ohne Fallnetz. Die Entwicklung von Alternswissen und der Fähigkeiten zur Alternsmeisterung qualifiziert für die erfolgreiche individuelle, betriebliche und letztlich gesellschaftliche Bewältigung des wahrscheinlich schwierigsten Kapites der Lebenskunst im 21. Jahrhundert: das neue Altern. Alternskompetenz gilt als die zentrale Voraussetzung, damit wir unsere Gesundheit, Qualifikation, Motivation, und damit unsere Arbeits- und Leistungsfähigkeit und letztlich Zufriedenheit, Lebensqualität und Wohlstand ein Leben lang erhalten und nutzen können - einschließlich der positiven betrieblichen, volkswirtschaftlichen und gesamtgesellschaftlichen Konsequenzen.

Zukunft unseres Alterns ist Kompetenzsache!

Altern bleibt zwar auch trotz Alternskompetenz eine existenzielle Herausforderung, sowohl für jeden Einzelnen als auch für Unternehmen. Aber die Entwicklung des relevanten Wissens und Könnens über das Altern und seine individuelle wie betriebliche Meisterung nimmt dem Schreckensgespenst Altern den »Schrecken«. Die

Mit Alternskompetenz wird Altern zur Chance!

4

Veränderungen des Alterns können richtig eingeordnet werden und erfolgreich bewältigt oder, im Falle positiver Veränderungen, auch genutzt werden. Alternswissen und Fähigkeiten zur Alternsmeisterung lassen einen beruhigter altern bzw. älter werden. Denn man ist der Bedrohung Altern nicht mehr un-wissend und un-fähig bzw. hilflos ausgeliefert, sondern ist ihm gewachsen. Also braucht man auch keine Angst mehr vor dem Altern zu haben, weder im Privat- noch im Arbeitsleben. Alternskompetenz macht aus der Alterns-Gefahr eine Alterns-Chance, die selbstwirksam genutzt werden kann, individuell und betrieblich. Damit wird auch die Angst vor dem Veränderungsvorhaben Demografie-Management weniger. In dem Maße, wie die Alternskompetenz der Unternehmensangehörigen wächst, wachsen auch Akzeptanz und Vertrauen. Anstatt passiven oder gar aktiven Widerstand zu leisten, setzen sich die Unternehmensangehörigen mit dem eigenen Altern und dem Altern im Unternehmen auseinander. Zudem haben sie nun das notwendige Wissen und Können, das Altern sowohl individuell als auch betrieblich zu gestalten.

Auch Potenziale der Marktmacht 50plus werden besser genutzt.

Ein weiterer positiver Effekt ist, dass alternskompetente Unternehmen nicht nur die Potenziale des innerbetrieblichen Alterns besser erhalten und nutzen können, sondern auch diejenigen ihrer alternden Kunden (»Marktmacht 50plus«). Die Vermittlung von Alternskompetenz erspart zwar nicht die notwendigen Schulungen in »Alterns-Produkt/Service-Entwicklung«, »Alterns-Marketing« und »Alterns-Sales«, aber sie verbessert trotzdem das Verständnis für die Bedürfnisse der alternden Kunden. Dies hilft, bedürfnisorientiertere Produkte und Dienstleistungen für den »50plus-Markt« zu entwickeln und diese umsatzträchtiger zu vermarkten und zu verkaufen. Indirekt profitiert hier auch der Einzelne und die Gesellschaft. Denn durch mehr und bessere alternsorientierte Produkte und Dienstleistungen wird wieder ein Mehr an besseren Möglichkeiten zur individuellen und gesellschaftlichen Gestaltung des Alterns geschaffen.

Ziel ist deshalb, dass sowohl Mitarbeiter und vor allem auch Führungskräfte, Arbeitnehmervertreter, Aufsichtsräte und Betriebsärzte (bzw. Betriebspsychologen, Behinderten-, Gleichstellungs-, Gesundheits- und Sicherheitsbeauftragte) - die nicht nur ihr eigenes Altern, sondern auch das Altern ihrer Mitarbeiter gestalten - gemeinsam das notwendige Wissen und die relevanten Fähigkeiten entwickeln, das eigene Altern bzw. das Altern des Unternehmens zu managen: Es geht darum, sich gemeinsam »stark« (bzw. wissend und könnend) zu machen für die erfolgreiche Bewältigung der Herausforderung Altern. Doch was bedeutet das genau? Welches Wissen und Können brauchen die Unternehmensangehörigen konkret für betriebliches Demografie-Management?

Was Altern wirklich ist.

Das notwendige Alternswissen und die Fähigkeiten zur Alternsmeisterung (Alternskompetenz) wären ohne die Psychologie völlig undenkbar. Die »Psychologie des Alterns« sagt uns, was Altern überhaupt ist bzw. was wir unbedingt wissen und auch können sollten, um die existenzielle Herausforderung Altern und seine neuen Anforderungen individuell und im Unternehmen erfolgreich zu bewältigen. Ihre wesentlichen Erkenntnisse aus Wissenschaft und Praxis lassen sich in acht Schlüsselerkenntnissen zusammenfassen (▶ Overview »Was ist Altern? Die sechs Schlüsselerkenntnisse der ‚Psychologie des Alterns'«).

Was ist Altern? Die sechs Schlüsselerkenntnisse der »Psychologie des Alterns«

1. **Altern ist lebenslange Veränderung.**
   Altern ist ein lebenslanger Veränderungs- bzw. Entwicklungsprozess, der mit der Geburt beginnt und mit dem Tod endet. Es gelten die Prinzipien Wachstum, Reifung, Lernen. Der englische Begriff für das Altern bzw. Älter- und Altwerden drückt dies viel besser aus als unsere deutschen Begrifflichkeiten: »*growing older, growing old*«, was so viel heißt wie »älter wachsen, alt wachsen«.

2. **Altern ist multi-dimensional.**
   Beim Altern verändert sich nicht nur das Biologisch-Körperliche, sondern auch das Soziale.
   Primär verändert sich das Psychische; im Laufe des Lebens verändert sich nichts so stark wie das Gehirn und seine psychischen Funktionen: Verhalten, Fähigkeiten, Kognition (Wahrnehmung, Aufmerksamkeit, Lernen/Gedächtnis, Erfahrungs-, Expertenwissen, Denken, Problemlösen, Planen, Kreativität, Sprache), Emotion und Motivation (Zufriedenheit, Werte, Einstellungen, Bedürfnisse) sowie Motorik und Persönlichkeit.

3. **Altern ist multi-direktional.**
   Die »Richtungen« dieser Veränderungen sind nicht nur Abbau und Verlust, sondern auch Zunahme und Gewinn, und sie unterscheiden sich zwischen den einzelnen biologisch-körperlichen, sozialen und psychischen Funktionsbereichen. Altern ist eine »lebenslange Gewinn-Verlust-Bilanz«, und zwar in allen Bereichen.

4. **Altern ist multi-determiniert und lebenslang beeinflussbar.**
   Altern ist kein rein biologisch-natürlicher, automatischer Vorgang.
   Zwar nicht, dass wir altern, aber wie wir altern, wird von vielen verschiedenen Faktoren, die in einem selbst und auch in der Umwelt liegen, beeinflusst; so altert man z. B. je nach Gesellschaft, Kultur, Land, in der/dem man lebt, anders als in anderen Gesellschaften, Kulturen und Ländern; auch jede Generation altert anders; und auch Frauen und Männer altern anders. Doch Altern ist kein rein biologisches oder soziales Schicksal.
   Altern kann von jedem Einzelnen (im Zusammenspiel mit seiner Umwelt) beeinflusst werden (Plastizität). Denn die zent-

4

ralen Stellschrauben des Alterns sind psychische Faktoren: wie wir uns verhalten bzw. denken, fühlen, handeln bestimmt (im Positiven wie im Negativen) maßgeblich, wie wir altern (und damit auch die biologisch-körperlichen, sozialen Veränderungen des Alterns) - und zwar »von Anfang an, ein Leben lang, bis ins höchste Alter«.

5. **Altern ist unabhängig vom Alter.**
   Das kalendarische Alter sagt deshalb wenig aus über biologisch-körperliche, soziale und psychische Funktionsfähigkeit; es kommt nicht darauf an, »wie alt« man wird, sondern »wie man alt wird«!
   Auch ab welchem Lebensalter wir als »alt« gelten, ist abhängig von gesellschaftlichen Konventionen (meist mit Erreichen des Renteneintrittsalters).

6. **Altern ist individuell und vielfältig.**
   Altern ist ein höchst individueller Veränderungsprozess und deshalb sehr heterogen. Die Alternspsychologie hat über 100 Altersformen identifiziert; in keinem Lebensabschnitt unterscheiden sich die Menschen so stark wie nach dem 60. Geburtstag:
   »Jeder altert anders« und »Altern hat viele Gesichter«

Altern ist viel komplexer, als wir denken.

Die schlechte Nachricht der »Psychologie des Alterns« ist also, dass unser Altern bzw. Älterwerden viel komplexer ist, als die meisten von uns denken. Und obwohl uns Altern zwar nicht automatisch kränker macht, macht es uns in der Tat verletzlicher. Vor allem in den späteren Lebensjahren (80+) bringt es Defizite, Abbau und Verluste mit sich, nämlich biologisch-körperliche (z. B. Muskel-/Knochenabbau, geringere Belastbarkeit), soziale (z. B. Verlust des Partners, der beruflichen Rolle) und psychische (z. B. verlangsamte Informationsverarbeitung, geringere Flexibilität). Und am Ende des Lebens lässt uns das Altern sterben. Daran werden wir nichts ändern können, auch wenn immer mehr von uns immer älter werden. Unser maximales Lebensalter von knapp über 120 Jahren kann nicht überschritten werden; der Tod ist unausweichlich. Das wollen wir natürlich nicht gerne hören.

Altern ist viel positiver, als wir denken.

Aber die »Psychologie des Alterns« hat auch gute Nachrichten für uns, die uns dem Alter(n) gegenüber gelassener werden lassen. Zum einen ist Altern nicht so negativ, wie landläufig angenommen, sondern eigentlich viel positiver. Wir müssen unser Wissen, das nach wie vor vom Defizit-/Risiko-Modell des Alterns geprägt ist, revidieren. Altern ist keine generelle Leistungsabnahme, sondern eine Leistungswandlung. Was sich über die Lebensspanne verändert, sind unsere Stärken und Schwächen, d. h. die Dinge, die uns leichter fallen und die wir besonders gut können, aber auch die Dinge, die uns schwerer fallen. In jungen Jahren haben wir andere Stärken und Schwächen, als in höheren Lebensjahren, aber wir haben in jedem Lebensalter immer Stärken *und* Schwächen (▶ Overview »Altern — doch nicht nur Abbau?«).

Altern — doch nicht nur Abbau?

》 Große Dinge vollbringt man nicht durch körperliche Kraft, Behändigkeit und Schnelligkeit, sondern durch Planung, Geltung und Entscheidung; daran pflegt man im Alter nicht nur abzunehmen, sondern gar noch zuzunehmen. - Marcus Tullius Cicero

Die Jungen können schneller rennen, aber die Alten kennen die Abkürzung. - Deutsche Redensart

Nimm die Erfahrung und die Urteilskraft der Menschen über fünfzig heraus aus der Welt, und es wird nicht genug übrig bleiben, um ihren Bestand zu sichern. - Henry Ford **《**

Diese Sichtweise kann auch die Angst vor dem Tod im Alter relativieren. Denn nicht nur Stärken und Schwächen sind »*allen Altersstufen gemein*«, sondern auch der Tod, so Cicero. Wir müssen uns vergegenwärtigen, dass der Tod eigentlich ein natürlicher Begleiter ist. Cicero gibt allen Älteren zumindest einen kleinen Trost, wenn er sagt:

》 Der Alte hat das schon erreicht, was sich der Junge noch erhofft: Der eine will lange leben, der andere hat schon lange gelebt. **《**

es mag vielleicht brutal klingen, ist aber wahr:

》 Jeder Alte war mal jung, aber nicht jeder Junge wird mal alt. **《**

Für unser Arbeitsleben bedeutet dies, dass wir im Laufe des Lebens eben nicht unproduktiver bzw. arbeits-/leistungsunfähiger werden, weil wir kränker, unqualifizierter, unmotivierter und unzufriedener werden. Im Gegenteil: ältere Menschen sind grundsätzlich genauso produktiv, arbeits- und leistungsfähig, wie jüngere Menschen, nur anders (▶ Overview »Alterndes Unternehmenspersonal: Was verändert sich wirklich und wie?«)

Alternspsychologie relativiert auch Angst vor dem Tod.

Jedes Alter hat Stärken und Schwächen.

Alterndes Unternehmenspersonal: Was verändert sich wirklich und wie?

1. **Was sich mit dem Altern verbessert:**
   - Erfahrungswissen, Lebenswissen, Weisheit: Fakten- und Strategiewissen über das Leben; Wissen über die zeitlichen, lebensweltlichen Kontexte von Lebensproblemen; Wissen um die Relativität von Werten, Zielen; Fähigkeit mit den Unsicherheiten, Ungewissheiten des Lebens umzugehen
   - berufliches Fakten-, Handlungswissen, Expertenwissen
   - Verantwortungsbewusstsein und -übernahme, Qualitätsbewusstsein

4

- Zuverlässigkeit, Pflichtbewusstsein, Disziplin, Loyalität/ Bindung, Selbständigkeit
- soziale, emotionale, kommunikative Kompetenzen (Kooperations-, Konsens-, Team-, Konfliktfähigkeit; Empathie, Menschenkenntnis; Sachlichkeit und geringe Eigenbetroffenheit)
- Widerstandsfähigkeit, emotionale Stabilität, Ausgeglichenheit, Gelassenheit, Toleranz
- realistisch-strategische Problemlösekompetenz, Urteils-, Entscheidungsfähigkeit; Handlungs- und Entscheidungsökonomie; Sinn für das »Machbare«; Einschätzung der eigenen Fähigkeiten
- (Arbeits-)Zufriedenheit; sinkende Fehlzeiten und Fluktuation
- geringere Belastung durch Probleme im privaten Bereich

2. **Was sich mit dem Altern verschlechtert (aber kompensiert, trainiert werden kann):**
    - körperliche Leistungsfähigkeit und Belastbarkeit; ab 30 (!): Muskelmasse, -kraft, Feinmotorik, Geschicklichkeit, Gleichgewicht, Ausdauer, Beweglichkeit, Sauerstoffaufnahme (~1% p.a.)
    - Wahrnehmungs-, Reaktions-, Informationsverarbeitungsgeschwindigkeit; kognitive Flexibilität; Aufmerksamkeit; Kurzzeitgedächtnis
    - Lern-, Weiterbildungsbereitschaft
    - Was zunehmend schwerer fällt: schwere körperliche Arbeit, Arbeit unter extremen Umgebungseinflüssen, Zeit- und Leistungsdruck, fremdbestimmtes Arbeitstempo, Arbeit ohne Erholungsmöglichkeiten

3. **Was sich mit dem Altern qualitativ verändert:**
    - Arbeitsmotivation: Karriere- und Aufstiegsorientierung sinkt und zunehmend wichtiger werden Wertschätzung bzw. Anerkennung der Arbeitsleistung, Erfahrung, Weitergabe von Wissen, Identifikation mit einer sinnvollen Aufgabe, Wohlbefinden und Arbeitsklima, soziale Kontakte, aber auch Autonomie, Selbständigkeit und Flexibilität betreffend Inhalte und Organisation der Arbeitstätigkeit
    - Lern- und Anpassungsfähigkeit bleibt konstant, aber die Art des Lernens und der Anpassung verändert sich

In jedem Alter ist grundsätzlich alles möglich!

Das kalendarische Alter sagt also wenig aus und darf auch deshalb nie objektives Kriterium für die Anwendung spezifischer Maßnahmen im Demografie-Management sein. Viel wichtiger ist das individuelle Altern bzw. die individuelle Lebens- und Erwerbsbiographie, die auch in Zukunft mehr und mehr an Bedeutung gewinnen wird. Grundsätzlich gilt jedoch, **dass in jedem Alter alles möglich ist, auch**

bis ins höchste Lebensalter (▶ Overview »Menschliche Höchstleistungen kennen kein Altern«).

Menschliche Höchstleistungen kennen kein Altern
Bewegung kennt kein Altern
Der erste 100-jährige Marathonläufer ist der Brite Fauja Singh: er lief die ganzen 42 km in 08:11 h (2011); er begann mit dem Laufsport nach dem Tod seiner Frau und Tochter im Alter von 89 Jahren. Die älteste Marathonläuferin ist US-Amerikanerin Gladys Burriell, die mit 92 Jahren ihren Marathon in 09:53 h lief (2010). Der älteste Mann, der mit einem Ruderboot den Atlantik überquert hat, war der 67-jährige Brite Tony Short, und zwar in 48:08:03 Tagen (2012). Die 104-jährige Britin, Margaret McAlpine, flog als älteste Frau im Tandem-Gleitschirm über Nordzypern und holte sich damit ihren »*Guinness World Record*« zurück, den sie bereits im Alter von 100 Jahren gewonnen hatte (2012). Die 71-jährige Deutsche Helga Miketta hat auch erst in Pension mit dem Laufen begonnen und ist inzwischen zweifache Europameisterin im Halbmarathon (2011).

Denken und Lernen kennt kein Altern
Architekt Frank Lloyd Wright entwarf mit 90 Jahren das Guggenheim-Museum. Benjamin Franklin erfand mit 78 Jahren die Brille mit zwei Gläsern. Michelangelo (Buonarroti) übernahm mit 71 Jahren die Bauleitung des Petersdoms. Immanuel Kant schrieb mit 73 Jahren die »Metaphysik der Sitten«. Theodor Fontane schrieb mit 77 Jahren seinen »Stechlin«. Giuseppe Verdi vollendete mit 80 Jahren seine Oper »Falstaff«. Johann Wolfgang von Goethe vollendete mit 81 Jahren seinen »Faust II«. Dirigent Leopold Stokowski schloss mit 95 Jahren einen Fünfjahres-Vertrag mit einer Plattenfirma ab. Die Mexikanerin Manuela Hernández Velásquez kann zwar kaum noch gehen, hat aber im Alter von 100 Jahren die Grundschule nachgeholt. Auch der Kenianer Kimani Maruge zählt zu den ältesten Grundschülern der Welt; im Alter von 88 Jahren besuchte er die vierte Klasse besuchte, um später zu studieren und Tierarzt zu werden (2008). Der 99-jährige Österreicher Alfred Klinger ist Wiens ältester VHS-Schüler und nimmt weiterhin regelmäßig an Kursen teil (2012).

Soziales Engagement kennt kein Altern
2007 gründete Nelson Mandela die internationale non-profit Organisation »*The Elders*«. Ihre Mitglieder, alles ältere Berühmtheiten aus Politik, Staat und Gesellschaft (u. a. Marti Ahtisaari, Kofi Annan, Ela Bhatt, Lakhdar Brahimi, Gro Brundtland, Fernando Cardoso, Jimmy Carter, Graça Machel, Mary Robinson, Aung San Suu Kyi, Desmond Tutu, Muhammad Yunus), nutzen ihre »gemeinsamen über 1000 Jahre an Lebenserfahrung« für die Lösung

4

unserer drängendsten globalen Probleme und Konflikte im 21. Jahrhundert. 2008 wurde der »*Second Half Hero Award*« an Menschen vergeben, und zwar u. a. an Dr. Ruth Westheimer, die uns mit 85 Jahren immer noch sexuell aufklärt; an den 81-jährigen Sonny Veltre, der immer noch fünf Tage die Woche als YMCA-Rettungsschwimmer tätig ist; sowie an den 84-jährigen Mike Perri, der seit seiner Berentung immer noch freiwillig für das Rote Kreuz arbeitet. Der 98-jährige US-Amerikaner Don Sugg begann im Alter von 80 Jahren mit Fallschirmspringen als Fundraising für Obdachlosenorganisationen (2013).

Arbeiten kennt kein Altern

Der 100-jährige US-Amerikaner Loren Wade steht immer noch im Supermarkt an der Kasse und wurde deshalb von den US-Ministerien für Arbeit und Gesundheit als ältester Arbeiter des Jahres ausgezeichnet (2012). Dieselbe Auszeichnung erhielt auch die 100-jährige US-Amerikanerin Mildred Health, die seit 85 Jahren immer noch bei der Zeitung arbeitet (2008). Die US-Amerikanerin Sara Dappen flippt als älteste McDonald's-Angestellte der Welt im Alter von 92 Jahren immer noch Burger (2013). Der kürzlich verstorbene Brite Buster Martin gehörte auch zu den ältesten Arbeitern der Welt: bis zum Alter von 104 Jahren hat er als Mechaniker und Autowäscher gearbeitet, denn schließlich »bringt Langeweile den Menschen um«, so Martin (2011).

Entrepreneurship kennt kein Altern

Nicht nur Junge, sondern immer mehr Ältere gründen ihr eigenes Unternehmen und gestalten ihre »dritte« Berufsphase als Selbstständige; und aufgrund ihrer Lebens- und Berufserfahrung sind die älteren Existenzgründer sogar viel erfolgreicher als die jungen Gründer. In den USA kommen bereits heute schon die meisten Gründer aus der Gruppe der über 55-jährigen - nachdem sie aufs Abstellgleis geschoben wurden. So auch die Deutsche Giuseppina Ehrmann, die erst mit 62 Jahren und ihren gesamten Ersparnissen ein Schokoladengeschäft eröffnete, nachdem sie ihr Leben lang als Angestellte in einer Parfümerie gearbeitet hatte.

Schönheit kennt kein Altern

Normalerweise geht die Karriere eines Models nicht über das 30. Lebensjahr hinaus; schließlich sind Models knackig, straff und jung. Für die ältesten Supermodels der Welt gilt dies nicht: die 83-jährige Britin Daphne Selfe und die 82-jährige US-Amerikanerin Carmen Dell'Orifice sind seit über 65 Jahren im Model-Geschäft. Trotz Falten und grauen Haaren sind sie heute sogar erfolgreicher, als in ihren jungen Jahren (2013/2013). Überhaupt scheint die Nachfrage nach älteren Models mehr und mehr zu steigen.

Auch Social Media kennen kein Altern
Die ältesten Facebook-Nutzer sind die 101-jährige US-Amerikanerin Florence Detlor und die 103-jährige Britin Lillian Lowe. Die kürzlich verstorbene älteste Facebook- und Twitter-Nutzerin, Britin Ivy Bean, war 104 Jahre alt; sie meldete sich erst im Alter von 102 Jahren an und hatte zuletzt unglaubliche 56.300 Twitter-Followers und 5.000 on Facebook-Bekanntschaften (2010).

Eine weitere gute Nachricht der »Psychologie des Alterns« ist, dass uns das Älterwerden, und insbesondere das Alter, auch nicht unglücklicher bzw. unzufriedener werden lassen. Im Gegenteil: Älterwerden macht glücklicher! Zwar geht es mit unserer Zufriedenheit im Laufe des Lebens erst mal bergab, bis wir den nur allzu bekannten Tiefpunkt »*midlife crisis*« im Alter von 46 Jahren erreichen. Das dürfte allen bekannt sein. Was aber die wenigsten wissen, ist, dass es danach mit unserem Glücklichsein wieder steil bergauf geht. Zwischen 58 und 77 Jahren sind wir, zumindest laut Forschung und Statistik, am glücklichsten. Und dies ist auch unabhängig vom finanziellen bzw. beruflichen Status und der Kinderzahl. Es liegt nämlich an einem psychischen Faktor: **denn mit steigendem Alter werden wir immer besser darin, im Hier und Jetzt zu leben und die Dinge tun, die *uns* wichtig sind, und nicht den anderen**:

» Je älter ich werde, desto treuer und treuer werde ich mir, aber es ist laufend Arbeit «

so das 82-jährige Model Carmen Dell'Orifice. Obwohl wir mit steigendem Alter so viel Wertvolles verlieren, gewinnen wir das, was wir unser ganzes Leben lang zu erreichen gesucht haben, nämlich das Glücklichsein:

» The greyer the world gets, the brighter it becomes «

so der treffende Kommentar des Economist. Leben beginnt mit 46! Wer wird denn da noch Angst vorm Altern haben, wenn wir uns eigentlich auf die glücklichste Zeit in unserem Leben freuen könnten?

Die vielleicht wichtigste gute Nachricht der »Psychologie des Alterns« ist jedoch, dass das Altern bzw. Älterwerden nicht einfach mit uns »geschieht«, und wir dem tatenlos zusehen müssen, was mit uns geschieht. Wir haben es selbst in der Hand, wie wir altern, zwar nicht ganz - unsere Alterns-Gestaltungsmacht hat Grenzen -, aber doch zu einem sehr großen Teil: »Jeder ist seines Alterns Schmied«. Dass menschliche Höchstleistungen kein Altern kennen, ist kein Zufall. Diese Menschen haben alle was dafür *getan*, dass sie im hohen Alter noch höhere Leistungen erbringen konnten. Und sie haben wahrscheinlich schon früh mit diesem Tun angefangen und nie da-

Altern macht sogar glücklicher.

Wir haben es in der Hand, wie wir altern.

mit aufgehört. Einige haben auch erst spät mit diesem Tun angefangen, und dann auch nie damit aufgehört. So können 70-jährige, die regelmäßig körperlich und geistig trainieren, weit über das Leistungsvermögen viel jüngerer Menschen hinausgehen, die körperlich und geistig nichts tun. Es gilt das Erfolgsrezept »*use it, or lose it*«, und zwar egal, in welchem Alter. Wer erfolgreich altern will, sollte zwar jung damit anfangen (»früh übt sich«), aber es ist auch »nie zu spät.« **Wichtig ist, dass wir nie aufhören anzufangen und nie anfangen aufzuhören.** Es zählt nicht unser Alter, sondern unser Tun, d. h. wie wir unseren Körper, unsere Psyche und das Soziale pflegen - schließlich muss das alles 100Jahre lang »halten«. Und das gilt nicht nur für die Privilegierteren unter uns, sondern für alle Gesellschaftsgruppen - auch, wenn sich natürlich die Zwänge des Lebens und die zur Verfügung stehenden Möglichkeiten, Ressourcen und Handlungsspielräume unterscheiden.

Gesundheit ist kein Zufall.

Alter(n) ist deshalb auch keine »natürliche« oder »unheilbare« Krankheit, der man ausgeliefert ist, wie Aristoteles und Seneca meinten. Aber sich im Alter einer guten Gesundheit zu erfreuen, ist auch kein Zufall. Die meisten Krankheiten entstehen nämlich nicht über Nacht, sondern erst nach vielen Jahren des »Nichtstuns« bzw. »falschen Tuns«. 80 % unserer Krankheitslast ist nämlich durch das richtige Gesundheits-*Verhalten* potentiell vermeidbar (insb. Rücken-, Muskelerkrankungen; Herz-Kreislauf-Erkrankungen, Diabetes; Lungenerkrankungen; psychische Erkrankungen), und zwar bereits in den frühen Lebensjahren, aber auch noch im Alter selbst. Jedoch benutzen »*die meisten Menschen ihre Jugend [und auch das Alter selbst], um ihr Alter zu ruinieren*«, so Jean de la Bruyère; sie vergessen, dass ihr Körper und Geist im besten Falle 100 Jahre und mehr »halten muss« und entsprechend pfleglichen Umgang braucht. Leider gibt es neben den zahlreichen verhaltensbedingten Erkrankungen immer noch viel zu viele schicksalshafte Krankheiten, die nicht primär durch einen bestimmten Lebens- bzw. Arbeitsstil verursacht werden. Doch selbst, wenn kein Verhalten der Welt diese Krankheiten verhindert oder heilt, so können sie doch durch das richtige Tun zumindest abgemildert werden.

Das »Tun« machts.

Das, was wir körperlich, psychisch und sozial tun, beeinflusst nicht nur unsere körperliche Gesundheit über die Lebensspanne bis ins hohe Alter, sondern auch unsere psychische Gesundheit (z. B. kognitive Leistungsfähigkeit, Wohlbefinden) und soziale Gesundheit (z. B. Beziehungen, gesellschaftliche Teilhabe). Die Wissenschaft und Praxis der »Psychologie des Alterns« bestätigt heute, was Hippokrates, Cicero und Aristoteles bereits vor mehr als 2000 Jahren wussten (▶ Overview »Gesundheit über die Lebensspanne: Keine Frage des Alters, sondern des Tuns«).

Gesundheit über die Lebensspanne: Keine Frage des Alters, sondern des Tuns
Körperliche Gesundheit durch körperliche Aktivität, Gesundheitsverhalten
» Alle Teile des Körpers bleiben gesund, wenn sie mit Maß gebraucht und geübt werden. Wenn man sie aber nicht braucht, neigen sie eher zu Krankheiten und nehmen nicht zu. (Hippokrates)

Mit körperlicher Übung und maßvoller Lebensweise kann man auch im Alter die Leistungsfähigkeit bewahren. (Cicero)

Vor nichts muss sich das Alter mehr hüten, als sich der Untätigkeit zu ergeben. (Cicero) «

Psychische Gesundheit durch kognitive, emotional-motivationale Aktivität
» Es gilt jedoch nicht nur den Körper, sondern noch viel mehr Geist und Seele zu unterstützen. Der Geist (wird) dadurch, dass man ihn übt, gestärkt. (Cicero)

Bildung ist die beste Vorsorge fürs Alter. (Aristoteles)

Jeder, der sich die Fähigkeit erhält, Schönes zu erkennen, wird nie alt werden. (Franz Kafka) «

Soziale Gesundheit durch soziale Aktivitäten
» Wie denen das Alter leichter wird (…), die geliebt werden. (Cicero)

Liebe kennt kein Alter. (William Shakespeare)

Liebe schützt vor Alter. (Coco Chanel) «

Denn zum Altern können wir »was tun«, jeder Einzelne von uns, aber auch Unternehmen und die Gesellschaft: Wir können die nicht wegzuleugnenden negativen Seiten des Alterns verhindern bzw. kompensieren und bewältigen, und aus den positiven Seiten mehr machen, diese fördern und nutzen - von Anfang an, ein Leben lang, und zwar primär durch das Drehen an »psychischen Stellschrauben«. Denn Altern bzw. Älterwerden wird primär »im Kopf« bestimmt. Altern ist ein »*mental game*«: Erfolgreiches Altern braucht nicht so sehr die finanzielle private oder betriebliche Altersvorsorge (obwohl diese fraglos wichtig ist), sondern eine Altersvorsorge der besonderen Art: **die Alternsmeisterung**. Hier geht es um ein ganz besonderes »Tun« bzw. Verhalten. Und da jedes »Tun« bzw. Verhalten, egal ob körperliches, psychisches oder soziales »Tun«, eine psychische Funktion ist, handelt es sich bei der Alternsmeisterung um eine dezidiert psychologische Alternsvorsorge (▶ Overview »Alternsmeisterung: Erfolgreich altern mit der ‚Psychologie des Alterns'«).

Altern ist ein »mental game«.

4

Alternsmeisterung: Erfolgreich altern mit der »Psychologie des Alterns«

1. Alterns-Empowerment
   - Selbst-Bemächtigung, Selbst-Wirksamwerden für das eigene Altern, einschließlich des Alterns am Arbeitsplatz (Demografie-Management): »*Yes, I can!*«
   - Effekt: Überwindung der vermeintlichen Macht-/Einflusslosigkeit gegenüber dem Altern; Förderung der Nutzung individueller, betrieblicher und gesellschaftlicher Gestaltungsmöglichkeiten; jeder wird zum Meister seines eigenen Alterns mit eigenverantwortlicher Vorsorge und aktivem Handeln

2. Progressives Altern
   - progressive Auseinandersetzung mit den anstehenden Lebens-, Ausbildungs-, Berufsfragen des neuen Alterns in jedem Lebensalter
   - Akzeptanz des Alterns mit seinen Gewinnen und Verlusten

     » Man muss mit dem Alter(n) und allem, was es mit sich bringt einverstanden sein, man muss Ja dazu sagen… Das Greisenalter ist eine Stufe unseres Lebens und hat wie alle anderen Lebensstufen ein eigenes Gesicht, eine eigene Atmosphäre und Temperatur, eigene Freuden und Nöte. (Hermann Hesse) «

   - Progressives Mini-Max-Prinzip des Alterns:
     - Prävention, Kompensation der Alterns-Verluste (Alterns-Risiken minimieren)
     - Optimierung der Alterns-Gewinne (Alterns-Chancen maximieren)
     - entsprechend seinen individuellen Bedürfnissen, Wünschen, Zielen
     - durch körperliches, psychisches und soziales »Tun« bzw. »Vorwärtsbewegen«
     - (z. B. körperliche Bewegung, intellektuelle Betätigung (insb. Lebenslanges Lernen), soziale Aktivitäten)
   - Progressive Alterns-Einstellung:
     - positiv-realistische Einstellung zum eigenen Altern und zum Altern der anderen und zu seiner individuellen (und betrieblichen) Meisterung (▶ Kap. 5)
     - Effekt: Optimale biologisch-körperliche, psychische und soziale Funktions- und Leistungsfähigkeit bzw. Gesundheit über die gesamte Lebensspanne

       » Sich auf die wichtigen Ziele beschränken, diese sehr energisch verfolgen und dabei nach geeigneten inneren und äußeren Ressourcen der Kompensation zu suchen, das ist die Kunst des guten Älterwerdens. (Paul Baltes) Kompensation ist die Lebenskunst des Weisen. (Cicero) «

Vor diesem Hintergrund wird Demografie-Management zu einer zentralen individuellen und betrieblichen Gestaltungsmöglichkeit des Alterns. Demografie-Management schafft den Rahmen für ein erfolgreiches Altern am Arbeitsplatz und unterstützt damit die Alternsmeisterung jedes Einzelnen. Oberstes Ziel ist natürlich der Erhalt und die Förderung der Arbeits- und Leistungsfähigkeit sowie -motivation des Unternehmenspersonals über die Lebensspanne. Davon profitiert natürlich das Unternehmen, da es mit einem immer weniger und älter werdenden Unternehmenspersonal auch in Zukunft wettbewerbsfähig bleiben muss. Wir dürfen aber nicht vergessen, dass auch jeder Einzelne profitiert, wenn er länger arbeitsfähig bleibt: zum einen, weil wir in Zukunft immer länger arbeiten *müssen* werden; zum anderen, weil Arbeiten erfolgreiches Altern fördert (▶ Overview Arbeit als Alternsmeisterung?)

Demografie-Management gestaltet Altern.

Arbeit als Alternsmeisterung?

Die meisten sind der Ansicht: Arbeit macht krank, und die Rente erholt uns, macht uns wieder gesund. Aber genau das Gegenteil ist der Fall: Neueste Studien belegen, dass sich Arbeiten positiv auf unsere körperliche, psychische und soziale Gesundheit auswirkt - und sogar auf unsere Lebenserwartung: In den Ländern mit der weltweit höchsten Lebenserwartung (Japan, Norwegen) wird auch am längsten gearbeitet.

In Japan geht man durchschnittlich mit 69,5 Jahren in Rente – für viele kommt der Ruhestand erst mit über 70 - und man lebt weltweit am längsten (~83 Jahre). Die weit verbreitete Ansicht in der japanischen Gesellschaft ist, »am besten erst gar nicht an die Rente zu denken und weiterzuarbeiten; das hält fit und gesund« (Atsushi Hayashi, 69-jähriger Taxifahrer). Außerdem scheint sich die Bevölkerung auch einig zu sein, die Rente am besten gleich ganz abzuschaffen. Insbesondere Frauen sind dafür, und zwar gemäß dem japanischen Sprichwort: »Ist der Ehemann gesund und nicht zu Hause, ist es gut«; denn dies verhindere nicht nur Ehekrisen, sondern entspricht auch dem Konfuzianismus, nämlich »die Kraft bis ins hohe Alter vollends auszuschöpfen.«

Die Rente hingegen scheint unsere Gesundheit zu gefährden, insbesondere unsere psychische Gesundheit: sie macht uns depressiver, inaktiver. Natürlich gilt das nicht pauschal für jeden Menschen und man muss auch immer die jeweiligen Arbeits- und Lebensbedingungen berücksichtigen.

Trotzdem ist das Arbeiten eine »*all-inclusive*« Alternsmeisterung, da es uns automatisch körperlich, psychisch und sozial aktiv hält: Zu Recht bezeichnete Teddy Roosevelt eine »harte und wertvolle Arbeit« als den »besten Preis, den das Leben zu bieten hat.«

4

Mit Demografie-Management sein eigenes Altern meistern.

Demografie-Management macht unseren »besten Preis des Lebens«, unsere Arbeit, noch besser und fördert damit das Altern jedes Einzelnen in zweifacher Hinsicht. Um diese Alterns-Gestaltungsmöglichkeiten im Unternehmen auch effektiv nutzen zu können, brauchen die Unternehmensangehörigen ein detailliertes Wissen darüber, welche konkreten Maßnahmen es im jeweiligen Unternehmen gibt (z. B. lebensphasenorientierte Teilzeitkonzepte, nachberufliche Tätigkeitsoptionen, Gesundheitsförderung), und wie diese beim Arbeiten und Altern konkret helfen können (z. B. verbesserter Umgang mit lebensphasenabhängigen Belastungen durch Teilzeitarbeit, Förderung der körperlichen, intellektuellen und sozialen Aktivität nach Renteneintritt durch nachberufliche Tätigkeit, Prävention körperlicher Erkrankungen durch spezifische Gesundheitsmaßnahmen). Betriebliches Demografie-Management soll für jeden Einzelnen des Unternehmens zum »Werkzeugkasten« werden, aus dem er sich mit den für ihn sinnvollen »Werkzeugen« bzw. Maßnahmen bedienen kann, um seine Arbeit und das Altern am Arbeitsplatz erfolgreich (mit) zu gestalten und zu meistern. Dafür müssen die Maßnahmen natürlich auch umgesetzt und angewendet werden *können*. Dies erfordert zusätzlich zu den oben beschriebenen Fähigkeiten zur individuellen Alternsmeisterung auch die Bereitstellung der notwendigen Infrastruktur, der personellen und finanziellen Ressourcen sowie die Festlegung von Verantwortlichkeiten im jeweiligen Demografie-Management Projekt.

4.3   Alternskompetenz entwickeln

Alternskompetenz macht zukunftsfähig!

Jeder von uns braucht Alternskompetenz, und zwar nicht nur für den Unternehmenswandel Demografie-Management, sondern überhaupt, um fürs 21. Jahrhundert zukunftsfähig zu bleiben. Und nach der Lektüre der vorhergehenden beiden Abschnitte wissen Sie auch, was Alternskompetenz genau ist, warum Sie die Entwicklung von Alternskompetenz auf keinen Fall vernachlässigen sollten, und welche Inhalte entsprechende Qualifizierungsmaßnahmen umfassen müssten. Und vielleicht ist Ihnen ja auch über Ihr eigenes Altern vieles klarer geworden, und Sie wissen jetzt besser, was beim Altern bzw. Älterwerden eigentlich passiert, worauf Sie sich einstellen können, und was Sie tun können. Doch was können Unternehmen konkret tun, um ihr Personal für den Unternehmenswandel Demografie-Management bzw. für das Altern und sein individuelles, betriebliches Management, zu qualifizieren? Wie können sie das im letzten Abschnitt beschriebene Alternswissen und die Fähigkeiten zur Alternsmeisterung im Sinne von Alterns-Empowerment, Progressives Altern entwickeln, und damit die 2. Säule des erfolgreichen Demografie-Managements realisieren?

Alternskompetenzentwicklung braucht Planung und Struktur.

Die nachhaltige Entwicklung von Alternskompetenz ist ein komplexes Vorhaben. Die Palette möglicher Themen rund ums eigene

Altern und das Altern am Arbeitsplatz ist groß. Zudem betreffen diese Themen auch zahlreiche und vielfältige private, sensible Aspekte, und für jeden sind andere Themen relevant. Wir müssen uns auch vergegenwärtigen, dass die Entwicklung von Alternskompetenz ein kontinuierlicher Prozess ist. Anstatt die Unternehmensangehörigen einmalig mit der gesamten Alterns-Themenpalette zu überfordern, muss die Alternskompetenz schrittweise, aber trotzdem konsequent und kontinuierlich, entwickelt, gefördert und erhalten werden. Dieser Prozess erfolgt auch in engem Zusammenspiel mit der Realisierung der anderen Säulen des erfolgreichen Demografie-Managements. Für die Entwicklung und Durchführung der Alternsqualifizierungsmaßnahmen sollte ein Budget eingeplant werden, ebenso wie Personalressourcen bzw. externe professionelle Unterstützung.

Entscheidend ist auch, alle Altersgruppen miteinzubeziehen, und zwar immer mit Blick auf die individuellen Bedürfnisse in den unterschiedlichen Lebens- bzw. Berufsphasen. Die Entwicklung der Alternskompetenz darf sich keinesfalls nur auf das ältere Unternehmenspersonal mit Kursen zur Vorbereitung auf den Ruhestand beschränken. Idealerweise sollte sie bereits früh im Leben bzw. in der Erwerbslaufbahn beginnen. Alternskompetenz ist zentral für die individuelle Planung und Gestaltung unseres Lebens bzw. Bildungs- und Erwerbslebens, und zwar in jeder Lebensphase. Unser neues langes Altern wird auch einen ganz anderen Lebensablauf erfordern, als die klassische Sequenz »Bildung im jungen Alter« (Ausbildungsphase), »Arbeit im mittleren Alter« (Erwerbsphase) und »Erholen im höheren Alter« (Pensionsphase)«. Bildung, Arbeit und Freizeit sind zukünftig in jeder Lebensphase gleichzeitig wichtig und werden damit zur lebenslangen Notwendigkeit, im Sinne eines parallelen, lebenslangen Lernens, Arbeitens und Erholens bzw. Gesundbleibens. Die Entwicklung der Alternskompetenz (Alternswissen, Fähigkeiten zur Alternsmeisterung) sollte deshalb alle Unternehmensangehörigen sämtlicher Organisationsebenen und Funktionsbereiche bzw. Abteilungen und Standorte umfassen.

Der erste Schritt in der unternehmensweiten Entwicklung der Alternskompetenz ist die **interne Öffentlichkeitsarbeit**. Es ist unerlässlich, dieses zentrale Qualifizierungsvorhaben im Vorfeld anzukündigen und zu vermarkten. Es gilt, alle Unternehmensangehörigen über das Vorhaben »Alternskompetenz-Entwicklung« zu informieren, und zwar mittels bereits vorhandener betriebsinterner Kommunikationskanäle (z. B. Newsletter, Mitarbeiterzeitung, Intranet, Meetings, Teambesprechungen, Betriebsversammlungen). Die Informationen sollten folgende vier Fragen beantworten, die sich jeder von uns stellen würde, bevor er bei dem Qualifizierungsvorhaben »Alternskompetenz-Entwicklung« mitmacht (▶ Overview »Vermarktung der Alternskompetenz-Entwicklung im Unternehmen: Welche Fragen Sie beantworten sollten«).

Länger leben heißt (für alle!) länger Arbeiten, Lernen, Gesundbleiben.

Alternskompetenz-Entwicklung vermarkten!

4

Vermarktung der Alternskompetenz-Entwicklung im Unternehmen: Welche Fragen Sie beantworten sollten:

1. *Was* ist Alternskompetenz überhaupt?
   - Alternswissen: Wissen über das eigene Altern und sein individuelles, betriebliches Management
   - Fähigkeiten zur Alternsmeisterung: Alterns-Empowerment, Progressives Altern
2. *Warum* soll gerade ich Alternskompetenz lernen?
   - Das Lernen von Alternskompetenz ist zentrale Lebensanforderung und -aufgabe jedes Einzelnen, jedes Unternehmens und unserer Gesellschaft; sie macht uns (über-) lebens- und zukunftsfähig,...
   - ...denn Alternskompetenz qualifiziert jeden von uns (in jedem Alter!) für die erfolgreiche Bewältigung der neuen, viel komplexeren und schwierigeren Anforderungen unseres neuen Alterns im 21. Jahrhundert,...
   - ...und fördert den lebenslangen Erhalt unserer körperlichen, psychischen und sozialen Gesundheit, Qualifikation und Motivation, und damit auch unsere Arbeits-/Leistungsfähigkeit, -motivation sowie Zufriedenheit, Lebensqualität und Wohlstand.
3. *Wie* kann ich Alternskompetenz im Unternehmen lernen?
   - Das Unternehmen sorgt dafür bzw. unterstützt dabei, dass das notwendige Alternswissen und die relevanten Fähigkeiten zur Alternsmeisterung unternehmensweit systematisch vermittelt (»Alterns-Vermittlung«), aber auch gezielt geschult (»Alterns-Schulungen«) und trainiert werden (»Alterns-Trainings). Über Zweck, Inhalte und Ablauf dieser Qualifizierungsmaßnahmen wird ausreichend informiert, und es werden alle Fragen beantwortet.
4. Hat die Teilnahme nachteilige Folgen für mich?
   - Die Teilnahme an den Qualifizierungsmaßnahmen hat keine nachteiligen Folgen auf die berufliche Position bzw. Karriere (es erfolgt keine »heimliche« Personalbeurteilung oder gar Personalentscheidung).
   - Die Teilnahme kann jederzeit widerrufen bzw. beendet werden - ohne Angabe von Gründen, und ohne dass dadurch Nachteile entstehen.
   - Durch die Teilnahme entstehen auch keine Risiken oder Kosten.
   - Bei der Durchführung und etwaigen Evaluationen der Qualifizierungsmaßnahmen werden die Bestimmungen des Datenschutzgesetztes beachtet; es gelten Vertraulichkeit und Anonymität.

Für die nächsten drei Schritte in diesem zentralen Qualifizierungs-vorhaben - nämlich das notwendige Alternswissen und die Fähigkeiten zur Alternsmeisterung zu vermitteln, schulen und zu trainieren - empfiehlt sich folgendes Vorgehen:

- Zunächst sollte, in einem zweiten Schritt, die Alternskompetenz-Entwicklung auf breiter Unternehmensbasis initiiert werden, und zwar durch die systematische, unternehmensweite Vermittlung von Alternswissen an das gesamte Personal (»Alterns-Vermittlung«).
- »Alterns-Schulungen« und »Alterns-Trainings« vertiefen dann in einem dritten und vierten Schritt das erworbene Alternswissen und entwickeln gezielt die relevanten Fähigkeiten zur Alternsmeisterung.
- Die primären Zielgruppen sind hier Führungskräfte, und zwar aller Organisationsebenen und Funktionsbereiche, aber auch Arbeitnehmervertreter, Aufsichtsräte und Betriebsärzte (bzw. Betriebspsychologen, Behinderten-, Gleichstellungs-, Gesundheits- und Sicherheitsbeauftragte). Denn diese Personengruppen müssen nicht nur für die Bewältigung und Gestaltung ihres eigenen Alterns qualifiziert werden, sondern auch für das ihrer Mitarbeiter. Schließlich sind sie es, die die Rahmenbedingungen des Arbeitens - und damit auch des Alterns - im Unternehmen schaffen. Nicht zuletzt deshalb spielen sie eine zentrale Rolle bei der nachhaltigen Umsetzung von Demografie-Management im Unternehmen.

Insbesondere Führungskräfte, aber auch Arbeitnehmervertreter und Betriebsärzte (bzw. Betriebspsychologen, Behinderten-, Gleichstellungs-, Gesundheits- und Sicherheitsbeauftragte), sind für ihre Mitarbeiter *die* wichtigen und dauerhaften Ansprechpartner vor Ort, und zwar in zahlreichen und vielfältigen Belangen. Denn die meisten Mitarbeiter sehen in ihrem Vorgesetzten nicht nur den verantwortlichen Organisator und Auftraggeber von Arbeitsaufgaben. Im Gegenteil, sie suchen ihren Vorgesetzten, und vor allem ihre Vertreter und den Betriebsarzt, auch als »Menschen« in anderen (auch persönlichen) Angelegenheiten auf. Deshalb sollten diese Personalgruppen im Rahmen von »Alterns-Schulungen« und »Alterns-Trainings« nicht nur für ihr eigenes Altern qualifiziert werden, sondern auch dahingehend, dass sie für ihre Mitarbeiter zu einer institutionalisierten, sicheren Anlaufstelle bei Fragen und Problemen rund ums Altern werden können. Idealerweise wird die Bewältigung und Gestaltung des Alterns am Arbeitsplatz im Sinne der Alternsmeisterung (Alterns-Empowerment, Progressives Altern) mit den Führungskräften, aber auch mit Arbeitnehmervertretern und Betriebsärzten (bzw. Betriebspsychologen, Behinderten-, Gleichstellungs-, Gesundheits- und Sicherheitsbeauftragte), zu einer gemeinsamen, kontinuierlichen (Führungs-) Aufgabe entwickelt. Über diesen Weg kann das notwendige Alternswissen zu den einzelnen Mitarbeitern transportiert werden und die

Alternskompetenz vermitteln, schulen und trainieren!

Alternsmeisterung zur gemeinsamen Aufgabe machen!

4

Meisterung ihres Alterns unterstützt und mit-gestaltet werden. Aber mehr dazu ▶ Kap. 7. Eine ähnliche Rolle spielen auch die sog. Schlüsselpersonen bzw. »*opinion leader*« eines Unternehmens (Schlüsselpersonen *aller* Personalgruppen). Diese repräsentieren nicht nur große Teile der Unternehmensangehörigen, sondern sind, aufgrund ihrer Position in Bezug auf Macht und Vertrauen, auch wichtige Ansprechpartner vor Ort und *die* zentralen Multiplikatoren in jedem Veränderungsvorhaben. Deshalb ist die Durchführung von »Alterns-Schulungen« und »Alterns-Trainings« mit dieser Zielgruppe ebenfalls unerlässlich. Denn ihre individuelle Alternskompetenz-Entwicklung treibt, fast wie automatisch, die unternehmensweite Alternskompetenz-Entwicklung voran und verankert diese nachhaltig.

Bei der Alternskompetenz-Entwicklung spezifisch vorgehen!

Bei der Durchführung dieser **drei zentralen Methoden** bzw. Bausteine der Alternskompetenz-Entwicklung im Unternehmenswandel Demografie-Management (»Alterns-Vermittlung«, »Alterns-Schulungen«, »Alterns-Trainings«) ist wichtig zu beachten, dass sich die Alternskompetenz nicht nur zwischen Branchen und Unternehmen, sondern auch zwischen einzelnen Organisationsebenen und Funktionsbereichen bzw. Abteilungen und Standorten sowie Personalgruppen (Mitarbeiter, Führungskräfte, Arbeitnehmervertreter, Aufsichtsräte, Betriebsärzte bzw. Betriebspsychologen, Behinderten-, Gleichstellungs-, Gesundheits- und Sicherheitsbeauftragte) unterscheiden kann. Bei der Alternskompetenz-Entwicklung ist deshalb immer ein spezifisches Vorgehen zu konzipieren. Zudem ist es unerlässlich, die Maßnahmen an den jeweiligen Branchen-/Unternehmenskontext bzw. an die untersuchte Gruppe mit betriebs-, bereichs- bzw. gruppenspezifischen Informationen anzupassen.

Alternswissen unternehmensweit vermitteln!

Nun zunächst zur »Alterns-Vermittlung«. Bei der systematischen, unternehmensweiten Vermittlung des notwendigen Alternswissens sollen so viele Unternehmensangehörige erreicht werden, um das Wissen über das Altern, einschließlich dessen individuelles und betriebliches Management, auf breiter Unternehmensbasis zu erweitern und zu verbessern (▶ Overview » Lerninhalte ‚Alterns-Vermittlung‘: Was jeder im Unternehmen über das Altern und sein individuelles, betriebliches Management wissen sollte«).

> **Lerninhalte »Alterns-Vermittlung«: Was jeder im Unternehmen über das Altern und sein individuelles, betriebliches Management wissen sollte, nämlich…**
> 1. …welche neuen Anforderungen unser neues Altern im 21. Jahrhundert mit sich bringt.
>   – ▶ Overview: »Neues Altern, neue Anforderungen«
> 2. …was Altern eigentlich ist; was sich genau verändert, wie und warum; welche Auswirkungen dies hat auf das eigene Privat-/Arbeitsleben, aber auch auf Unternehmen und Gesellschaft; dass Altern beeinflusst werden kann, inwieweit und wie.
>   – ▶ Overview: »Was ist Altern? Die sechs Schlüsselerkenntnisse der ‚Psychologie des Alterns‘«

- ► Overview: »Altern — doch nicht nur Abbau?«
- ► Overview: »Alterndes Unternehmenspersonal: Was verändert sich wirklich und wie?«
- ► Overview: »Menschliche Höchstleistungen kennen kein Altern«
3. ...wie man mit den neuen Anforderungen des Alterns umgeht und sie bewältigt, d. h. wie man erfolgreich altert bzw. älter wird.
   - ► Overview: »Gesundheit über die Lebensspanne: Keine Frage des Alters, sondern des Tuns«
   - ► Overview: »Alternsmeisterung: Erfolgreich altern mit der ‚Psychologie des Alterns'«)
4. ...welche konkreten unternehmensinternen Unterstützungs- und Gestaltungsmöglichkeiten es dazu gibt (konkrete Maßnahmen des Demografie-Managements im jeweiligen Unternehmen), wofür diese gut sind (Nutzen der jeweiligen konkreten demografieorientierten Maßnahme), wie man diese anwendet, und dass hierfür personelle und finanzielle Ressourcen bereitgestellt und Verantwortlichkeiten festgelegt werden.

Für die systematische, unternehmensweite Vermittlung dieses Alternswissens empfiehlt sich auch wieder die Verwendung der im Unternehmen bereits vorhandenen betriebsinternen Kommunikationskanäle. Denn Kommunikationskanäle sind letztlich auch Wissensvermittlungs-Kanäle. Grundsätzlich kommen auch wieder alle gängigen Kanäle in Frage; Alternswissen kann vermittelt werden.

Mehrere Kanäle führen zur Alternskompetenz.

- über einen regelmäßigen »Alterns-Newsletter«
- über die Mitarbeiterzeitung in einer »Alterns-Kolumne« oder »Spezialbeilage Altern«
- über »Alterns-Flyer« und »Alterns-Broschüren«
- über eine »Alterns-Webplattform« im Intranet
- als fester »Alterns-Tagesordnungspunkt« in dafür geeigneten, ohnehin regelmäßig stattfindenden Meetings, Teambesprechungen und Betriebsversammlungen
- als fester »Alterns-Gesprächspunkt« in Mitarbeitergesprächen
- als regelmäßige »Alterns-Tage«, »Alterns-Veranstaltungen«, »Alterns-Vorträge«.

Ebenso wie bei der Alternsbewusstseins-Bildung ist letztlich nicht wichtig, »welche« sondern »wie viele« unterschiedliche Vermittlungsformen, -mittel und -wege verwendet werden, und »wie oft«. Denn je unterschiedlicher wir das Alternswissen vermittelt bekommen, je mehr Wahrnehmungs- und Informationsverarbeitungsprozesse angesprochen werden (z. B. über Lesen (Print), Sehen und Hören [Video, Audio]) und je häufiger die Inhalte wiederholt werden, desto

Vielfalt und Regelmäßigkeit der Vermittlung zählt!

4

besser merken wir uns das vermittelte Alternswissen. Deshalb ist es unerlässlich, gute Strukturen der Alternswissen-Vermittlung im Unternehmen aufzubauen - wie z. B. durch die regelmäßige Vermittlung über oben genannte Kanäle. dann können alle Unternehmensangehörigen kontinuierlich ihr Wissen über das Altern wiederholen und aktualisieren.

Basics des Altern-Lernens

Entscheidend ist jedoch auch das »Wie« der Vermittlung von Alternswissen. Wir müssen uns nochmals bewusst machen, dass Altern ja Angst macht, vor allem am Arbeitsplatz. Zudem ist es auch Privatsache. Gefragt sind deshalb besondere Offenheit und Transparenz, und vor allem sollte das Lernen übers Altern (am Arbeitsplatz und darüber hinaus) Spaß machen. Nur dann wird das vermittelte Alternswissen wirklich aufgenommen und »unvergesslich«. Da wird man mit einer nüchternen Vermittlung von Informationen und Fakten nicht weit kommen. Deshalb ist es wichtig, das komplexe Alternswissen einfach, anschaulich, lebendig, locker, aktivierend und bedürfnisgerecht zu vermitteln. Zudem muss die Relevanz der Lerninhalte für jeden Einzelnen außer Frage stehen (▶ Overview: »Vermarktung der Alternskompetenz-Entwicklung im Unternehmen: Welche Fragen Sie beantworten sollten«): Nicht nur Altern, sondern auch »Altern lernen« geht uns alle an! Und wenn wir uns vergegenwärtigen, dass Menschen ziemlich viel am »Modell lernen«, sollten die vermittelten Inhalte - insbesondere was die konkreten Maßnahmen des Demografie-Managements anbelangt (siehe Punkt 4 des vorherigen Overviews) - auch vorgelebt werden. Ein weiterer wichtiger Punkt bei der Vermittlung von Alternswissen ist, dass das Wissen nicht nur in eine Richtung vermittelt werden sollte, sondern auch interaktiv und im Austausch abläuft (▶ Overview »Alternswissen vermitteln: Warum und wie Sie Interaktion und Austausch fördern sollten«).

Alternswissen vermitteln: Warum und wie Sie Interaktion und Austausch fördern sollten.

Beim Lernen übers Altern brauchen wir Interaktion und Austausch, ebenso wie auch die Gelegenheit Fragen zu stellen und zu diskutieren. Denn nur so können wir überprüfen, ob wir die vermittelten Wissensinhalte auch richtig verstanden und gelernt haben. Zudem setzten wir uns dabei tiefer mit dem Altern auseinander, verknüpfen das neue Wissen mit bereits Gelerntem und können es so nachhaltiger in unseren Gedächtnisstrukturen verankern.

Einige der oben aufgeführten Formen der unternehmensweiten Alternswissens-Vermittlung sind ohnehin interaktiv bzw. können sehr gut interaktiv gestaltet werden. Was sich auch für eine interaktive Vermittlung des Alternswissens anbietet, vor allem weil ja alle Unternehmensangehörigen erreicht werden sollen, ist das E-Learning (oftmals auch Online-Lernen, Tele-Lernen, multimediales Lernen oder computergestütztes Lernen genannt).

Damit sind alle Formen des Lernens gemeint, bei denen elektronische oder digitale Medien für die Vermittlung von Lerninhalten verwendet werden. Unbedingt genutzt werden sollten auch die virtuellen Diskussionsforen Intranet, Online-Foren, Chat-Rooms, und Blogging. Insbesondere die jüngeren »*Digital Natives*«-Generationen Y und Z, für die das Alter(n) vermeintlich noch in weiter Ferne liegt, können über diese Kanäle effektiver erreicht werden.

Jedoch sollte es Ziel aller Aktivitäten der Alternswissens-Vermittlung sein, den Austausch über das Thema Altern unter den Unternehmensangehörigen zu fördern. Genauso normal wie in Unternehmen inzwischen über die Gesundheit am Arbeitsplatz diskutiert wird, soll auch über das Altern am Arbeitsplatz diskutiert werden - nicht zuletzt deshalb, weil wir einen Großteil unseres Lebens genau dort verbringen bzw. dort altern und die Arbeit sowie die betrieblichen Rahmenbedingungen (einschließlich des Verhältnisses zu den Kollegen und Vorgesetzten) einen enormen Einfluss darauf haben. Dieser informelle Austausch fördert nicht nur das gemeinsame Interesse am Thema Altern und die informelle Aktualisierung von Alternswissen. Er macht viel mehr, denn er verbessert die kollegiale Beratung und auch die gegenseitige Unterstützung bei der Bewältigung und Gestaltung des (eigenen) Alterns am Arbeitsplatz.

Natürlich sollte das kontinuierlich vermittelte Alternswissen auch überprüft werden. Eine besonders effiziente Methode ist die unternehmensweite Durchführung eines »Alternswissen-Quiz« in Fragebogenform (schriftlich oder Online-Fragebogen) mit anschließender Veröffentlichung der Ergebnisse und Ehrung des bzw. der Gewinner. Durch die Beantwortung der Fragen zum gelernten Alternswissen und die Rückmeldung über die Richtigkeit der Antworten wrd nicht nur das Wissen jedes Einzelnen korrigiert und vertieft, sondern es wächst auch die »Lust auf Mehr« Alternswissen, insbesondere bei vielen richtigen Antworten; schließlich ist ja Erfolg die beste Motivation. Zudem fördert und belebt die Durchführung eines »Alternswissen-Quiz« auch den Austausch und die Diskussionen über das Thema Altern unter den Unternehmensangehörigen. Gleichzeitig bietet dies auch die Gelegenheit, die Wirksamkeit der eingesetzten Qualifizierungsmaßnahmen zu evaluieren.

Mehr Wissen und Austausch durch das Alternswissens-Quiz!

Mit der unternehmensweiten Vermittlung von Alternswissen an das gesamte Personal sind wir einen großen Schritt weiter und haben das Qualifikationshindernis im Unternehmenswandel Demografie-Management nun fast überwunden. Um dieses Hindernis jedoch ganz zu beseitigen, ist es unerlässlich, das vermittelte Alternswissen gezielt zu vertiefen (»Alterns-Schulungen«) und die relevanten Fähigkeiten zur Alternsmeisterung gezielt zu entwickeln (»Alterns-Trainings«). Denn vor allem Führungskräfte, aber auch Arbeitnehmervertreter,

Mit Schulungen und Trainings die Alternsmeisterung sichern!

4

Aufsichtsräte und Betriebsärzte (bzw. Betriebspsychologen, Behinderten-, Gleichstellungs-, Gesundheits- und Sicherheitsbeauftragte) sowie die »*opinion leader*« eines Unternehmens müssen nun noch dahingehend qualifiziert werden, dass sie ihre Schlüsselrolle bei der nachhaltigen Umsetzung von Demografie-Management wirksam ausüben und erfüllen können: sie müssen ja nicht nur ihr eigenes Altern bewältigen und gestalten, sondern auch das Altern ihrer Mitarbeiter. Übergeordnetes Ziel der »Alterns-Schulungen« und »Alterns-Trainings« ist deshalb, die Bewältigung und Gestaltung des Alterns am Arbeitsplatz im Sinne der Alternsmeisterung (Alterns-Empowerment, Progressives Altern) zu einer gemeinsamen, kontinuierlichen (Führungs-)Aufgabe zu machen — es gilt die Mitarbeiter bei der Meisterung ihres Alterns zu unterstützen und diesen Prozess mitzugestalten (▶ Kap. 7, 8).

Bei der Durchführung der »Alterns-Schulungen« und »Alterns-Trainings« sollten Sie unbedingt alle genannten Handlungsempfehlungen 1:1 berücksichtigen und anwenden. Selbst wenn der Teilnehmerkreis dieser Qualifizierungsmaßnahmen viel spezifischer (Führungskräfte, Arbeitnehmervertreter, Betriebsärzte (bzw. Betriebspsychologen, Behinderten-, Gleichstellungs-, Gesundheits- und Sicherheitsbeauftragte), Aufsichtsräte, »*opinion leader*«) und kleiner ist (je nach Setting bis max. 15 Personen), gelten die gleichen Prinzipien wie bei der unternehmensweiten Vermittlung von Alternswissen:

1. Verwendung möglichst vieler unterschiedlicher Schulungs- bzw. Trainingsformen und -mittel
2. häufige Wiederholungen der Schulungs- bzw. Trainingsinhalte
3. einfache, anschauliche, lebendige und aktivierende Schulungs- bzw. Trainings-Gestaltung
4. interaktives Lernen und Austausch

Alternskompetenz schulen und trainieren: Handlungsempfehlungen

Auch die Schulungs- bzw. Trainingsinhalte sind im Prinzip dieselben (▶ Overview: »Lerninhalte ‚Alterns-Vermittlung‘: Was jeder im Unternehmen über das Altern und sein individuelles, betriebliches Management wissen sollte, nämlich…«). Nur wird jetzt das Alternswissen systematisch vertieft und die relevanten Fähigkeiten zur Alternsmeisterung gezielt trainiert bzw. entwickelt. Trotzdem gibt es bei der Durchführung der »Alterns-Schulungen« und »Alterns-Trainings« eine Besonderheit, die es unbedingt zu berücksichtigen gilt (▶ Overview »Altern schulen und trainieren: Was Sie dabei besonders beachten sollten«).

> **Altern schulen und trainieren: Was Sie dabei besonders beachten sollten**
> **Lernen übers Altern im Unternehmen macht Angst**
> Obwohl Unternehmensangehörige inzwischen gut auf gesundheitliche Themen anzusprechen sind, gilt dies noch lange nicht fürs Altern und schon gleich gar nicht am Arbeitsplatz. Altern »interessiert« erst einmal nicht, und wenn, dann ist es Privatsache.

Ähnlich wie anfangs (und zum Teil jetzt noch) beim betrieblichen Gesundheits-Management fürchten sich die meisten auch hier vor Bevormundung und Eingriffen in die Privatsphäre. Diese Befürchtungen kommen im viel kleineren Teilnehmerkreis der »Alterns-Schulungen« und »Alterns-Trainings« deutlich stärker zum Tragen. Denn hier ist das Lernen übers Altern und auch das Trainieren der Fähigkeiten zur Alternsmeisterung nicht mehr »anonym«. Das (eigene) Altern mit seinen vielfältigen privaten und sensiblen Aspekten ist keine Privatsache mehr, sondern wird zum Schulungs- bzw. Trainingsinhalt. Zudem fürchten sich speziell Führungskräfte auch vor einer Überforderung durch die Doppelbelastung mit Tagesgeschäft und der Zusatz-Führungsaufgabe Demografie-Management im Sinne der Mit-Bewältigung und Mit-Gestaltung des Alterns ihrer Mitarbeiter.

Wie Sie die resultierenden »Anfassungsschwierigkeiten« überwinden

Die resultierenden Anfassungsschwierigkeiten müssen bei der Gestaltung von »Alterns-Schulungen« und »Alterns-Trainings« unbedingt berücksichtigt werden.

1. Gefragt sind deshalb eine besonders vertrauensvolle Atmosphäre sowie Offenheit und Transparenz. Auch darf es bei der didaktischen Gestaltung keinesfalls an Lockerheit und Spaß fehlen, wenn die Teilnehmer ihr gelerntes Alternswissen und die Fähigkeiten zur Alternsmeisterung ausprobieren und anwenden.

2. Ganz wichtig ist auch, jeden Teilnehmer sowohl in seiner professionellen Rolle anzusprechen, aber auch als Privatperson. Die Schulungs- und Trainingsinhalte sollten für jeden Teilnehmer professionell und persönlich relevant gemacht werden: der Nutzen dieser »Alterns-Schulungen« und »Alterns-Trainings« für die Meisterung des eigenen Alterns im Privat- und Arbeitsleben, aber auch für die Meisterung des Alterns seiner Mitarbeiter im verantworteten Tagesgeschäft muss unmissverständlich klar sein.

3. Deshalb ist es unerlässlich, die Qualifizierungsmaßnahmen an die Bedürfnisse der jeweiligen Teilnehmer maßgeschneidert anzupassen. Dazu empfiehlt sich vorab oder zu Beginn der Schulung bzw. des Trainings den spezifischen Schulungsbzw. Trainingsbedarf zu ermitteln. Eine solche Bedarfsanalyse kann entweder in Form einer klassischen Befragung oder aber als interaktives »Alternswissen-Quiz« durchgeführt werden. Beide Verfahren, aber insbesondere natürlich die spielerische Quiz-Variante, sind gleichzeitig auch ein guter Einstieg in die Schulung bzw. ins Training: sie lockern die Atmosphäre auf, binden die Teilnehmer in die inhaltliche Gestaltung mit ein,

4

erhöhen die Aufmerksamkeit und die Motivation, sich aktiv und gemeinsam mit dem eigenen Altern und dem Altern im Unternehmen auseinanderzusetzen.

Aufgrund der methodischen und inhaltlichen Anforderungen der »Alterns-Schulungen« und »Alterns-Trainings« empfiehlt es sich, für die Planung und Durchführung externe psychologische Alternsexpertise hinzuzuziehen.

Sich mit dem eigenen Altern auseinandersetzen!

Bei der »Alterns-Schulung« geht es dann darum, das Alternswissen (► Overview »Lerninhalte ‚Alterns-Vermittlung': Was jeder im Unternehmen über das Altern und sein individuelles, betriebliches Management wissen sollte, nämlich…«) entsprechend dieser ganzen Prinzipien detaillierter zu vermitteln und zu vertiefen, und zwar immer mit Relevanz für die individuellen Anforderungen im beruflich-betrieblichen aber auch persönlich-privaten Bereich. Zur Vertiefung des vermittelten Alternswissens im Rahmen der »Alterns-Schulung« empfehlen sich Übungen, die die persönliche Reflexion, aber auch die Diskussion und den Austausch darüber unter den Teilnehmern anregen. Dazu soll den Teilnehmern eine strukturierte Gelegenheit gegeben werden, sich mit dem eigenen Altern im Privat- und Berufsleben, aber auch dem Altern ihrer Mitarbeiter auseinanderzusetzen. Um diesen Prozess systematisch zu gestalten, sollten für die Teilnehmer aus dem vermittelten Alternswissen betriebs- bzw. gruppenspezifische Fragen abgeleitet werden, die jeder zunächst für sich beantwortet, um sie danach gemeinsam in der Gruppe zu diskutieren und sich darüber auszutauschen (► Overview »‚Alterns-Schulung': Mögliche Fragenkomplexe für vertiefende Alternswissens-Übungen«).

Alterns-Schulung: Mögliche Fragenkomplexe für vertiefende Alternswissens-Übungen
Alternswissen
1. Welche Anforderungen unseres neuen Alterns im 21. Jahrhunderts sehen Sie für sich selbst in ihrem Privat- und Berufsleben, aktuell und in kommenden Lebensphasen? Wie erleben Sie diese Anforderungen? Welche neuen Anforderungen ergeben sich aus dem Altern Ihrer Mitarbeiter für Ihre berufliche Tätigkeit, aktuell und in kommenden Berufsphasen?
2. Was ist Altern für Sie? Wie erleben Sie Ihr eigenes Altern? Welche Veränderungen (körperlich, psychisch, sozial) erfahren Sie? Welche Veränderungen kommen Ihrer Meinung nach in den künftigen Lebens- und Berufsphasen noch auf Sie zu? Wie wirken sich diese aktuellen, zukünftigen Veränderungen aus (insb. auf Gesundheit, Qualifikation, Motivation; Arbeits-/Leistungsfähigkeit; Zufriedenheit, Lebensqualität, Wohlstand)? Welche Lebens- und Arbeitsbereiche sind besonders betrof-

fen? Wie empfinden Sie das Altern ihrer Mitarbeiter, und welche Veränderungen (körperlich, psychisch, sozial) sehen Sie in Bezug auf deren Arbeits-/Leistungsfähigkeit, Gesundheit, Qualifikation, Motivation und Zufriedenheit? Wie wirken sich diese Veränderungen konkret auf Ihren Arbeitsbereich, Ihre Tätigkeit aus? Welche Alterns-Risiken und -Chancen sehen Sie insgesamt für Privat- und Berufsleben, aktuell und in Zukunft?

Alternsmeisterung

1. Wie bewältigen Sie Ihre spezifischen Alterns-Anforderungen im Privat- und Berufsleben, jetzt und in Zukunft? Wie gehen Sie mit Ihrem eigenen Altern, den genannten Veränderungen und deren Auswirkungen um, aktuell und in Zukunft? Was tun Sie konkret bzw. werden Sie konkret tun, um erfolgreich zu altern — d. h. wie erhalten Sie Ihre körperliche, psychische und soziale Gesundheit sowie Qualifikation, Motivation, Arbeits-/Leistungsfähigkeit, Zufriedenheit, Lebensqualität, Wohlstand Ihr viel längeres (Arbeits-)Leben lang? Wie gehen Sie mit dem Altern Ihrer Mitarbeiter um, aktuell und in Zukunft? Was tun Sie konkret bzw. werden Sie konkret tun, damit auch Ihre Mitarbeiter am Arbeitsplatz erfolgreich altern — d. h. wie tragen Sie dazu bei, deren Gesundheit, Qualifikation, Motivation, Arbeits-/Leistungsfähigkeit und Zufriedenheit zu erhalten?

2. Welche konkreten betrieblichen Handlungs- und Gestaltungsmöglichkeiten (konkrete Maßnahmen des jeweiligen betrieblichen Demografie-Managements) sehen Sie für den Umgang mit Ihrem eigenen Altern, aber auch für den Umgang mit dem Altern Ihrer Mitarbeiter, aktuell und in Zukunft? Wenden Sie bereits konkrete Maßnahmen an? Wenn ja, welche Maßnahmen wenden Sie an und wie? Welche Erfahrungen haben Sie dabei gemacht?

Eine weniger »persönliche« Vorgehensweise bei der Durchführung solcher vertiefender Alternswissens-Übungen ist die Vorgabe von fiktiven Antworten auf diese Fragen. In Kleingruppen oder aber auch in der Gesamtgruppe können diese dann anstatt der persönlichen Antworten der Teilnehmer gemeinsam reflektiert und diskutiert werden. Die persönlichen Antworten aus der alleinigen Bearbeitung der Fragen verbleiben dadurch anonym bei den einzelnen Teilnehmern. Eine weitere Möglichkeit, das vermittelte Alternswissen zu vertiefen, ist die Vorgabe von fiktiven Alterns-Fallbeispielen aus unterschiedlichen Lebens- bzw. Berufsphasen, zu denen spezifische Fragen gestellt werden (z. B. Sie bemerken, dass Sie/einer Ihrer Mitarbeiter nicht mehr so körperlich belastbar sind/ist wie früher; Sie werden auch schon von Ihren Kollegen darauf angesprochen: woran könnte das liegen und was tun Sie?). Durch die Bearbeitung dieser Fälle mit anschließender

Altern lernen am Beispiel!

Alterns-Training: Jeder soll zum Meister seines eigenen Alterns werden!

Nicht nur, aber auch den Pensions-Schock vermeiden lernen!

Erfolgreiches Altern durch rechtzeitige Standortbestimmungen!

gemeinsamer Reflexion und Diskussion lernen die Teilnehmer das vermittelte Alternswissen theoretisch anzuwenden.

Zur praktischen Anwendung des Alternswissens kommt es dann, *last but not least*, beim »Alterns-Training«. Im Rahmen dieser Qualifizierungsmaßnahme geht es um den systematischen Erwerb der Fähigkeiten zur Alternsmeisterung (▶ Overview »Alternsmeisterung: Erfolgreich altern mit der ‚Psychologie des Alterns'«). Ziel dabei ist, das »Alterns-Empowerment« sowie das »Progressive Altern« jedes Einzelnen systematisch anzuregen, zu fördern und zu unterstützen: Jeder soll zum Meister seines eigenen Alterns werden. Da wir weder persönliche noch gesellschaftliche Vorbilder für unser neues Altern haben, muss jeder lernen, sein eigenes Altern neu zu erfinden - d. h. sein neues langes (Arbeits-)Leben gedanklich vorwegzunehmen, sich darauf vorzubereiten und sein Altern eigenverantwortlich zu gestalten -, und zwar von Anfang an, ein Leben an. »Alterns-Trainings« sollten deshalb immer die individuellen Bedürfnisse in den unterschiedlichen Lebens- bzw. Berufsphasen über die gesamte (Erwerbs-) Laufbahn berücksichtigen. Somit umfasst diese Qualifizierungsmaßnahme weit mehr als nur Vorbereitungskurse auf den Ruhestand für älteres Unternehmenspersonal - obwohl solche Maßnahmen zweifelsohne wichtig sind und in ihrer Bedeutung keinesfalls vernachlässigt werden dürfen.

Schließlich ist das Ausscheiden aus dem Berufsleben eines unserer kritischsten Lebensereignisse, das früher oder später jeden von uns trifft und bewältigt werden muss. Denn der Ruhestand ist aufgrund unserer gestiegenen Lebenserwartung fast nochmal ein ganzes Leben, das nicht einfach ausgesessen werden kann, sondern pro-aktiv gestaltet werden muss. Denn im Sinne des »Progressiven Alterns« sollte der Ruhestand keinesfalls »ruhig«, sondern vielmehr »tätig« verlaufen, damit wir unsere körperliche, psychische und soziale Gesundheit auch in dieser Lebensphase erhalten können. Es »lohnt« sich also nicht nur zeitlich, für diese Lebensphase nochmals neue Ziele zu setzen und diese zu verfolgen. Kurse zur Vorbereitung auf den Ruhestand verbessern die Anpassung an diese lange nachberufliche Phase. Die meisten erleben die obligatorische Pensionierung als ungewollten und abrupten Schock. Deshalb lernen Teilnehmer, sich frühzeitig mit dieser kommenden Lebensphase auseinanderzusetzen und sich mit konkreten Zielsetzungen und Schritten darauf vorzubereiten. Außerdem wird so auch die persönliche Auseinandersetzung mit dem eigenen Altern bzw. Älterwerden gefördert. Regelmäßig geführte Gruppengespräche behandeln den individuellen Alternsprozess und die persönliche Zukunftsperspektive.

Doch was für die nach-beruflichen Phase gilt, gilt natürlich auch für alle beruflichen Phasen davor: Erfolgreiches Altern erfordert regelmäßige und früh- bzw. rechtzeitige Standortbestimmungen (sog. »Alterns-Perspektiven-Workshops«) zur individuellen Planung und Gestaltung unseres Lebens bzw. unseres Lernens, Arbeitens und Freizeitmachens über die gesamte Lebens- bzw. Erwerbslaufbahn;

schließlich hat unser bewährtes Lebensablauf-Modell »Bildung im jungen Alter, Arbeit im mittleren Alter, Freizeit im höheren Alter (Ruhestand)« als Wegweiser ja schon lang ausgedient. Damit wir das, was wir für unser weiteres Leben bzw. Altern planen und gestalten, auch tatsächlich tun, müssen wir daran glauben und es spüren, dass wir das dann auch wirklich tun *können* (▶ Overview » ‚Alterns-Training‘: Alterns-Empowerment lernen«).

»Alterns-Training«: Alterns-Empowerment lernen
Erfolgreiches Altern bzw. Alternsmeisterung beginnt mit dem Prozess der Selbst-Bemächtigung im Sinne von Selbst-Wirksamwerden. Die Förderung des »Alterns-Empowerment« darf deshalb in keinem »Alterns-Training« fehlen.

Es geht darum, die Teilnehmer für ihr eigenes Altern bzw. das Altern ihrer Mitarbeiter zu bemächtigen, und zwar durch das Training von Selbstwirksamkeit und Unterstützen der Selbstorganisation bzw. des Selbstmanagements. Selbstwirksame Menschen glauben und fühlen bzw. haben das Vertrauen, selbst etwas bewirken zu können. Sie trauen sich zu, bestimmte Dinge machen zu können. Durch spezifische kognitive und emotionale Übungen kann die weit verbreitete, jedoch ja nur gedachte und gefühlte Macht- und Einflusslosigkeit gegenüber dem Altern überwunden werden.

Bezogen auf die Alternsmeisterung verbessert eine hohe Selbstwirksamkeit nicht nur die geschätzte Einflussmöglichkeit und Handlungsmöglichkeiten in Bezug auf das eigene Altern und auf das Altern der Mitarbeiter, sondern auch die tatsächliche Einflussnahme. Denn individuelle, betriebliche und gesellschaftliche Einflussmöglichkeiten können besser wahrgenommen und genutzt werden.

Ohne »Alterns-Empowerment« altern wir ziemlich sicher »unter unseren Möglichkeiten« und bleiben damit ein Leben lang unter unserer eigentlich möglichen biologisch-körperlichen, psychischen und sozialen Funktions- und Leistungsfähigkeit bzw. Gesundheit. Damit wir unsere Alterns-Möglichkeiten jedoch optimal nutzen können, brauchen »Alterns-Trainings« noch einen zweiten Baustein, nämlich das Training von »Progressivem Altern« (▶ Overview » ‚Alterns-Training‘: Progressives Altern lernen«).

Ohne Alterns-Empowerment altern wir unter unseren Möglichkeiten!

»Alterns-Training«: Progressives Altern lernen
1. Übungen zur Auseinandersetzung mit den anstehenden Lebens-, Ausbildungs-, Berufsfragen des neuen Alterns in jedem Lebensalter
2. Übungen zur Akzeptanz des Alterns mit seinen Gewinnen *und* Verlusten

4

3. Übungen zur Anwendung des Progressiven Mini-Max-Prinzip des Alterns
    –   Alterns-Risiken erkennen und minimieren lernen: Einüben spezifischer körperlichen, psychischen, sozialen Präventions- und Kompensationsstrategien zur Verhinderung und Bewältigung körperlicher, psychischer, sozialer Alterns-Verluste
    –   Alterns-Chancen erkennen und maximieren lernen: Einüben spezifischer körperlichen, psychischen, sozialen Optimierungsstrategien zur Förderung körperlicher, psychischer, sozialer Alterns-Gewinne
4. Übungen zur Anwendung des Progressiven Mini-Max-Prinzip des Alterns im Rahmen des jeweiligen betrieblichen Demografie-Managements und der zur Verfügung stehenden Maßnahmen
5. Übungen zur Erzeugung einer progressiven Alterns-Einstellung (positiv-realistische Einstellung zum eigenen Altern und zum Altern der anderen und zu seiner individuellen und betrieblichen Meisterung; ▶ Kap. 5)

Altern lernen heißt auch Lernen lernen.

Wichtig in diesem Zusammenhang ist auch das gesonderte Training der Lernbereitschaft und der Lernfähigkeit: Denn Lernen sollte für alle Lebensalter im Sinne des »Lebenslangen Lernens« selbstverständlich werden: Lernen bzw. Bildung ist ein zentraler Pfeiler der Alternsmeisterung und sollte deshalb lebenslanges Recht aber auch Pflicht sein.

Altern lernen heißt primär »sein eigenes Leben leben« lernen!

Progressives Altern lernen heißt auch, bei der (1) Auseinandersetzung mit den anstehenden Alternsfragen, bei der (2) Akzeptanz des Alterns, beim (3) Minimieren der Alterns-Risiken bzw. Maximieren der Alterns-Chancen und auch bei der (4) Anwendung Demografie-orientierter Maßnahmen immer seine individuellen Bedürfnisse, Wünsche und Ziele zu berücksichtigen und oftmals auch anzupassen lernen. Das oberste Ziel ist, den Einzelnen so zu befähigen, dass er »sein eigenes Leben (Altern) lebt« und am Lebensende sagen kann: »Ich hatte ein erfülltes Leben und bin jetzt bereits zu gehen.« Schließlich gilt es das zu vermeiden, was Sterbende am meisten bedauern, nämlich nicht den Mut gehabt zu haben, sein eigenes Leben zu leben und primär Dinge getan zu haben, von denen man glaubte, dass andere sie erwarten.

Altern begleiten lassen!

Neben »Alterns-Schulungen« und »Alterns-Trainings« darf auch keinesfalls die Bereitstellung der notwendigen Infrastruktur, der personellen und finanziellen Ressourcen sowie die Festlegung von Verantwortlichkeiten im jeweiligen Demografie-Management Projekt vernachlässigt werden. Auch mögliche Hindernisse in der Unternehmensstruktur sowie in Personalmanagement- und Informationssystemen, die der Umsetzung, Anwendung und Beibehaltung Demografie-orientierter Maßnahmen im Weg stehen, gilt es zu beseitigen. Zudem empfiehlt sich auch der Einsatz professioneller »Alterns-Begleitung« vor allem bei Führungskräften. Denn bei der Entwicklung von Alterns-Kompetenz geht es häufig um höchst sensible, sehr persönliche Alternsfragen des Einzelnen, die nicht nur das Berufsleben, sondern auch das Privatleben betreffen und im Gruppensetting nicht bearbeitet werden sollen. »Alterns-Begleitung«, durchgeführt von externen psychologischen Alternsexperten, beantwortet und hilft in allen Fragen rund ums Altern und unterstützt professionell bei der individuellen Gestaltung des Alterns, und zwar bedürfnis- und lebensphasenorientiert. Zudem gibt sie »Hilfe zur Selbsthilfe« bei der Bewältigung der neuen Herausforderungen unseres neuen Alterns. »Alterns- Begleitung« *empowered* für erfolgreiches, progressives Altern über die Lebensspanne.

Damit sind wir nun am Ende der Alterns-Qualifizierung angelangt: das Unternehmen ist jetzt nicht nur alterns-bewusst (▶ Kap. 3), sondern auch alterns-kompetent, d. h. es verfügt über das notwendige Alternswissen und auch über die relevanten Fähigkeiten zur Alternsmeisterung (Alterns-Empowerment, Progressives Altern). Um wieder in unserem Bilde zu sprechen: die Unternehmensangehörigen, die sich aufgrund der Alterns-Sensibilisierungsmaßnahmen in Position gebracht haben, um im »Demografie-/Alterns-Sturm« rechtzeitig die »Segel zu setzen«, *können* diese aufgrund der Alterns-Qualifizierungsmaßnahmen nun auch setzen.

Ready to age! Ihr Unternehmen ist jetzt alterns-kompetent!

Motivieren! Altern muss gewollt werden (Säule 3)

5

» Nicht das Alter(n) ist das Problem, sondern unsere Einstellung dazu. (Marcus Tullius Cicero) «

Inzwischen haben wir die Unternehmensangehörigen fürs Demografie-Management nicht nur sensibilisiert (Säule 1: Alternsbewusstsein, ► Kap. 3), sondern auch qualifiziert (Säule 2: Alternskompetenz, ► Kap. 4). Der nächste logische Schritt in unserem Vorhaben, ein Unternehmen »*ready*« zu machen für die nachhaltige Umsetzung von Demografie-Management, ist deshalb die Förderung der Motivation fürs Altern und sein betriebliches Management (Alternsmotivation). Dieses Kapitel widmet sich der dritten Säule des erfolgreichen Demografie-Managements, die das in der Praxis ebenso weit verbreitete, personale »Motivationshindernis« im Unternehmenswandel Demografie-Management überwindet. Ängste und Widerstände werden reduziert, Akzeptanz und Vertrauen aufgebaut. Basierend auf der »Psychologie des Alterns« hilft Ihnen das Kapitel zu verstehen, *was* mit dem personalen Erfolgsfaktor »Alternsmotivation« gemeint ist (*Know-What*), und *warum* dieser so wichtig ist für die Umsetzung von Demografie-Management (*Know-Why*). Doch auch hier beschäftigen wir uns nicht nur damit, was idealerweise sein sollte, sondern auch damit, wie Sie diesen personalen Erfolgsfaktor konkret im Unternehmen realisieren können. Das Kapitel unterstützt Sie mit praxisnahem Wissen und konkreten Handlungsempfehlungen, damit Sie die Etablierung der Alternsmotivation in der betrieblichen Praxis erfolgreich meistern (*Know-How*).

5.1   Altern? Will ich nicht!

Alternskompetenz ist notwendig, aber nicht hinreichend für erfolgreiches Demografie-Management.

Zu Beginn dieses Kapitels müssen wir uns wieder die Frage stellen, ob sich nun die »Gewohnheitstiere« Menschen in einem Unternehmen ändern, wenn sie durch alternsorientierte Sensibilisierungs- und Qualifizierungsmaßnahmen (► Kap. 3, 4) nicht nur ein gemeinsames Bewusstsein für das Problem »demografischer Wandel, Altern« und seine Lösung »Demografie-Management« entwickelt haben, sondern auch über die notwendigen Kompetenzen (Alternswissen, Fähigkeiten zur Alternsmeisterung) verfügen? Setzen sie nun tatsächlich die Segel im »Demografie-/Alterns-Sturm« und tragen den besonderen Unternehmenswandel Demografie-Management ohne Angst und ohne Widerstand mit? Leider ist dem wieder nicht so. Die Unternehmensangehörigen verharren immer noch in der Position zum Segelsetzen. Sie sind sich zwar der Dringlichkeit und Notwendigkeit des tatsächlichen Segelsetzens bewusst und sind nun auch dafür ausreichend qualifiziert. Trotzdem haben die Gewohnheitstiere immer noch Angst vor den Veränderungen »Altern« und »Demografie-Management«, und die Widerstände sind nach wie vor groß – auch wenn diese aufgrund der Qualifizierungsmaßnahmen weniger hartnäckig geworden und Vertrauen und Akzeptanz weiter gestiegen sind. Zu Recht werden Sie sich nun schon etwas ungeduldiger fragen, warum das so ist und ob die ganze »Qualifiziererei« auch umsonst war. Aber auch hier kann ich Sie wieder beruhigen: die Alternskompetenz-Entwicklung war keinesfalls umsonst, ganz im Gegenteil. Im Unternehmenswandel Demografie-Management ist sie eine weitere Grundvoraussetzung für den Abbau von Widerständen und die Schaffung von Akzeptanz und Vertrauen. Alternskompetenz-Entwicklung überwindet das in der Praxis ebenso weit verbreitete Umsetzungs-Hindernis im Demografie-Management: das **Qualifikationshindernis**. Unternehmensweite Alternskompetenz ist absolut *notwendig* für die erfolgreiche Umsetzung, Anwendung und Beibehaltung von Demografie-Management, jedoch wieder *nicht hinreichend*.

Denn wir Menschen sind hartnäckige »Gewohnheitstiere«: Nur weil wir uns einem Problem bewusst sind, darum wissen und es auch lösen können, heißt das noch lange nicht, dass wir dies auch tatsächlich tun. Schließlich kennt das jeder von sich selbst nur zu gut, dass zwischen dem, was man darüber weiß, was gut für einen wäre (z. B. gesunde Ernährung, regelmäßige Bewegung), und dem, was man im Alltag tatsächlich davon tut, eine große Diskrepanz besteht. Denn wir tun bzw. verändern uns nur dann, wenn wir dies auch wirklich *wollen*. Nur allzu oft steckt hinter einem »weiß ich nicht« oder »kann ich nicht« eigentlich ein »will ich nicht«, »mag ich nicht«. Für Ihr Veränderungsvorhaben »Demografie-Management« bedeutet dies: Nur weil die Unternehmensangehörigen über das notwendige Alternsbewusstsein, Alternswissen und auch die Fähigkeiten zur Alternsmeisterung verfügt, heißt das noch lange nicht, dass das eigene Altern bzw. das Altern im Unternehmen auch gemeistert wird. Ein »alterns-sensibilisiertes« und »alterns-qualifiziertes« Unternehmen ist noch nicht »*ready*« für den Unternehmenswandel Demografie-Management. Es muss auch »alterns-motiviert« sein. Schließlich muss Altern und sein Management auch gewollt werden, damit Demografie-Management nachhaltig umgesetzt werden kann.

Denn jede Veränderung, personal wie organisational, erfordert meist eine Veränderung des eigenen Verhaltens, des Tuns. Auch unser neues Altern erfordert ein neues Tun, und zwar im Sinne der Alternsmeisterung (Alterns-Empowerment, Progressives Altern, ▶ Kap. 4) und damit der Umsetzung und Anwendung von Demografie-orientierten Maßnahmen. Jedes neue Tun muss nicht nur bewusst, gekannt und gekonnt, sondern auch gewollt werden. Und dieser Wille bzw. die Motivation zum erfolgreichen Altern durch Alternsmeisterung (**Alternswille** bzw. **Alternsmotivation**) ist letztlich eine Einstellungssache. Natürlich spielen unsere persönlichen Motive und Bedürfnisse, konkrete Ziele bzw. Absichten und Pläne auch eine wichtige Rolle. Aber in erster Linie bestimmen unsere Einstellungen, was wir wollen und damit unser tatsächliches Tun: **Unser Verhalten beginnt mit unserer Einstellung**. Was wir in Bezug auf unser Altern tun, hängt deshalb primär von unserer Einstellung zum Altern, zu seiner individuellen und betrieblichen Meisterung sowie zu den einzelnen Demografie-orientierten Maßnahmen ab. Damit wird auch die Nachhal-

Altern (managen) muss auch gewollt werden!

Altern ist primär Einstellungssache.

tigkeit der Umsetzung von betrieblichem Demografie-Management letztlich zur Einstellungssache, und zwar zur »Alterns-Einstellungssache« der Unternehmensangehörigen (▶ Overview: »Alternsmotivation im Unternehmenswandel Demografie-Management«).

Alternsmotivation im Unternehmenswandel Demografie-Management

Der Alternswille bzw. die Alternsmotivation im Unternehmenswandel Demografie-Management (und darüber hinaus) wird beeinflusst von vier Faktoren:

1. **(Alterns-)Einstellung:** Einstellung zum eigenen Altern und zum Altern der anderen (Kollegen, Mitarbeiter, Vorgesetzte), zu seiner individuellen, betrieblichen Meisterung sowie zu den einzelnen demografieorientierten Maßnahmen des jeweiligen Demografie-Managements
2. **(Alternsbezogene) Persönliche Motive, Bedürfnisse** (z. B. so lange wie möglich aktiv zu bleiben)
3. **(Alternsbezogene) Ziele, Absichten** (z. B. den Ruhestand vor seinem Eintritt gestalten)
4. **(Alternsbezogene) Pläne** (z. B. die Teilnahme an einem konkreten Vorbereitungskurs)

Dabei ist die Alterns-Einstellung *der* Schlüsselfaktor unserer Alternsmotivation und damit unseres Verhaltens in Bezug auf das eigene Altern und das Altern der anderen sowie dessen individuelle, betriebliche Meisterung (u. a. mittels Demografie-Management).

Doch unsere (Alterns-)Einstellungen beeinflussen weit mehr als unser Wollen und damit unser Tun. (Alterns-)Einstellungen sind relativ überdauernde positive oder negative Bewertungen; diese bestimmen unbewusst, und mehr als alles andere (wie z. B. unser Wissen), unser gesamtes

1. Denken (z. B. positive oder negative Wahrnehmung, Meinung von alternsbedingten Veränderungen),
2. Fühlen (z. B. Zuversicht oder Angst in Bezug auf alternsbedingte Veränderungen),
3. Handeln (z. B. Auseinandersetzung mit oder Verleugnung von alternsbedingten Veränderungen).

Alterns-Einstellungen bestimmen unser Denken, Fühlen und Handeln.

Die **Psychologie des Alterns** spricht deshalb auch vom »**ABC der Einstellungen**«: (Alterns-)Einstellungen äußern sich **a**ffektiv (in unseren Gefühlen), **b**ehavioral (in unserem Verhalten) und (**c**)kognitiv (in unseren Kognitionen wie Wahrnehmen und Denken). Wenn (Alterns-)Einstellungen besonders ausgeprägt sind, und zwar besonders positiv oder negativ (meist negativ), und die Einstellungsinhalte auch nicht realitätsgerecht sind, dann haben wir es mit (Alterns-) Vorurteilen zu tun. Diese bestimmen ebenfalls unser Denken (z. B. negative Wahrnehmung und Meinung von der Leistungsfähigkeit älterer Mitarbeiter), Fühlen (z. B. Abneigung gegenüber älteren Mitarbeitern) und Handeln (z. B. Diskriminierung älterer Mitarbeiter). Nimmt man die Gesamtheit der individuellen und gesellschaftlichen Einstellungen zum Alter, zum Altern und zu älteren Menschen zusammen, dann ergeben sich die sog. Altersbilder des Einzelnen und einer Gesellschaft. Und diese Altersbilder bestimmen auch wieder unser Denken, Fühlen und Handeln in Bezug auf das Altern (mehr zur Alternskultur ▶ Kap. 8).

Altern ist primär eine Frage unserer Einstellungen. Der allseits bekannte Satz »Wir sind so jung, wie wir uns fühlen« (und wie man sich fühlt, darüber entscheiden unsere Einstellungen) ist kein Wunschdenken, sondern Wirklichkeit. Aus der Psychologie des Alterns wissen wir, dass wir das Altern bzw. Älterwerden zwar nicht aufhalten, aber verlangsamen, positiv beeinflussen und gestalten können. Nicht dass wir altern, aber wie wir altern, ist schließlich nur zu 30 % genetisch bedingt. Mehrheitlich entscheidet unser Tun im Sinne der Alternsmeisterung (Alterns-Empowerment, Progressives Altern; ▶ Kap. 4) – und noch viel mehr unsere Einstellung zum Altern. Bereits Cicero wusste, dass unser Problem nicht das Alter(n) an sich ist, »sondern unsere Einstellung dazu.« Später formulierte Mark Twain diese Erkenntnis etwas provokativer:

> » Age is an issue of mind over matter. If you don't mind, it doesn't matter. «

Age is an issue of mind over matter.

Beide Aussagen haben ihre Gültigkeit behalten und sogar neue Aktualität gewonnen. Denn unsere Alterns-Einstellungen beeinflussen, wie wir in Bezug auf das Altern denken (Altern als Bedrohung oder als Chance wahrnehmen), fühlen (Angst vorm Altern oder Zuversicht) und handeln (Nicht-Nutzen oder Verwirklichung von Entwicklungsmöglichkeiten: Alternsmeisterung), und noch viel mehr: Alterns-Einstellungen bestimmen unsere körperliche, psychische und soziale Gesundheit, über unsere Lebensspanne und sogar Lebenserwartung. Denn wer die Einstellung hat, dass Altern mehr Freiräume und Möglichkeiten mit sich bringt, der lebt im Schnitt länger, und zwar unabhängig von Einkommen und Gesundheit. Auch lassen uns negative Einstellungen zum Altern älter aussehen. Ebenso »haus- bzw. einstellungs-gemacht« sind auch unsere Ängste und Tabus rund ums Altern. Altern an sich macht noch keine Angst und ist auch nicht notwendigerweise ein Tabu. Erst eine negative Einstellung besetzt Altern mit Ängsten und Tabus. Und erst dann tun wir uns schwer mit dem Altern, wehren uns dagegen und leisten Widerstand.

Alterns-Einstellungen bestimmen Aussehen, Gesundheit und Lebenserwartung.

Die Macht unserer Alterns-Einstellungen wirkt auch über den ebenso allseits bekannten Mechanismus der »selbsterfüllenden Pro-

Altern ist eine selbsterfüllende Prophezeiung.

5

phezeiung«: Wenn wir überzeugt sind, dass Altern zwangsläufig nur körperlichen und geistigen Abbau, Defizite und Verluste mit sich bringt, umso wahrscheinlicher wird dies auch tatsächlich eintreten – nicht zuletzt deshalb, weil wir uns entsprechend dieser Einstellung verhalten und auch gegen die vermeintlich »zwangsläufigen« Veränderungen des Alterns nichts unternehmen werden; wir befinden uns in einer Art »**Alterns-Angststarre**«. Und es wird genau das eintreten, was wir verdrängen und wovor wir uns beim Altern am meisten fürchten.

Andere bestimmen, wie wir alt werden.

Doch es sind nicht nur die eigenen Einstellungen, die unser Altern bestimmen, sondern auch die Einstellungen der anderen Menschen und der Gesellschaft. Denn wir denken, fühlen und handeln nicht nur entsprechend unseren eigenen Einstellungen, sondern auch entsprechend der Einstellungen der Anderen. Und meist besteht eine große Diskrepanz zwischen dem, was man selbst tun möchte und tun kann, und dem, was die Anderen aufgrund ihrer Einstellungen von einem erwarten. Deshalb leben und altern wir oftmals unter unseren Möglichkeiten, vor allem weil wir meistens mit negativen Alterns-Einstellungen bzw. Vorurteilen und negativen Altersbildern konfrontiert sind, die nichts mit der Realität und unseren tatsächlichen Möglichkeiten zu tun haben: so sinkt z. B. die Leistungsfähigkeit älterer Mitarbeiter oftmals nur deshalb, weil andere ihnen so begegnen, und sie sich dann unbewusst danach verhalten (selbsterfüllende Prophezeiung), und nicht, weil die Leistungsfähigkeit tatsächlich abnimmt. Auch fühlen sich die meisten nur deshalb alt, weil sich andere ihnen gegenüber so verhalten, und nicht, weil sie sich selbst tatsächlich alt fühlen: Zum ersten Mal alt fühlen wir uns dann, wenn uns andere in der Straßenbahn den Sitzplatz anbieten.

Alterns-Vorurteile machen uns das Leben schwer.

Die Zukunft unseres Alterns ist also eine Einstellungssache. Deshalb ist auch erfolgreiches Altern – und damit der Unternehmenswandel Demografie-Management – eine Frage der Einstellung, und zwar der positiv-realistische Einstellung zum eigenen Altern, zum Altern der anderen und zu seiner individuellen und betrieblichen Meisterung. Doch diese ist leider ebenso Mangelware, wie das Alternswissen, und zwar erneut auf individueller, betrieblicher und gesellschaftlicher Ebene. Oftmals bedingt sich dies auch gegenseitig, denn falsches Wissen geht meist mit zu negativen (oder zu positiven) Einstellungen einher, die nichts mit der Realität zu tun haben (Vorurteile). Und wir wissen nur allzu gut, dass »kenn ich nicht« meist ein »mag ich nicht« bzw. »will ich nicht« nach sich zieht. Genauso viele Ängste, wie es vor dem Altern gibt (▶ Kap. 2), genauso viele negative Einstellungen bzw. Vorurteile gibt es gegenüber dem Altern – oder vielleicht auch genau deswegen. Denn es sind ja unsere Einstellungen, die uns Angst vorm Altern machen. Es gibt kaum ein Thema, das mit so vielen Vorurteilen besetzt ist, wie das Altern (▶ Overview »Die häufigsten Vorurteile über das Altern«).

> **Die häufigsten Vorurteile über das Altern**
> - »Altern macht uns alle kränker und dement.«
> - »Altern ist nur Abbau und Verlust.«
> - »Altern heißt, nichts mehr Neues lernen können.«
> - »Prävention, Behandlung und Rehabilitation sind überflüssig im Alter.«
> - »Altern macht unzufriedener und unglücklicher«
> - »Im Alter werden wir alle ärmer.«
> - »Früher oder später landet jeder im Heim.«
> - »Je älter man wird, desto mehr fällt man anderen zur Last.«
> - »Altern beginnt mit 65, und das Alter sagt alles aus über eine Person.«
> - »Altern ist ein automatisches biologisches Programm, das bei jedem gleich abläuft.«
> - »Altern ist ein Schicksal, das man nicht beeinflussen kann.«

Bereits seit der Antike gehen die Meinungen darüber auseinander, ob das Alter(n) ein Segen oder ein Fluch ist. Es scheint, als ob das »Altern ist ein Fluch«-Lager gewonnen hat. Denn die Vorurteile gegenüber dem Altern dominieren nicht nur die Köpfe der Einzelnen, sondern auch (als negative Altersbilder) die Unternehmens- und Führungskultur in Betrieben sowie unsere Gesellschaft (▶ Kap. 8). Zudem spuken diese negativen Bilder über das Altern schon in den Köpfen von sechsjährigen Kindern herum. Unsere negativen Alterns-Einstellungen sind inzwischen so normal und alltäglich geworden, dass die meisten von uns glauben, sie sind tatsächlich richtig. Aber glücklicherweise sind sie alles andere als richtig. Denn unsere Einstellungen (ebenso wie unser Wissen) beruhen auf dem Defizit-/Risiko-Modell des Alterns, das den wirklichen Tatsachen des Alterns nicht gerecht (▶ Kap. 4). Obwohl dieses Modell in empirischen Studien längst widerlegt wurde, glauben die meisten von uns immer noch, dass es beim Altern zunächst zwar aufwärts geht bis zum Höhepunkt mit 50 Jahren, und es von da an nur noch bergab geht; Abbau, Defizite, Verluste und Schwächen drohen und Altern wird damit zum Risiko für jeden Einzelnen, Wirtschaft und Gesellschaft. Das Dramatische daran ist, dass wir unbewusst danach denken, fühlen und handeln, und damit die Zukunft unseres Alterns gefährden.

Wir denken, fühlen und handeln nach dem Defizit-/Risiko-Modell des Alterns.

Besonders ausgeprägt sind unsere Alterns-Vorurteile in der Arbeitswelt, die primär die älteren Arbeitnehmer eines Unternehmens betreffen. Die bis vor wenigen Jahren gängige Personalpraxis der Frühverrentungsprogramme und Vorruhestandsregelungen sowie der rationalisierungsbedingte Abbau von Arbeitsplätzen gerade älterer Arbeitnehmer hat nicht nur zu einer geringen Erwerbsbeteiligung älterer Menschen geführt, sondern auch die Alterns-Vor-

Alterns-Vorurteile dominieren vor allem die Arbeitswelt.

urteile persistent und veränderungsresistent gemacht. Die Ängste vor altersbedingtem Verlust von Arbeitsplatz, Position, Ansehen und Status, Wertschätzung sowie Befürchtungen von altersbedingten Benachteiligungen wurden zur harten Realität. Ältere Arbeitnehmer haben einen enorm schlechten Ruf im Arbeitsleben, obwohl sie besser qualifiziert und leistungsfähiger sind, als jede Generation vor ihnen. Die Vorurteile gegenüber älteren Arbeitnehmern wurden zwar längst empirisch vielfach widerlegt. Trotzdem dominieren sie weiterhin ziemlich alle Bereiche des Arbeitslebens (▶ Overview »Die häufigsten Vorurteile übers Altern im Arbeitsleben«).

Die häufigsten Vorurteile übers Altern im Arbeitsleben
- Ältere sind weniger arbeits- und leistungsfähig.
- Ältere sind unqualifizierter, unmotivierter und unzufriedener.
- Ältere sind weniger belastbar und unproduktiver.
- Ältere haben eine geringere Lernbereitschaft und sind weniger lernfähig.
- Ältere lehnen neue Technologien ab.
- Ältere sind häufiger krank und haben mehr Fehlzeiten.
- Ältere haben eine höhere Belastung durch Probleme im privaten Bereich.
- Ältere sind unkreativer, unflexibler und weniger innovationsfähig.
- Ältere reduzieren die Wettbewerbsfähigkeit eines Unternehmens.
- Ältere nehmen den Jüngeren die Arbeitsplätze weg.
- Alternde Volkswirtschaften können nicht mehr wachsen.

Konflikte und Altersdiskriminierung sind die Folge.

Was diese jugendzentrischen Alterns-Vorurteile so gefährlich macht, sind ihre dramatischen Auswirkungen auf die Personalstrategie und -politik eines Unternehmens. Zudem beeinflussen diese Vorurteile auch das Denken, Fühlen und Handeln von Führungskräften und Mitarbeitern unterschiedlicher Alternsgruppen – und damit auch ihr Verhalten untereinander sowie ihre Zusammenarbeit, und ob sie voneinander lernen (Wissenstransfer). Alternsbedingte Konflikte sind die Folge, in denen auch die spezifischen Vorurteile zwischen den verschiedenen Generationen eine zentrale Rolle spielen; alternsbedingte und generationenbedingte Konflikte vermischen sich. Außerdem bestimmen die Alterns-Vorurteile alle Bereiche des Personalmanagements, und wie im Speziellen mit älteren Arbeitnehmern im Unternehmen umgegangen wird. Nicht selten führen diese Vorurteile zur Benachteiligung älterer Arbeitnehmer. Trotz länder- und EU-weiten Gleichbehandlungs-, Gleichstellungs- bzw. Gleichberechtigungsrichtlinien und -gesetzen sind Altersdiskriminierung und *ageism* (Altersfeindlichkeit) nach wie vor an der Tagesordnung und halten sich hartnäckig in allen Lebensbereichen.

Doch **Altersdiskriminierung** demotiviert und macht unzufrieden, sogar krank: Ungleichbehandlung hat extrem negative Auswirkungen auf die Motivation, Zufriedenheit und sogar Gesundheit am Arbeitsplatz. Außerdem beeinflussen insbesondere die Alterns-Vorurteile von Führungskräften unmittelbar die Arbeits- und Leistungsfähigkeit ihrer Mitarbeiter (▶ Kap. 7). Denn im Sinne einer selbsterfüllenden Prophezeiung verhalten sich die Führungskräfte so, dass sie ihre negativen Einstellungen bestätigen. Sie werden deshalb ihre älteren Mitarbeiter (bewusst oder unbewusst) weniger fördern, unterstützen und wertschätzen. Auch sind es meist die Führungskräfte und nicht die Personalabteilung, die die Bewerbungen von über 50-jährigen aussortieren. Ältere sind nicht mehr förderungswürdiges Talent, sondern werden zum alten Eisen gezählt. Der Teufelskreislauf beginnt und, wieder im Sinne der selbsterfüllenden Prophezeiung, verschlechtert sich die Leistungsfähigkeit der Mitarbeiter tatsächlich, da sie ihr Leistungsverhalten an die Erwartungen und Verhaltensweisen ihres Vorgesetzten (meist unbewusst) anpassen. Dies bestätigt und verstärkt wiederum die Alterns-Vorurteile. (▶ Overview »Häufige Folgen der Vorurteile übers Altern im Arbeitsleben«).

Alterns-Vorurteile machen krank.

> **Häufige Folgen der Vorurteile übers Altern im Arbeitsleben**
> Berufliche Benachteiligungen und Diskriminierung älterer Arbeitnehmer, insb. bei
> - **Personalauswahl, -beurteilung:** Verzerrte Wahrnehmung, Beurteilung der tatsächlichen Leistung Älterer (was dem Vorurteil entspricht, wird wahrgenommen; alles andere wird ausgeblendet)
> - **Personalentscheidungen** (bei Neueinstellungen/internen Stellenbesetzungen, Beförderungen, Personal-einsatz): als Folge verzerrter Personalbeurteilungen werden Personalentscheidungen getroffen, die zu Lasten Älterer gehen; Ältere werden nicht entsprechend ihrer tatsächlichen Leistung eingesetzt
> - **Personalentwicklung und Talent-Management:** Fokus liegt auf den 30-40-jährigen; Maßnahmen werden meist nur für Jüngere konzipiert; spezifische Aus- und Weiterbildungsangebote für Ältere fehlen; Ausschluss Älterer von Qualifizierungsmaßnahme; Ältere erhalten weniger entwicklungsförderliche Aufgaben und Feedback; Folge: geringere Weiterbildungsbereitschaft und geringere tatsächliche Weiterbildungsbeteiligung Älterer
>
> **Konsequenz:** Fehlende Nutzung und Wertschätzung der Stärken und Potenziale Älterer sowie Abnahme der Arbeitsfähigkeit und -leistung, Qualifikation, Motivation und Bindung, Gesundheit und Zufriedenheit der älteren Arbeitnehmer, bis hin zur vorzeitigen Beendigung der Erwerbstätigkeit

Jugendwahn trifft auf Seniorätsprinzip.

Obwohl wir alle immer älter werden, hält sich dieser »**Jugendwahn**« (**negative Altersdiskriminierung**) hartnäckig in unserer Arbeitswelt und darüber hinaus. Ältere (meist schon ab 40) gehören zum »alten Eisen«. Trotzdem dürfen wir nicht vernachlässigen, dass auch die Jüngeren oftmals zu Vorurteils-Opfern werden: demnach gelten Jüngere als unzuverlässig, faul, verantwortungsscheu und unerfahren (»grün hinter den Ohren«, »werd erst mal alt«). Zudem sind nach dem »**Seniorätsprinzip**« (**positive Altersdiskriminierung**), das sich ebenso hartnäckig hält, wie der »Jugendwahn«, die Chefsessel, und damit höhere Verantwortung und Entlohnung, nur für Ältere reserviert. **Wie bereits erwähnt, scheint es nur eine relativ kurze Phase in der Erwerbslaufbahn zu geben, in der wir vermeintlich »richtig« sind, d. h. in der man weder zu jung (und nicht ernst genommen wird: »jung und dumm«), noch zu alt ist (und deshalb auf dem Abstellgleis landet: »alt und verkalkt«).**

Im Unternehmenswandel Demografie-Management verhindern unsere Alterns-Vorurteile, dass die Demografie-orientierten Maßnahmen tatsächlich umgesetzt und angewendet werden: Wer möchte schon Maßnahmen in Anspruch nehmen, die laut Vorurteil nur für das Management Älterer und ihre Defizite bzw. Schwächen entwickelt worden sind? Das wäre ja ein Eingeständnis, zu den Älteren dazuzugehören, »alt und schwach zu sein«; zudem würde es so viel bedeuten, wie sich dadurch selbst aufs Abstellgleis zu manövrieren. Leider besteht alles andere als eine positive Einstellung zu Demografie-Management als individuelle und betriebliche Gestaltungsmöglichkeit des Alterns mit positiven Konsequenzen für den Einzelnen, das Unternehmen und die Gesellschaft (▶ Overview »Häufige Vorurteile über Demografie-Management«).

Häufige Vorurteile über Demografie-Management
- »Demografie-Management ist eine Maßnahme nur für Ältere.«
- »Demografie-Management ist unnötig, da die Älteren ohnehin bald in Rente gehen.«
- »Demografie-Management ist im Prinzip ein Personalabbau- und Frühverrentungsprogramm.«
- »Demografie-Management heißt den Älteren gut zureden und ihr ‚Händchen halten‘.«
- »Demografie-Management ist nichts anders als Gesundheits-Management.«
- »Demografie-Management verletzt die Privatsphäre und bevormundet, genauso wie Gesundheits-Management.«
- »Demografie-Management ist nur Zusatzbelastung, kostet Zeit und Geld und bringt nichts.«
- »Demografie-Management ist eine Aufgabe der Personalabteilung.«

Diese negativen Alterns-Einstellungen bzw. die resultierende mangelnden Alternsmotivation bei Mitarbeitern und Führungskräften, Arbeitnehmervertretern, Betriebsärzten (bzw. Betriebspsychologen, Behinderten-, Gleichstellungs-, Gesundheits- und Sicherheitsbeauftragte) und Aufsichtsräten gilt als eines der größten Hindernisse bei der Umsetzung von betrieblichem Demografie-Management (Motivationshindernis). Besonders kritisch ist die mangelnde Alternsmotivation bei Führungskräften. Denn sie müssen, als die Schlüsselpersonen im Demografie-Management, nicht nur sich selbst, sondern auch ihre Mitarbeiter für eine erfolgreiche Alternsmeisterung motivieren. Zudem beeinflussen die Alterns-Vorurteile der Führungskräfte unmittelbar die Arbeits- und Leistungsfähigkeit ihrer Mitarbeiter (▶ Kap. 7). Ähnliches gilt für Arbeitnehmervertreter, Betriebsärzte (bzw. Betriebspsychologen, Behinderten-, Gleichstellungs-, Gesundheits- und Sicherheitsbeauftragte) und Aufsichtsräte, die die Rahmenbedingungen des Alterns am Arbeitsplatz mitgestalten. Was die Motivierung für die aktive Meisterung des Alterns angeht, scheint es auch keinen nachhaltigen Fortschritt zu geben: Demografie-orientierte Maßnahmen *wollen* nicht umgesetzt, geschweige denn angewendet werden. Somit ist es nicht verwunderlich, dass hartnäckige Widerstände entstehen, und zwar sowohl gegen den individuellen als auch betrieblichen und gesellschaftlichen Umgang mit dem eigenen Altern und damit auch gegen das Veränderungsvorhaben Demografie-Management. Dies ist höchst problematisch, denn die Risiken des Alterns wachsen und seine Chancen und Potenziale bleiben ungenutzt, nicht nur für den Einzelnen, sondern auch in Unternehmen und der Gesellschaft.

Somit machen unsere Alterns-Vorurteile bzw. negative Alterns-Einstellungen erfolgreiches Altern nahezu unmöglich. Sie erschweren auch nicht nur die individuelle, sondern auch die so notwendige betriebliche und gesellschaftliche Meisterung des Alterns. Denn wenn man so negativ gegenüber dem Altern eingestellt ist, und auch deshalb natürlich keine alternsbezogenen Motive, Ziele bzw. Absichten und Pläne hat, dann bleibt Altern eine Bedrohung, gegen die man nichts tun kann und die Angst macht.

Anstatt sich konstruktiv mit dem eigenen Altern im Privat- und Arbeitsleben auseinanderzusetzen und es zu gestalten, versucht jeder, sein eigenes Altern zu vertuschen, zu verdrängen oder gar wegzuoperieren; Altern ist tabu. Und im großen Stil tun wir dies gemeinsam als »*Forever young*«- und »*Anti-Aging*«-**Betriebe** und Gesellschaften, in denen es keinen Platz gibt für die bereits Älter-Gewordenen unter uns (**Altersdiskriminierung,** *ageism*):

>> Älterwerden gilt als Peinlichkeit und Sterben als Scheitern **«**

so George Soros trefflich über den dramatischen Zustand unserer Einstellungen und Bilder über das Altern. Das Altern hat keinen guten

Alterns-Vorurteile gefährden das Demografie-Management.

Alterns-Vorurteile machen Alternsmeisterung unmöglich.

Älterwerden gilt als Peinlichkeit und Sterben als Scheitern.

5

Alterns-Vorurteile treffen irgendwann jeden von uns.

Ruf in unserer Gesellschaft, in der wir die Jugend idealisieren und das Altern verteufeln.

Wenn wir das Älterwerden der anderen ignorieren, dann bringen wir uns um die Chance, einen Einblick in das eigene zukünftige Älterwerden zu bekommen. Doch wir werfen damit nicht nur einen wichtigen Wegweiser für unsere eigene Zukunft weg. Viel schlimmer noch: Vor allem die heute Jüngeren scheinen dabei zu vergessen, dass ihre negativen Alterns-Einstellungen, bzw. der resultierende *ageism*, ihnen später selbst widerfahren wird. Durch Alterns-Vorurteile bekämpfen sie ihr zukünftiges Selbst: Obwohl jeder altert, älter wird und einmal alt sein wird, schaufeln wir uns durch solche Gesellschaften schon heute unser eigenes Grab für morgen; denn dann wird es uns genauso gehen, wie den heute Älteren: Wir verschwinden von der Bildfläche der Gesellschaft. Außerdem lassen wir uns auch selbst verschwinden, da uns das eigene Älterwerden peinlich ist und wir die Einstellung haben, dass nicht erst der Tod, sondern schon das Altern Stillstand bedeutet – im Sinne »Wir leben zu kurz und sterben zu lang.« Genau deshalb unterscheiden sich die Alterns-Vorurteile von den meisten anderen Vorurteilen: denn sie treffen jeden von uns – es ist nur eine Frage der Zeit.

5.2   Altern ist Einstellungssache

Alterns-Einstellungen ändern ist Zukunftsaufgabe jedes Einzelnen!

Die Förderung der **Alternsmotivation** – primär durch die Änderung der negativen Einstellungen bzw. Vorurteile über das Altern – gilt deshalb als eine der wichtigsten Zukunftsaufgaben für Unternehmen im demografischen Wandel (3. Säule des erfolgreichen Demografie-Managements). Ähnlich wie bei der Alternsbewusstseins-Bildung (▶ Kap. 3) und der Alternskompetenz-Entwicklung (▶ Kap. 4), ist diese Aufgabe auch wieder weit mehr als nur der dritte Schritt, ein Unternehmen und sein Personal »*ready*« zu machen für die nachhaltige Umsetzung von Demografie-Management. Auch ihre Tragweite geht wieder weit über die Überwindung des Motivationshindernisses und den resultierenden Abbau der hartnäckigen Widerstände im Demografie-Management hinaus.

Wir können uns auf Dauer unser »Nicht-Wollen« bzw. unsere negativen Einstellungen und Vorurteile über das Altern nicht mehr länger leisten. Denn sie hindern nicht nur jeden Einzelnen, sondern auch Unternehmen und die Gesellschaft, im Sinne der erfolgreichen Alternsmeisterung, die Chancen des Alterns zu nutzen und seine Risiken zu minimieren. Das Alter, Altern und ältere Menschen zu diskriminieren wird weltweit zum Standortnachteil – individuell, ökonomisch und gesellschaftlich. Es werden die Personen, Unternehmen und Gesellschaften am erfolgreichsten sein, die eine positiv-realistische Einstellung zum Altern haben. Bereits Johann Wolfgang von Goethe wusste, dass

>> Älter werden heißt: (…) man muss entweder zu handeln ganz
aufhören oder mit *Willen* und Bewusstsein das neue Rollenfach übernehmen. <<

Die Zukunft unseres Alterns ist Einstellungssache. Die Veränderung
unserer negativen Alterns-Einstellungen bzw. das Aufräumen mit
unseren Alterns-Vorurteilen wird zum Überlebensimperativ für jeden Einzelnen genauso wie für Unternehmen und die Gesellschaft.

    Wenn wir uns eine nachhaltig positiv-realistische Alterns-Einstel-
lung zulegen, dann haben wir schon unser halbes Altern gemeistert
und noch viel mehr. Mit einer positiv-realistischen Alterns-Einstellung denken, fühlen und handeln wir fast schon automatisch »alternsmeisterlich«; unser Altern bzw. Älterwerden wird angstfreier,
tabufreier, beruhigter und gelassener. Wir können, natürlich mit den
notwendigen Alternskompetenzen (▶ Kap. 4), die Anforderungen
unseres neuen Alterns erfolgreich bewältigen und seine Chancen nutzen bzw. optimieren. Die Alternsmotivation im Sinne einer positiv-
realistischen Alterns-Einstellung erhält (direkt und indirekt) unsere
Gesundheit, Qualifikation, Motivation, und damit unsere Arbeits-
und Leistungsfähigkeit und letztlich Zufriedenheit, Lebensqualität
und Wohlstand ein Leben lang. Außerdem steigert sie sogar unsere
Lebenserwartung: denn wer die Einstellung hat, dass Altern mehr
Freiräume und Möglichkeiten mit sich bringt, der lebt im Schnitt länger, und zwar unabhängig von Einkommen und Gesundheit.

    Auch im Unternehmenswandel Demografie-Management steigen
Akzeptanz und Vertrauen im Hinblick auf Altern und sein indivi-
duelles und betriebliches Management. Der passive oder gar aktive
Widerstand der Unternehmensangehörigen sinkt, und die notwendigen Veränderungsprozesse werden nachhaltig motiviert mitgetragen, mitgestaltet und vorangetrieben. Außerdem fördern positiv-realistische Alterns-Einstellungen die Zusammenarbeit und auch den
Wissenstransfer zwischen unterschiedlichen Alternsgruppen und
Generationen. Zudem wirken sie sich positiv auf alle Bereiche des
Personalmanagements aus: bei der Personalauswahl, -beurteilung,
bei Personalentscheidungen und auch bei der Personalentwicklung
werden Benachteiligung und Diskriminierung Älterer (bzw. Jüngerer) reduziert; die Anerkennung und Wertschätzung ihrer Leistungen
steigen. Auch Führungskräfte ändern ihr Verhalten gegenüber ihren
älteren Mitarbeitern, die sie nun nicht mehr vorurteils-, sondern leistungsgemäß fordern, fördern, unterstützen und anerkennen. Dies
erhält und steigert die Arbeitsfähigkeit und -leistung, Qualifikation
(durch gesteigerte Weiterbildungsbereitschaft und tatsächliche Weiterbildungsbeteiligung), Motivation, Gesundheit und Zufriedenheit
gerade der älteren Arbeitnehmer, und hält sie auch länger im Unternehmen.

    Ziel im Unternehmenswandel Demografie-Management ist des-
halb, die negativen Alterns-Einstellungen bzw. die Alterns-Vorurteile

**Die Zukunft unseres Alterns
ist Einstellungssache!**

**Alternsmeisterung steht und
fällt mit der Einstellung.**

**Auch Demografie-Management
steht und fällt mit der
Einstellung.**

**Alterns-Vorurteile sind sozial
konstruiert und veränderbar.**

der Mitarbeiter und insbesondere der Führungskräfte, Arbeitnehmervertreter, Betriebsärzte (bzw. Betriebspsychologen, Behinderten-, Gleichstellungs-, Gesundheits- und Sicherheitsbeauftragte) und Aufsichtsräte zu ändern und durch positiv-realistische Alterns-Einstellungen zu ersetzen, d. h. eine positiv-realistische Einstellung zum eigenen Altern und zum Altern der anderen (Kollegen, Mitarbeiter, Vorgesetzte), zu seiner individuellen, betrieblichen Meisterung sowie zu den einzelnen Demografie-orientierten Maßnahmen des jeweiligen Demografie-Managements. Es geht darum, sich gemeinsam für die erfolgreiche individuelle und betriebliche Bewältigung der Herausforderung Altern zu motivieren. Doch was bedeutet das genau? Ebenso wie die Entwicklung des Alternsbewusstseins und der Alternskompetenz, wäre auch die Förderung der Alternsmotivation ohne die Psychologie völlig undenkbar. Denn die »**Psychologie des Alterns**« sagt uns nämlich, dass Einstellungen, und insbesondere die Alterns-Einstellungen, veränderbar und gestaltbar sind. **Alterns-Einstellungen** (bzw. -Vorurteile, -Bilder) sind nicht zwangsläufig vorhanden und naturgegeben, sondern sie sind sozial konstruiert und abhängig vom jeweiligen historischen und kulturellen Kontext. Außerdem hilft uns die »Psychologie des Alterns«, die negativen Alterns-Einstellungen bzw. Alterns-Vorurteile zu widerlegen. Darüber sagt sie uns auch, welche Alterns-Einstellung wir für ein erfolgreiches Altern haben sollten. Im Prinzip geht es darum, dass wir uns mit dem höchst differenzierten Veränderungsprozess »Altern« auch höchst differenziert und unvoreingenommen auseinandersetzen (▶ Kap. 4). Die »Psychologie des Alterns« bietet uns hierfür die notwendigen Ansätze. Wir sollten darüber nachdenken, welche Alterns-Einstellungen wir uns im Laufe unseres Lebens zugelegt haben, denn sie bestimmen – ohne dass wir es merken – unser Denken, Fühlen und Handeln.

Altern, Ältere und Demografie-Management sind besser, als ihr Ruf.

Dazu schauen wir uns nun an, warum das Altern an sich, die Älteren im Arbeitsleben und darüber hinaus sowie betriebliches Demografie-Management doch nicht so schlecht sind bzw. sogar besser als ihr Ruf. Die »Psychologie des Alterns« sagt uns nämlich, was wirklich stimmt und hilft uns dadurch mit den weit verbreiteten Alterns-Vorurteilen aufzuräumen. Sobald wir nämlich wissen, was wirklich stimmt, können wir unsere negativen Einstellungen übers Altern revidieren und die notwendige, positiv-realistische Alterns-Einstellung entwickeln (◲ Tab. 5.1, ◲ Tab. 5.2, ◲ Tab. 5.3).

Einstellungen müssen sich an der Realität des Alterns orientieren.

Was wirklich von unseren negativen Alterns-Einstellungen bzw. -Vorurteilen stimmt, ist erschreckend gering. Auf der einen Seite ist das natürlich ein Grund zur Freude – nicht nur für jeden Einzelnen, sondern auch für Unternehmen und unsere Gesellschaft. Doch solange wir nicht jede einzelne dieser falschen Einstellungen grundsätzlich revidieren und an die Wirklichkeit des Alterns anpassen, bestimmen diese im Sinne des Defizit-/Risiko-Modells unser Denken, Fühlen und Handeln – und das mit all den negativen Konsequenzen für unser eigenes Altern, das Altern der anderen, der Unternehmen und der Gesellschaft. **Damit wir uns wirklich freuen können über**

◘ Tab. 5.1 Altern: Was wirklich stimmt, und warum Altern sogar besser ist, als sein Ruf

Vorurteil	Was wirklich stimmt
Altern macht uns alle kränker und dement.	Körperliche, psychische, soziale Gesundheit ist keine Frage des Alter(n)s, sondern unseres lebenslangen körperlichen, psychischen, sozialen Gesundheitsverhaltens; wie wir altern, ist nur zu 30 % genetisch bedingt. Altern macht uns nicht automatisch kränker, wohl aber verletzlicher, vor allem in den späteren Lebensjahren (80+). Trotzdem hat sich nicht nur unsere Lebensspanne, sondern auch unsere »gesunde Lebensspanne« verlängert; die Krankheitswahrscheinlichkeit ist enorm gesunken. Laut neuesten Erkenntnissen sind auch die Demenz-Raten bei den über 65-jährigen drastisch gesunken; immer mehr erreichen das hohe Alter »kognitiv intakt«.
Altern ist nur Abbau und Verlust.	Altern ist ein lebenslanger Veränderungs-, Entwicklungsprozess. Die »Richtungen« der Veränderungen sind nicht nur Abbau/Verlust, sondern auch Zunahme/Gewinn, und sie unterscheiden sich zwischen den einzelnen biologisch-körperlichen, sozialen und psychischen Funktionsbereichen. Altern ist eine »lebenslange Gewinn-Verlust-Bilanz«.
Altern heißt, nichts mehr Neues lernen können.	Im Gegenteil: Unsere Lernfähigkeit bleibt ein ganzes Leben lang erhalten, nur die Art des Lernens ändert sich. Lernen sollte für alle Lebensalter selbst-verständlich werden (**Lebenslanges Lernen!**): Lernen bzw. Bildung ist ein zentraler Pfeiler der Alternsmeisterung und sollte deshalb lebenslanges Recht, aber auch Pflicht sein. Dies erfordert natürlich alternsspezifische Bildungsangebote und Lernformen.
Prävention, Behandlung und Rehabilitation sind überflüssig im Alter.	Im Gegenteil: Prävention, Behandlung und Rehabilitation sind in jedem Alter gleich wirksam und wichtig. Sie sind die zentralen Pfeiler für lebenslange körperliche, psychische und soziale Gesundheit.
Altern macht unzufriedener und unglücklicher.	Im Gegenteil: Älterwerden macht sogar glücklicher und zufriedener (ab 46 geht's wieder aufwärts!), denn wir werden immer besser darin, die Dinge zu tun, die uns wichtig sind.
Im Alter werden wir alle ärmer.	Im Gegenteil: Nur eine Minderheit ist heute von Altersarmut betroffen. Zudem bieten die finanziellen Ressourcen älterer Menschen wirtschaftliche Wachstumschancen, die bei weitem noch nicht genutzt sind.
Früher oder später landet jeder im Heim.	Im Gegenteil: Aktuell leben nur etwa 5 % der Älteren in stationären Einrichtungen. In den meisten Fällen wohnt ein erwachsenes Kind nicht weit von seinen älteren Eltern entfernt; über 80 % der Älteren mit Hilfe-, Pflegebedarf werden von Familienangehörigen versorgt.
Je älter man wird, desto mehr fällt man seinen Kindern und anderen zur Last.	Im Gegenteil: Ältere leisten mehr Unterstützung für ihre Kinder als sie von diesen bekommen (primär: finanziell, Haushaltshilfe, Enkelkinderbetreuung); erst nach dem 80. Lebensjahr kehrt sich dieses Verhältnis um. Auch unsere Freiwilligenarbeit ist ohne das ehrenamtliche Engagement der Älteren nicht mehr denkbar.
Altern beginnt mit 65, und das Alter sagt alles aus über eine Person.	Im Gegenteil: **Altern beginnt mit der Geburt!** Das kalendarische Alter ist abhängig von gesellschaftlichen Konventionen und deshalb soziale Konstruktion. Es sagt deshalb wenig über biologisch-körperliche, soziale und psychische Funktionsfähigkeit aus; es kommt nicht darauf an, »wie alt« man wird, sondern »wie man alt wird«! Altern ist ein höchst individueller Veränderungsprozess und deshalb sehr heterogen. In keinem Lebensabschnitt unterscheiden sich die Menschen so stark wie nach dem 60. Geburtstag.
Altern ist ein automatisches biologisches Programm, das bei jedem gleich abläuft.	Im Gegenteil: Zwar nicht, dass wir altern, aber wie wir altern, wird von vielen verschiedenen Faktoren, die in einem selbst und auch in der Umwelt liegen, beeinflusst. Doch Altern ist kein rein biologisches oder soziales Schicksal. Altern ist ein höchst individueller, primär psychologischer Veränderungsprozess und deshalb sehr heterogen: Jeder altert anders!
Altern ist ein Schicksal, das man nicht beeinflussen kann.	Im Gegenteil: Altern kann von jedem Einzelnen (im Zusammenspiel mit seiner Umwelt) beeinflusst werden. Wie wir uns verhalten bzw. denken, fühlen, handeln bestimmt (im Positiven wie im Negativen) maßgeblich, wie wir altern (und damit auch die biologisch-körperlichen, sozialen Veränderungen des Alterns). Wir haben es selbst in der Hand, wie wir altern, zwar nicht ganz – unsere **Alterns-Gestaltungsmacht** hat Grenzen –, aber doch zu einem sehr großen Teil: »Jeder ist seines Alterns Schmied«.

◻ Tab. 5.2   Warum ältere Arbeitnehmer sogar besser sind, als ihr Ruf

Vorurteil	Was wirklich stimmt
Ältere sind weniger arbeits- und leistungsfähig.	Ältere sind genauso arbeits- und leistungsfähig wie Jüngere. Sie unterscheiden sich nur in ihren jeweiligen Stärken und Schwächen. In jedem Alter können mögliche altersbedingte Schwächen durch die Stärken kompensiert werden (Stärken Älterer: Erfahrungs-, Lebenswissen, Weisheit; Berufliches Fakten-, Handlungs-, Expertenwissen; Verantwortungsbewusstsein, -übernahme, Qualitätsbewusstsein; Zuverlässigkeit, Pflichtbewusstsein, Disziplin, Loyalität, Selbständigkeit; soziale, emotionale, kommunikative Kompetenzen; Widerstandsfähigkeit, emotionale Stabilität, Ausgeglichenheit, Gelassenheit, Toleranz; realistisch-strategische Problemlösekompetenz, Urteils-, Entscheidungsfähigkeit; Handlungs-, Entscheidungsökonomie; Sinn für das »Machbare«; Einschätzung der eigenen Fähigkeiten).
Ältere sind unqualifizierter, unmotivierter und unzufriedener.	Ältere sind genauso qualifiziert wie Jüngere, und je nach Qualifikationsbereich sind sie oftmals sogar qualifizierter (s. vorherige Spalte). Auch die Arbeitsmotivation bleibt gleich, aber sie verändert sich inhaltlich (Karriere- und Aufstiegsorientierung sinkt und zunehmend wichtiger werden Wertschätzung bzw. Anerkennung der Arbeitsleistung, Erfahrung, Weitergabe von Wissen, Identifikation mit einer sinnvollen Aufgabe, Wohlbefinden und Arbeitsklima, soziale Kontakte, aber auch Autonomie, Selbständigkeit und Flexibilität betreffend Inhalte und Organisation der Arbeitstätigkeit). Die Zufriedenheit im Arbeitsleben und darüber hinaus steigt sogar mit zunehmenden Alter.
Ältere sind weniger belastbar und unproduktiver.	Ältere sind genauso produktiv wie Jüngere und grundsätzlich auch genauso belastbar (siehe 1. Spalte), außer es handelt sich um schwere körperliche Arbeit, Arbeit unter extremen Umgebungseinflüssen, Zeit- und Leistungsdruck, fremdbestimmtes Arbeitstempo, Arbeit ohne Erholungsmöglichkeiten. Doch durch entsprechende Arbeitsorganisation und -gestaltung kann dies entsprechend angepasst werden.
Ältere haben eine geringere Lernbereitschaft und sind weniger lernfähig.	Ältere schätzen Weiterbildung genauso sehr wie Jüngere. Es mangelt nicht an der Lernbereitschaft Älterer, sondern meist an den altersgerechten Möglichkeiten zur Weiterbildung; hinzu kommt auch die weit verbreitete Altersdiskriminierung in der Personalentwicklung. Auch die Lernfähigkeit bleibt ein ganzes Leben lang erhalten, nur die Art des Lernens ändert sich.
Ältere lehnen neue Technologien ab.	Ältere stehen neuen Technologien nicht ablehnend gegenüber, jedoch müssen diese als leicht anwendbar und nützlich wahrgenommen werden, d. h. einen konkreten Bezug zu ihren Bedürfnissen haben; **Technologieakzeptanz** Älterer hängt viel stärker ab von der Anwendbarkeit und dem Nutzen der Technologien, als bei Jüngeren.
Ältere sind häufiger krank und haben mehr Fehlzeiten.	Im Gegenteil: Ältere melden sich sogar seltener krank als Jüngere; wenn sie sich jedoch krank melden, dann sind sie meist länger krank als Jüngere. Außerdem sind Ältere nicht nur seltener krank, sondern haben auch eine geringere Fluktuationsrate als Jüngere.
Ältere haben eine höhere Belastung durch Probleme im privaten Bereich.	Im Gegenteil: Die Älteren sind sogar meist weniger belastet durch Probleme im privaten Bereich als Jüngere; selbst wenn im Einzelfall diese Belastung größer ist, dann geht für Ältere die Arbeit vor, aufgrund höherer Zuverlässigkeit, Pflichtbewusstsein, Disziplin und Loyalität.
Ältere sind unkreativer, unflexibler und weniger innovationsfähig.	Ältere sind genauso kreativ und innovationsfähig wie Jüngere, und zwar aufgrund ihres altersbedingten Wissenszuwachses (mit Wissen wachsen auch Ideen). Besonders kreativ und innovativ sind altersgemischte Teams. Ältere sind auch genauso flexibel wie Jüngere, nur brauchen Sie für die Umstellung bzw. Anpassung etwas mehr Zeit.

Vorurteil	Was wirklich stimmt
Ältere reduzieren die Wettbewerbsfähigkeit eines Unternehmens.	Im Gegenteil: Unternehmen können es sich nicht mehr länger leisten, auf die Stärken und Potenziale der Älteren zu verzichten. Denn die zukünftige Wettbewerbsfähigkeit entscheidet sich mit der Fähigkeit von Unternehmen, die immer weniger werdenden (jüngeren *und* älteren) Arbeitskräfte zu gewinnen, möglichst lange arbeits-/leistungsfähig und motiviert zu halten (»**alternde Belegschaften**«). Die Wertschöpfung ist immer mehr abhängig vom Personal. Außerdem sind alternsdiverse Teams sogar innovativer und vorteilhaft, da sie die aktuelle, zukünftige Kundenstruktur widerspiegeln und vor allem in der Dienstleistungsbranche bessere Resultate erzielen.
Ältere nehmen den Jüngeren die Arbeitsplätze weg.	Im Gegenteil: Länder mit einer hohen Beschäftigungsquote Älterer haben eine geringe Jugendarbeitslosigkeit (z. B. Schweden); Länder mit einer geringen Beschäftigungsrate Älterer haben eine besonders hohe Jugendarbeitslosigkeit (z. B. Frankreich, Italien). Denn wenn Ältere länger erwerbstätig sind, schaffen sie durch ihre Tätigkeit und Ideen neue Arbeitsplätze, und damit Beschäftigung für Jüngere. Zudem haben sie eine höhere Kaufkraft und brauchen neue Produkte, Dienstleistungen, was auch wieder neue Arbeitsplätze schafft. Außerdem reduziert die Erwerbstätigkeit Älterer die Sozialausgaben und infolge die Lohnnebenkosten.
Alternde bzw. ältere Volkswirtschaften können nicht mehr wachsen.	Wirtschaftswachstum ist grundsätzlich unabhängig vom Altern bzw. Älter-werden einer Gesellschaft. Denn Wirtschaftswachstum ist abhängig vom Wachstum der Anzahl der Erwerbstätigen und ihren geleisteten Arbeitsstunden. Altern reduziert nicht notwendigerweise die Erwerbstätigenzahl oder die Produktivität (siehe 1., 3. Spalte); zudem kann letztere durch Maßnahmen der Personalentwicklung und Verwendung von Technologien noch gesteigert werden. So hat Deutschland im Vergleich zu anderen Ländern eine geringe Erwerbsbeteiligung von Älteren und Frauen: wenn diese auf das Niveau von Dänemark oder der Schweiz gebracht werden würde, so könnten die Auswirkungen des Bevölkerungsalterns kompensiert werden.

■ Tab. 5.2 Fortsetzung

unser Altern, müssen wir unsere falschen Einstellungen bzw. Vorurteile übers Altern grundlegend ändern. Dabei dürfen wir diese auf keinen Fall einfach nur durch »positives Denken« ersetzen, d. h. im Altern nur das Gute sehen und optimistisch in die Zukunft schauen. Denn das hätte genauso wenig mit der Realität zu tun und würde unserem Altern genauso wenig gerecht werden, wie unsere negativen Alterns-Einstellungen. Was wir brauchen, ist eine *positiv-realistische* Einstellung zum Altern, zu Älteren und auch zum Demografie-Management, die sich an der Wirklichkeit orientiert (► Kap. 4, Abschnitt »Qualifiziert altern [Alternskompetenz]« sowie vorherige 3 Overviews).

Denn Altern macht uns zwar nicht kränker, wohl aber verletzlicher. Vor allem in den späteren Lebensjahren (80+) bringt es tatsächlich Schwächen, Defizite und Verluste mit sich, und am Ende ist noch jeder gestorben. Aber jeder Einzelne, jedes Unternehmen und jede Gesellschaft kann so viel tun, dass jeder trotzdem gesund, arbeits-/leistungsfähig und motiviert älter wird und dabei auch noch Spaß hat. Unser Leben bzw. Altern ist viel mehr als nur eine »durch Sex übertragene Krankheit mit garantiert tödlichem Ausgang.« Das provokative Statement des schottischen Psychiaters Ronald D. Laing behält zwar Recht insofern, als dass wir am Tod nicht vorbeikommen. Aber unser

Altern ist keine Krankheit!

5

◨ **Tab. 5.3**   Warum Demografie-Management sogar besser ist, als sein Ruf

Vorurteil	Was wirklich stimmt
Demografie-Management ist eine Maßnahme nur für Ältere.	Im Gegenteil: Demografie-Management ist für »Alt *und* Jung« (d. h. für alle Altersgruppen und Generationen) sämtlicher Organisationsebenen und Funktionsbereiche bzw. Abteilungen und Standorte: als strategische Aufgabe fördert und nutzt es alternsbedingte Stärken, Potenziale und verhindert heute die alternsbedingten Schwächen, Risiken von morgen – und zwar über die gesamte Lebensarbeitsspanne bzw. Erwerbslaufbahn: von Anfang an, ein (immer länger werdendes) Arbeitsleben lang. Außerdem darf das kalendarische Alter nie objektives Kriterium für die Anwendung spezifischer Maßnahmen im Demografie-Management sein. Viel wichtiger ist das individuelle Altern bzw. die individuelle Lebens- und Erwerbsbiographie, die auch in Zukunft mehr und mehr an Bedeutung gewinnen wird.
Demografie-Management ist unnötig, da die Älteren ohnehin bald in Rente gehen.	Im Gegenteil: Unternehmen müssen Ältere solange wie möglich an sich binden, arbeits-/leistungsfähig und motiviert halten – bestenfalls auch nach Renteneintritt. Für ihre zukünftige Wettbewerbsfähigkeit können sie nicht mehr länger auf die Stärken und Potenziale der Älteren verzichten (s. auch vorheriges Overview).
Demografie-Management ist ein Personalabbau- und Frühverrentungsprogramm.	Im Gegenteil: beim Demografie-Management geht es um die Gewinnung, Bindung und langfristigen Erhalt der Arbeits-/Leistungsfähigkeit und Motivation der immer wenigeren und immer älter werdenden Arbeitskräfte (s. auch vorherige Spalte). Durch die Anwendung Demografie-orientierter Maßnahmen werden nicht nur die eigenen Stärken besser eingesetzt und genutzt, sondern auch seine Schwächen reduziert. Die Anwendung von bzw. Teilnahme an Demografie-orientierten Maßnahmen hat keine nachteiligen Folgen auf die berufliche Position bzw. Karriere (es erfolgt keine »heimliche« Personal-beurteilung oder gar Personalentscheidung). Die Teilnahme kann jederzeit widerrufen bzw. beendet werden, ohne Angabe von Gründen und dass dadurch Nachteile entstehen. Bei Durchführung und Evaluation der Maßnahmen werden die Bestimmungen des Datenschutzgesetztes beachtet; es gelten Vertraulichkeit und Anonymität.
Demografie-Management heißt den Älteren gut zureden und ihr »Händchen halten«.	Im Gegenteil: Demografie-Management heißt, Ältere und Jüngere entsprechend ihren jeweiligen Stärken, Potenzialen einzusetzen (Alterns-Chancen maximieren) und ihre Schwächen zu verhindern bzw. zu kompensieren (Alterns-Risiken minimieren).
Demografie-Management ist nichts anders als Gesundheits-Management.	Demografie-Management ist viel mehr als Gesundheits-Management. Betriebliche Gesundheitsmaßnahmen machen viele, und das ist auch wichtig. Jedoch umfasst Demografie-Management vor allem Demografie- bzw. alternsorientierte Maßnahmen in den Bereichen: Unternehmens-, Personalstrategie; Führung & Organisation; Personalmanagement; Wissensmanagement; sowie Produkt-, Dienstleistungsentwicklung; Produktion, Dienstleistungserbringung; Marketing, Verkauf.
Demografie-Management verletzt die Privatsphäre und bevormundet, genauso wie Gesundheits-Management.	Zwar geht es bei vielen Demografie-orientierten Maßnahmen um persönliche Themen. Professionelles Demografie-Management wahrt jedoch durch höchst sensibles und vertrauliches Vorgehen die Privatsphäre; zudem ist es auch keine Bevormundung, sondern vielmehr eine Ermöglichung. Die Anwendung von bzw. Teilnahme an Demografie-orientierten Maßnahmen hat keine nachteiligen Folgen auf die berufliche Position bzw. Karriere. Es entstehen keine Risiken oder Kosten, und bei Durchführung und Evaluation der Maßnahmen werden die Bestimmungen des Datenschutzgesetztes beachtet; es gelten Vertraulichkeit und Anonymität.
Demografie-Management ist nur Zusatzbelastung, kostet Zeit und Geld und bringt nichts.	Demografie-Management ist zwar erst einmal eine Zusatzaufgabe/-belastung, aber der Mehraufwand reduziert sich nach der Implementierungsphase wieder. Außerdem ist Demografie-Management aus ökonomischer Sicht, und auch aus individuellen und sozialen Gesichtspunkten, absolut notwendig und nützlich (▶ Kap. 1, Overview: »Demografie-Management: Ökonomischer, individueller und sozialer Nutzen«).

Tab. 5.3 Fortsetzung	
Vorurteil	**Was wirklich stimmt**
Demografie-Management ist eine Aufgabe der Personalabteilung.	Im Gegenteil: Im Unternehmen geht Demografie-Management alle an, d. h. alle Mitarbeiter und Führungskräfte aller Ebenen und Bereiche bzw. Abteilungen sowie Arbeitnehmervertreter, Betriebsärzte (bzw. Betriebspsychologen, Behinderten-, Gleichstellungs-, Gesundheits- und Sicherheitsbeauftragte) und Aufsichtsräte. Demografie-Management ist nicht nur Unternehmens- und Führungsaufgabe bzw. -verantwortlichkeit, sondern auch persönliche Aufgabe bzw. Verantwortlichkeit eines jeden Einzelnen.

Leben bzw. Altern ist keine Krankheit, die umso schlimmer wird, je länger sie andauert.

Altern ist ein lebenslanges, dynamisches Wechselspiel zwischen unserer individuellen (körperlichen, psychischen und sozialen) Lebens-/Erwerbs-Biografie und unserem jeweiligen Lebenskontext. Außerdem bringt das Altern bzw. Älterwerden enorme Vorteile, Freiräume und Chancen mit sich, die unser aller Leben verbessern – wenn wir das Altern in all seinen Facetten akzeptieren, uns darauf einlassen, es nutzen und mehr draus machen. Altern eröffnet viele neue Perspektiven, Gestaltungsspielräume und macht uns sogar glücklicher (▶ Kap. 4). Wir brauchen also eine differenzierte Einstellung über das Altern. Und genau diese gibt uns auch eine differenziertere Perspektive in Bezug auf unsere Möglichkeiten zur erfolgreichen Gestaltung des individuellen, betrieblichen und gesellschaftlichen Alterns. Bereits Eugen Diederich wusste:

>> Das Älterwerden ist weniger ein Zustand als eine Aufgabe. Löst man jene, so ist das Alter mindestens ebenso schön wie die Jugend, und der Tod ist dann kein Ende, sondern Frucht. <<

Altern in all seinen Facetten akzeptieren!

5.3 Alternsmotivation fördern

Jeder von uns braucht also eine positiv-realistische Alterns-Einstellung bzw. Alternsmotivation, und zwar nicht nur für den Unternehmenswandel Demografie-Management, sondern überhaupt, um fürs 21. Jahrhundert zukunftsfähig zu bleiben. Und nach der Lektüre der vorhergehenden beiden Abschnitte wissen Sie auch, was mit positiv-realistischer Alterns-Einstellung gemeint ist, und warum Sie die Förderung der Alternsmotivation auf keinen Fall vernachlässigen sollten. Und vielleicht sind Ihnen beim Lesen auch Ihre eigenen Einstellungen zum Altern bewusster geworden, und Sie wissen jetzt besser, welche davon wirklich stimmen und welche glücklicherweise nicht, und was diese Einstellungen – hinter unserem Rücken – mit unserem Denken, Fühlen und Handeln machen. Doch wie können wir unsere weit verbreiteten negativen Alterns-Einstellungen ändern und stattdessen positiv-realistische Einstellungen nachhaltig verankern? Was können

Alternsmotivation macht zukunftsfähig!

Unternehmen konkret tun, um ihr Personal für den Unternehmens-wandel Demografie-Management bzw. für das Altern und sein indi-viduelles, betriebliches Management, zu motivieren? Wie können die negativen Alterns-Einstellungen bzw. die Alterns-Vorurteile der Mit-arbeiter und insbesondere der Führungskräfte, Arbeitnehmervertre-ter, Betriebsärzte (bzw. Betriebspsychologen, Behinderten-, Gleich-stellungs-, Gesundheits- und Sicherheitsbeauftragte) und Aufsichts-räte geändert und durch positiv-realistische Alterns-Einstellungen ersetzt werden? Wie können Sie die im letzten Abschnitt beschriebene Alternsmotivation fördern, und damit die 3. Säule des erfolgreichen Demografie-Managements realisieren?

Ein Alterns-Einstellungswandel braucht Planung und Struktur.

Ebenso wie die Entwicklung der Alternskompetenz, ist die **Er-zeugung von Alternsmotivation** (primär: positiv-realistische Al-terns-Einstellung; auch: alternsorientierte Motive/Bedürfnisse, Ziele/ Absichten, Pläne) ein komplexes Vorhaben. Denn unsere negativen Alterns-Einstellungen bzw. -Vorurteile sind nicht nur unglaublich vielfältig (vor allem in der Arbeitswelt), sondern auch äußerst hart-näckig. Außerdem gehen sie Hand in Hand mit unseren tiefsitzenden Alterns-Ängsten und -Tabus. Deshalb ändern sich diese negativen Alterns-Einstellungen nicht von heute auf morgen. Wir haben es mit einem kontinuierlichen Veränderungsprozess zu tun: Alternsmotiva-tion muss schrittweise, aber trotzdem konsequent, erzeugt, gefördert und erhalten werden. Dieser Prozess hat bereits mit der Realisierung der ersten beiden Säulen des erfolgreichen Demografie-Managements begonnen (▶ Kap. 3, 4) und wird durch die Realisierung der nächsten drei Säulen (▶ Kap. 5, 6, 7) weiter vorangetrieben. Für die Entwicklung und Durchführung der Alternsmotivierungsmaßnahmen sollte ein Budget eingeplant werden, ebenso wie Personalressourcen bzw. ex-terne professionelle Unterstützung.

Alternsmotivation bereits früh fördern!

Entscheidend ist auch hier wieder, alle Altersgruppen miteinzu-beziehen. Schließlich hat jeder von uns bestimmte Einstellungen zum Altern, und vor allem die negativen Alterns-Einstellungen bzw. -Vor-urteile treffen eines Tages jeden von uns – es ist nur eine Frage der Zeit. Idealerweise sollte die Erzeugung der Alternsmotivation bereits früh im Leben bzw. in der Erwerbslaufbahn beginnen und alle Unter-nehmensangehörigen umfassen. Genauso wie die Alternskompetenz ist diese zentral für die individuelle Planung und Gestaltung unseres Lebens bzw. Bildungs- und Erwerbslebens, und zwar in jeder Lebens-phase.

Förderung der Alternsmotivation vermarkten!

Die unternehmensweite Förderung der Alternsmotivation erfor-dert zu Beginn wieder die interne Öffentlichkeitsarbeit. Auch hier ist es unerlässlich, dieses zentrale Vorhaben im Vorfeld anzukündigen, zu vermarkten und die Unternehmensangehörigen darüber zu infor-mieren, und zwar mittels bereits vorhandener betriebsinterner Kom-munikationskanäle (z. B. Newsletter, Mitarbeiterzeitung, Intranet, Meetings, Teambesprechungen, Betriebsversammlungen). Die Infor-mationen sollten folgende drei Fragen beantworten, die sich jeder von uns stellen würde, bevor er bei einer Alternsmotivierungsmaßnahme mitmacht (▶ Overview »Vermarktung der Alternsmotivations-Förderung im Unternehmen: Welche Fragen Sie beantworten sollten«).

Vermarktung der Alternsmotivations-Förderung im Unternehmen: Welche Fragen Sie beantworten sollten:

1. *Was* ist Alternsmotivation überhaupt?
   - Primär: Positiv-realistische Alterns-Einstellung: positiv-realistische Einstellung zum eigenen Altern und zum Altern der anderen (Kollegen, Mitarbeiter, Vorgesetzte), zu seiner individuellen, betrieblichen Meisterung sowie zu den einzelnen Demografie-orientierten Maßnahmen des jeweiligen Demografie-Managements
   - Auch: Alternsbezogene Motive/Bedürfnisse, Ziele/Absichten, Pläne
2. *Warum* brauche gerade ich Alternsmotivation?
   - Alternsmotivation, im Sinne einer positiv-realistischen Alterns-Einstellung, macht jeden von uns (über-)lebens- und zukunftsfähig,…
   - …denn Alternsmotivation fördert (in jedem Alter!) die erfolgreiche Bewältigung der neuen, viel komplexeren und schwierigeren Anforderungen unseres neuen Alterns im 21. Jahrhundert,…
   - …und fördert den lebenslangen Erhalt unserer körperlichen, psychischen und sozialen Gesundheit, Qualifikation und Motivation, und damit auch Arbeits-/Leistungsfähigkeit, -motivation sowie Zufriedenheit, Lebensqualität und Wohlstand; sie erhöht sogar unsere Lebenserwartung.
3. *Wie* kann ich meine Alternsmotivation im Unternehmen fördern?
   - Das Unternehmen sorgt dafür bzw. unterstützt dabei, dass die notwendige Alternsmotivation unternehmensweit systematisch gefördert wird, und zwar durch »Alterns-Aufklärungskampagnen« und »Alterns-Workshop«.
4. Hat die Teilnahme nachteilige Folgen für mich?
   - Die Teilnahme an den Qualifizierungsmaßnahmen hat keine nachteiligen Folgen auf die berufliche Position bzw. Karriere (es erfolgt keine »heimliche« Personalbeurteilung oder gar Personalentscheidung).
   - Die Teilnahme kann jederzeit widerrufen bzw. beendet werden – ohne Angabe von Gründen, und ohne dass dadurch Nachteile entstehen.
   - Durch die Teilnahme entstehen auch keine Risiken oder Kosten.
   - Bei Durchführung und Evaluation der Qualifizierungsmaßnahmen werden die Bestimmungen des Datenschutzgesetztes beachtet; es gelten Vertraulichkeit und Anonymität.

Alterns-Vorurteile aufdecken, widerlegen, korrigieren, ersetzen!

Bei der Förderung der Alternsmotivation geht es primär um die Änderung negativer Alterns-Einstellungen bzw. -Vorurteilen und die Verankerung einer positiv-realistischen Alterns-Einstellung – und zwar sowohl in den Köpfen der Mitarbeiter und Führungskräfte sowie Arbeitnehmervertreter, Betriebsärzte (bzw. Betriebspsychologen, Behinderten-, Gleichstellungs-, Gesundheits- und Sicherheitsbeauftragte) und Aufsichtsräte als auch in Unternehmens- und Führungskultur (▶ Kap. 7, 8). Die Revision der Alterns-Einstellungen besteht aus drei Bausteinen:

1. *Aufdecken!* der negativen Alterns-Einstellungen bzw. -Vorurteile, und Bewusstmachung ihrer Konsequenzen für das eigene Altern und das Altern der anderen, des Unternehmens und der Gesellschaft (Denken, Fühlen, Handeln; selbsterfüllende Prophezeiung; Altersdiskriminierung/*ageism*). Wichtig in diesem Zusammenhang ist auch das Aufdecken von Alterns-Tabus.
2. *Widerlegen!* der negativen Alterns-Einstellungen bzw. -Vorurteile durch Überprüfung an der Wirklichkeit des Alterns (siehe vorheriger Abschnitt »Motiviert altern [Alternsmotivation]«)
3. *Korrigieren und Ersetzen!* der negativen Alterns-Einstellungen durch die Entwicklung und Verankerung positiv-realistischer Alterns-Einstellungen, die der Wirklichkeit des Alterns gerecht werden (siehe vorheriger Kapitelabschnitt, »Motiviert altern [Alternsmotivation]«)

Förderung der Alternsmotivation zur gemeinsamen Aufgabe machen!

Für die Durchführung dieser drei Bausteine der Alterns-Einstellungsrevision empfiehlt sich die Nutzung der Qualifizierungsmaßnahmen zur Entwicklung der Alternskompetenz (▶ Kap. 4, Abschnitt »Vermitteln, Schulen, Trainieren«). So kann im Rahmen der systematischen, unternehmensweiten Vermittlung von Alternswissen (▶ Kap. 4) die Alterns-Einstellungsrevision auf breiter Unternehmensbasis initiiert werden (»Alterns-Aufklärungskampagne«). Um den Prozess voranzutreiben und nachhaltig zu stärken, hat sich als zweckmäßig erwiesen, diese drei Bausteine in Form eines »Alterns-Workshops« durchzuführen; sie können jedoch auch als Workshop-Element in die »Alterns-Schulungen« und »Alterns-Trainings« integriert werden (▶ Kap. 4). Die primären Zielgruppen der »Alterns-Workshops« sind wieder Führungskräfte, und zwar aller Organisationsebenen und Funktionsbereiche, aber auch Arbeitnehmervertreter, Betriebsärzte (bzw. Betriebspsychologen, Behinderten-, Gleichstellungs-, Gesundheits- und Sicherheitsbeauftragte) und Aufsichtsräte. Denn diese Personengruppen müssen nicht nur für das individuelle, betriebliche Management ihres eigenen Alterns motiviert werden, sondern auch für das ihrer Mitarbeiter. Schließlich sind sie es, die die Rahmenbedingungen des Arbeitens – und damit auch des Alterns – im Unternehmen schaffen und auch die Mitarbeiter für das individuelle, betriebliche Management des Alterns motivieren. Außerdem wirken Alterns-Einstellungen bzw. -Vorurteile in Unternehmen primär über das Führungsverhalten (siehe erster Kapitelabschnitt »Altern? Will ich nicht«). Nicht zuletzt deshalb spielen sie eine zentrale Rolle bei der nachhaltigen Umsetzung von Demografie-Management im Unternehmen. Idealerweise wird die Förderung der Alternsmotivation mit den Führungskräften, aber auch mit Arbeitnehmervertretern und Betriebsärzten, zu einer gemeinsamen, kontinuierlichen (Führungs-) Aufgabe entwickelt. Über diesen Weg können positiv-realistische Alterns-Einstellungen nachhaltig in den Köpfen der Mitarbeiter und im Unternehmen verankert werden. Aber mehr dazu ▶ Kap. 7 und 8. Eine ähnliche Rolle spielen auch die sog. Schlüsselpersonen bzw. »*opinion leader*« eines Unternehmens (Schlüsselpersonen *aller* Personalgruppen). Diese repräsentieren nicht nur große Teile der Unternehmensangehörigen, sondern sind, aufgrund ihrer Position in Bezug auf Macht und Vertrauen, auch wichtige Ansprechpartner vor Ort und *die* zentralen Multiplikatoren in jedem Veränderungsvorhaben. Deshalb ist die Durchführung von »Alterns-Workshops« mit dieser Zielgruppe ebenfalls unerlässlich. Denn ihre individuelle Alternsmotivation treibt, fast wie automatisch, die unternehmensweite Förderung der Alternsmotivation voran und verankert diese nachhaltig.

Bei der Durchführung der Alterns-Einstellungsrevision ist wichtig zu beachten, dass sich die Alternsmotivation nicht nur zwischen Branchen und Unternehmen, sondern auch zwischen einzelnen Organisationsebenen und Funktionsbereichen bzw. Abteilungen und Standorten sowie Personalgruppen (Mitarbeiter, Führungskräfte, Arbeitnehmervertreter, Betriebsärzte (bzw. Betriebspsychologen, Behinderten-, Gleichstellungs-, Gesundheits- und Sicherheitsbeauftragte), Aufsichtsräte) unterscheiden kann. Es ist deshalb immer ein spezifisches Vorgehen zu konzipieren. Zudem ist es unerlässlich, die Maßnahmen an den jeweiligen Branchen-/Unternehmenskontext bzw. an die Zielgruppe mit betriebs-, bereichs- bzw. gruppenspezifischen Informationen anzupassen.

Bei der Einstellungsänderung spezifisch vorgehen!

Nun zunächst zur Initiierung der Alterns-Einstellungsrevision im Rahmen der »Alterns-Vermittlung« (»Alterns-Aufklärungskampagne«). Bei der systematischen, unternehmensweiten Durchführung der Alterns-Einstellungsrevision sollen so viele Unternehmensangehörige wie möglich erreicht werden, um die Alterns-Einstellungen bzw. -Vorurteile auf breiter Unternehmensbasis aufzudecken, zu widerlegen, zu korrigieren und zu ersetzen (▶ Overview »,Alterns-Aufklärungskampagne': Inhalte der Alterns-Einstellungsrevision«).

Übers Altern aufklären!

»Alterns-Aufklärungskampagne«: Inhalte der Alterns-Einstellungsrevision

1. **Aufdecken**: Häufigste negative Einstellungen bzw. Vorurteile gegenüber dem Altern, älteren Arbeitnehmern und betrieblichem Demografie-Management, sowie ihre Konsequenzen; und die häufigsten Alterns-Tabus zum Thema machen
   - idealerweise: Durchführung einer unternehmensweiten »Alterns-Einstellungsbefragung« (schriftlich, Online-

5

> Fragebogen) und Veröffentlichung der Ergebnisse zur
> Aufdeckung unternehmensspezifischer Einstellungen
> – siehe Kapitelabschnitt »Altern? Will ich nicht«
> – siehe ▶ Kap. 2, Overview: »Altern: Die häufigsten Ängste
>   und Tabus«
> – siehe ▶ Kap. 2, Overview: »Altern: Die häufigsten Ängste
>   und Tabus«
> 2. **Widerlegen**: Gegenüberstellung der negativen Alterns-
>   Einstellungen mit der Wirklichkeit des Alterns
>   – siehe vorheriger Kapitelabschnitt »Motiviert altern
>   (Alternsmotivation)«
> 3. **Korrigieren und Ersetzen**: Vermittlung der positiv-realisti-
>   schen Alterns-Einstellungen, die der Wirklichkeit des Alterns
>   gerecht werden
>   – siehe vorheriger Kapitel abschnitt, »Motiviert altern
>   (Alternsmotivation)«
>   – siehe ▶ Kap. 4, Overview: »Lerninhalte ,Alterns-Vermitt-
>   lung‘: Was jeder im Unternehmen über das Altern und sein
>   individuelles, betriebliches Management wissen sollte«

Dafür empfiehlt sich auch wieder die Verwendung der im Unternehmen bereits vorhandenen betriebsinternen Kommunikationskanäle. Denn letztlich ist die zentrale Methode zur Einstellungsänderung die **Kommunikation**. Kommunikationskanäle sind also Einstellungsänderungs-Kanäle, und grundsätzlich kommen auch wieder alle gängigen Kanäle in Frage; Alterns-Einstellungen, -Vorurteile und -Tabus können zum Thema gemacht werden in:

- regelmäßigen »Alterns-Newslettern«
- der Mitarbeiterzeitung (»Alterns-Kolumne«, »Spezialbeilage Altern«)
- »Alterns-Flyern« und »Alterns-Broschüren«
- geeigneten, ohnehin regelmäßig stattfindenden Meetings, Teambesprechungen und Betriebsversammlungen im Rahmen eines festen »Alterns-Tagesordnungspunktes«
- Mitarbeitergesprächen als »Alterns-Gesprächspunkt«
- regelmäßigen »Alterns-Tagen«, »Alterns-Veranstaltungen«, »Alterns-Vorträge«
- »Alterns-Webplattformen« im Intranet sowie auf Online-Foren, in Chat-Rooms und Blogs (insb. die »Digital Natives«-Generationen Y und Z können über diese Kanäle effektiver erreicht werden)

Handlungsempfehlungen für die Alternsaufklärung

Ebenso wie bei Alternsbewusstseins-Bildung und der Alternskompetenz-Entwicklung ist auch bei der »Alterns-Aufklärungskampagne« entscheidend, dass so unterschiedlich und so häufig wie möglich kommuniziert wird. Deshalb sollte auch die »Alterns-Aufklärungskampagne« in die Strukturen der Alternswissens-Vermittlung im Unternehmen integriert werden, damit Unternehmensangehörige kontinuierlich ihre Alterns-Einstellungen aktualisieren können. Außerdem ist in der Kommunikation noch mehr Offenheit und Transparenz gefragt, denn schließlich geht es ja um Vorurteile und Tabus – und darüber spricht man eigentlich nicht! Es gilt, kein Blatt vor den Mund zu nehmen; je einfacher, gelassener, lebendiger, lockerer und aktivierender kommuniziert wird, desto besser. Unerlässlich ist auch, dass die positiv-realistischen Alterns-Einstellungen nicht nur inhaltlich vermittelt, sondern auch vorgelebt werden; aber mehr dazu in ▸ Kap. 8.

Obwohl die »Alterns-Aufklärungskampagne« fast schon automatisch Diskussionen über Alterns-Einstellungen bzw. -Vorurteile und Altersbilder im Unternehmen anstößt, sollte trotzdem für die kontinuierliche Förderung einer unternehmensweiten, intensiv geführten Diskussion über diese Themen gesorgt werden: Einstellungen bzw. Vorurteile und Tabus rund ums Altern müssen zum Dauerthema gemacht werden; denn dies treibt die Alterns-Einstellungsrevision voran. Als besonders förderlich hat sich die Durchführung einer unternehmensweiten »Alterns-Einstellungsbefragung« (schriftlich, Online-Fragebogen) erwiesen (▸ Overview »‚Alterns-Aufklärungskampagne‘: Inhalte der Alterns-Einstellungsrevision«). Diese deckt nicht nur unternehmensspezifische Alterns-Einstellungen bzw. -Vorurteile auf, sondern evaluiert auch die Wirksamkeit der »Alterns-Aufklärungskampagne« bzw. die tatsächlich erfolgten Einstellungsänderungen. Und viel wichtiger: spätestens bei der Veröffentlichung der Ergebnisse belebt die »Alterns-Einstellungsbefragung« konstruktive Auseinandersetzungen und Diskussionen unter den Unternehmensangehörigen, und das Thema wird im Unternehmen breit gestreut.

Mit Alterns-Einstellungsbefragungen Vorurteile aufdecken!

Mit der unternehmensweit initiierten Alterns-Einstellungsrevision sind wir einen großen Schritt weiter und haben das Motivationshindernis im Unternehmenswandel Demografie-Management nun fast überwunden. Um dieses Hindernis jedoch ganz zu beseitigen, ist es unerlässlich, die Einstellungsänderung gezielt zu verstärken und nachhaltig zu verankern (»Alterns-Workshop«). Denn vor allem Führungskräfte, aber auch Arbeitnehmervertreter, Betriebsärzte (bzw. Betriebspsychologen, Behinderten-, Gleichstellungs-, Gesundheits- und Sicherheitsbeauftragte) und Aufsichtsräte sowie die *opinion leader* eines Unternehmens müssen nun noch dahingehend motiviert werden, damit sie ihre Schlüsselrolle bei der nachhaltigen Umsetzung von Demografie-Management auch ausüben und erfüllen wollen. Schließlich müssen sie ja nicht nur ihr eigenes Altern, sondern auch das Altern ihrer Mitarbeiter meistern wollen. Außerdem sollen sie diese auch noch für die Mitgestaltung dieses Prozesses motivieren und dabei positiv auf ihre Alterns-Einstellungen einwirken (▸ Kap. 7, 8).

Negative Alterns-Einstellungen revidieren!

Für die Durchführung des »Alterns-Workshops« gelten dieselben Inhalte und Prinzipien, wie bei der unternehmensweiten Alterns-Einstellungsrevision (»Alterns-Aufklärungskampagne«), auch wenn der Teilnehmerkreis dieser Maßnahme viel spezifischer (Führungskräf-

Alterns-Vorurteile und -tabus brechen!

te, Arbeitnehmervertreter, Betriebsärzte (bzw. Betriebspsychologen, Behinderten-, Gleichstellungs-, Gesundheits- und Sicherheitsbeauftragte), Aufsichtsräte, »*opinion leader*«) und kleiner ist (je nach Setting bis max. 15 Personen): (1) Inhalte: Aufdecken, Widerlegen, Korrigieren und Ersetzen von Alterns-Einstellungen; (2) Verwendung unterschiedlicher (Kommunikations-)Formen bzw. Mittel, und häufige Wiederholungen; (3) Einfache, gelassene, lebendige, lockere, aktivierende und interaktive Workshop-Gestaltung. Trotzdem gibt es bei der Durchführung der »Alterns-Workshops« eine Besonderheit, die Sie unbedingt berücksichtigen sollten (▸ Overview »Alterns-Einstellungen ändern, Tabus brechen: Was Sie dabei besonders beachten sollten«).

Alterns-Einstellungen ändern, Vorurteile und Tabus brechen: Was Sie dabei besonders beachten sollten
Über Alterns-Einstellungen, -Vorurteile und -Tabus spricht man nicht!
Obwohl man in Unternehmen inzwischen offener über gesundheitliche Themen und auch Tabus spricht, gilt dies noch lange nicht fürs Altern und noch weniger fürs Altern am Arbeitsplatz und schon gleich gar nicht für unsere Einstellungen, Vorurteile und Tabus rund ums Altern. Da sich die Alterns-Einstellungen bzw. -Vorurteile und Tabus besonders über das Führungsverhalten auswirken, befürchten Führungskräfte, unter besonderer Beobachtung und Anklage zu stehen. Zudem ist das alles ohnehin Privatsache. Außerdem macht Altern Angst – vor allem, wenn es um die Auseinandersetzung mit dem eigenen Altern geht und noch viel mehr, wenn es ums Altern meistern geht und noch einmal mehr, wenn das am Arbeitsplatz passieren soll.

Wie Sie die resultierenden »Anfassungsschwierigkeiten« überwinden
Die resultierenden Anfassungsschwierigkeiten müssen bei der Gestaltung von »Alterns-Workshops« unbedingt berücksichtigt werden.
1. Gefragt sind deshalb eine besonders vertrauensvolle Atmosphäre sowie Offenheit und Transparenz: Es gilt, kein Blatt vor den Mund zu nehmen. Auch darf es bei der Gestaltung keinesfalls an Lockerheit und Spaß fehlen, wenn die Teilnehmer ihre Alterns-Einstellungen, -Vorurteile und –Tabus aufdecken, widerlegen, korrigieren und ersetzen.
2. Ganz wichtig ist auch, jeden Teilnehmer sowohl in seiner professionellen Rolle anzusprechen, aber auch als Privatperson. Die Inhalte sollten für jeden Teilnehmer beruflich-betrieblich und persönlich-privat relevant gemacht werden: der Nutzen dieser »Alterns-Workshops« bzw. die Alterns-Einstellungsänderung für die Meisterung des eigenen Alterns im Privat- und

Arbeitsleben, aber auch für die Meisterung des Alterns seiner Mitarbeiter im verantworteten Tagesgeschäft muss unmissverständlich klar sein.

3. Deshalb ist es unerlässlich, die Workshops an die Bedürfnisse der jeweiligen Teilnehmer maßgeschneidert anzupassen, und zwar basierend auf einer vorab durchgeführten Bedarfsermittlung: Solche Bedarfsanalysen können entweder in Form einer schriftlichen »Alterns-Einstellungsbefragung« oder aber als interaktives »Alterns-Aufklärungsquiz« durchgeführt werden. Beide Verfahren, aber insbesondere natürlich die spielerische Quiz-Variante, sind gleichzeitig auch ein guter Workshop-Einstieg: sie lockern die Atmosphäre auf, binden die Teilnehmer in die inhaltliche Gestaltung mit ein, erhöhen die Aufmerksamkeit und die Motivation, sich aktiv und gemeinsam mit den Einstellungen, Vorurteilen und Tabus betreffend das eigene Altern, das Altern der anderen (Kollegen, Mitarbeiter, Vorgesetzte), seine individuelle, betriebliche Meisterung sowie die einzelnen Demografie-orientierten Maßnahmen des jeweiligen Demografie-Managements zu beschäftigen.

Aufgrund der methodischen und inhaltlichen Anforderungen der »Alterns-Workshops« empfiehlt es sich, für die Planung und Durchführung externe psychologische Alternsexpertise hinzuzuziehen.

Für die Revision der Alterns-Einstellungen und das Aufräumen mit Alterns-Vorurteilen und -Tabus, empfehlen sich spezifische Übungen, die den Teilnehmern eine strukturierte Gelegenheit geben, ihre Einstellungen, Vorurteile und persönlichen Tabu-Themen rund ums Altern aufzudecken, zu widerlegen, korrigieren und zu ersetzen. Der erste Schritt der Alterns-Einstellungsrevision beinhaltet das gemeinsame Aufdecken der Alterns-Einstellungen und -Vorurteile eines jeden Einzelnen. Dies ist, wie gesagt, eine äußerst sensible Aufgabe, und noch viel mehr, wenn es in einer alternsgemischten Gruppe um die gegenseitigen Vorurteile geht. Die Teilnehmer sollen gemeinsam kritisch reflektieren, von welchen Einstellungen und Vorurteilen sie sich in ihrem Denken, Fühlen und Handeln – meist unbewusst – leiten lassen. Um diesen Prozess systematisch zu gestalten, empfiehlt sich die Durchführung einer schriftlichen »Alterns-Einstellungsbefragung« (alleinige Bearbeitung) oder eines interaktiven »Alterns-Aufklärungsquiz« (einzelne Teilnehmer oder Kleingruppen spielen gegeneinander). Dafür bieten sich unterschiedliche Varianten:

1. Vorgabe unterschiedlicher Aussagen, die als richtig oder falsch beurteilt werden sollen: über das eigene Altern (z. B. Altern macht mich kränker), das Altern der anderen (z. B. meine älteren Mitarbeiter sind unproduktiv), die individuelle Alternsmeisterung (z. B. der Einzelne kann nur wenig dazu tun, im Alter

Verschiedene Wege reduzieren Alterns-Vorurteile und -tabus!

gesund zu bleiben), die betriebliche Alternsmeisterung (z. B. den Betrieb geht das Altern seines Personals gar nichts an) und über einzelne Demografie-orientierte Maßnahmen des jeweiligen Demografie-Managements (z. B. das neue alternsorientierte Arbeitszeitmodell ist nützlich und werde ich anwenden). In diesem Zusammenhang sollten auch »alternskritische« Eigenschaften (z. B. Leistungsfähigkeit) vorgegeben werden, deren Ausprägung auf einer Skala von 1-10 für verschiedene Altersgruppen (20-30, 30-40, 40-50, 50-60, 60-70, 70-80, 80+) beurteilt werden soll

2. Offene Bearbeitung: zum eigenen Altern, zum Altern der anderen (im privaten und beruflichen Kontext), zur individuellen und betrieblichen Alternsmeisterung sowie zu einzelnen Demografie-orientierten Maßnahmen des jeweiligen Demografie-Managements soll angegeben werden, was bzw. wie darüber gedacht, gefühlt und gehandelt wird.

Konsequenzen der Alterns-Vorurteile und -Tabus aufzeigen!

Entscheidend ist, dass die Antworten bzw. die Antwortergebnisse von den einzelnen Teilnehmern bzw. Kleingruppen präsentiert und diskutiert werden, und zwar unter Angabe der Begründung der Antworten. Alternativ können die Antworten auch eingesammelt, ausgewertet und anonym rückgemeldet werden, sodass zumindest jeder seine Antworten mit den Antworten der Kollegen vergleichen und diskutieren kann. In diesem Zusammenhang sollten den Teilnehmern auch unbedingt die Konsequenzen dieser so zutage geführten Alterns-Einstellungen bewusst gemacht werden. Es gilt, anhand konkreter Beispiele aus dem Alltags- und Berufsleben aufzuzeigen, dass und wie diese Einstellungen unser Denken, Fühlen und Handeln bestimmen, und zwar gegenüber dem eigenen Altern, dem Altern der anderen, der individuellen, betrieblichen Alternsmeisterung und gegenüber den Demografie-orientierten Maßnahmen im Unternehmen – und was dies wiederum für Konsequenzen hat, für jeden Einzelnen, Unternehmen und die Gesellschaft. Die selbsterfüllende Prophezeiung ist hier das zentrale Stichwort und sollte anhand konkreter Beispiele ausführlich erklärt werden. An dieser Stelle sollte auch unbedingt die Altersdiskriminierung bzw. *ageism* (Altersfeindlichkeit) zum Thema gemacht und diskutiert werden. Den Teilnehmern muss klar gemacht werden, dass negative Alterns-Einstellungen bzw. Vorurteile mit all ihren Konsequenzen jeden von uns treffen; es ist nur eine Frage der Zeit. Vertieft werden diese neuen Einsichten, indem sich die Teilnehmer anhand eigener Beispiele mit den Konsequenzen ihrer Alterns-Einstellungen auseinandersetzen und darüber gemeinsam diskutieren.

Alterns-Tabus brechen ohne Worte!

Für das Aufdecken von Alterns-Tabus braucht es ein spezifisches Vorgehen. Eine effektive Methode ist die sog. »Alterns-Taburunde« (▶ Overview »Alterns-Taburunde«: Über Alterns-Tabus reden, ohne zu reden«).

> **»Alterns-Taburunde«: Über Alterns-Tabus reden, ohne zu reden**
> Bei der »Alterns-Taburunde« geht es um das indirekte Bespre-
> chen von etwas, was eigentlich unaussprechbar ist; denn über
> Tabus spricht man nicht und schon gleich gar nicht, wenn diese
> etwas mit dem Altern zu tun haben. Altern ist das neue alte Tabu
> unserer (vermeintlich tabulosen) Zeit. Jeder Teilnehmer schreibt
> seine Alterns-Tabus auf eine Karte, die dann vom Workshop-Leiter
> gemischt und unter allen Teilnehmern verteilt werden. Nachdem
> jeder seine zugeteilte Tabu-Karte gelesen hat, gibt er sie an den
> Nachbarn weiter, bis jeder alle Karten gelesen hat. Im Anschluss
> daran werden alle Karten eingesammelt und vom Workshop-Lei-
> ter vernichtet. Obwohl die Alterns-Tabus im Workshop dezidiert
> nicht besprochen werden, entstehen in direkter oder verzögerter
> Folge rege Diskussionen, die – im Sinne einer paradoxen Inter-
> vention – Veränderungsprozesse bewirken, die Alterns-Tabus
> brechen.

Gemeinsam Alterns-Vorurteile reflektieren!

In einem zweiten Schritt geht es dann darum, die Antworten der Teilnehmer aus der »Alterns-Einstellungsbefragung« bzw. dem »Alterns-
Aufklärungsquiz« mit den richtigen Antworten bzw. mit der Wirklichkeit des Alterns zu konfrontieren (siehe vorheriger Kapitelabschnitt
»Motiviert altern (Alternsmotivation)«). Dieser Vergleich zeigt nicht
nur die Häufigkeit, Richtung und Ausprägung der vorhandenen Einstellungen und Vorurteile der Teilnehmer auf, sondern hilft auch,
vorhandene falsche Einstellungen und Vorurteile zu widerlegen. Die
Teilnehmer sollten im Anschluss die Gelegenheit bekommen, sich mit
ihren überkommenen Einstellungen und Vorurteilen, einschließlich
ihrer Konsequenzen, zu beschäftigen und diese zu reflektieren, jeder
für sich und dann gemeinsam in der Gruppe. Diese Reflexion auf
individueller und Gruppenebene trägt dazu bei, dass das Altern un-
voreingenommener, differenzierter und realitätsgerechter betrachtet
bzw. gedacht, gefühlt und behandelt werden kann.

**Differenzierte, realitätsge-
rechte Alterns-Einstellungen
entwickeln!**

Auf diesem Boden können nun die vorhandenen Einstellungen
entsprechend der Wirklichkeit des Alterns korrigiert und durch
eine positiv-realistische Alterns-Einstellung ersetzt werden. Es geht
um die Entwicklung differenzierter und realitätsgerechter Alterns-
Einstellungen, die die zu negativen und zu positiven Alterns-Einstellungen revidieren. Besonders wirksam in diesem Prozess ist, wenn
den Teilnehmern, die Stärken, Gewinne, Potenziale und Chancen des
Alterns demonstriert werden; sehr effektiv ist die Verwendung konkreter Beispiele und auch Biografien aus unserer Zeitgeschichte, aber
auch aus Philosophie, Literatur und Kunst. Dabei dürfen natürlich
nicht die möglichen Schwächen, Verluste und Risiken des Alterns
vernachlässigt werden. Trotzdem soll letztlich jeder Teilnehmer seine neue positiv-realistische Alterns-Einstellung für sich selbst bzw.

in der Gruppe interaktiv erarbeiten, und zwar mittels Diskutieren und Reflektieren. Über diesen Weg verinnerlichen die Teilnehmer die neue positiv-realistische Alterns-Einstellung, die wiederum ein positiv-realistisches Denken, Fühlen und Handeln gegenüber dem Altern fördern.

Lust aufs Altern (managen) machen!

Eine weitere wichtige Aufgabe für die Erzeugung und Förderung der Alternsmotivation ist, den Teilnehmern des »Alterns-Workshops« sowie den Adressaten der »Alterns-Aufklärungskampagne« ganz einfach »Lust« zu machen auf ihr Altern und seine Gestaltung; Altern gestalten soll Spaß machen. Die Motivation, die eigene (körperliche, psychische, soziale) Gesundheit sowie die Arbeits- und Leistungsfähigkeit ein Leben lang zu erhalten und zu steigern, kann nämlich gefördert werden und ist auch eine wesentliche Führungsaufgabe im Demografie-Management (siehe ► Kap. 7, 8). Dafür ist es wichtig, neben der Alterns-Einstellungsrevision auch die individuellen Bedürfnisse und Motive anzusprechen. Da wir uns am wahrscheinlichsten ändern, wenn uns dies Vorteile bringt und wir ansonsten Nachteile erleiden, ist es wichtig, diese auch explizit zu vermitteln: Was bringt die Alternsmeisterung, und in diesem Zusammenhang die Alterns-Einstellungsrevision, und wovor bewahrt sie uns (siehe insb. vorherige Kapitelabschnitte; ► Kap. 4, Abschnitt »Qualifiziert altern [Alternskompetenz]«)?

Betriebliche Alternsgestaltung verkaufen!

Außerdem brauchen wir dafür auch – wie im Übrigen für jede Veränderung – eine klare und konkrete Alterns-Vision bzw. -Mission, die jedes Unternehmen unbedingt für sein Demografie-Management entwickeln und durch entsprechende Kommunikationsmaßnahmen »auf die Straße« bringen sollte; aber mehr dazu im nächsten Kapitel über Alternskommunikation. Die Motivation, das Altern zu gestalten, im Unternehmen und darüber hinaus, steigt natürlich auch, wenn die Alterns-Gestaltungsmaßnahmen (insbesondere betriebliches Demografie-Management) persönlich und beruflich nützlich, wirksam und leicht anzuwenden sind. Bei der Entwicklung der Demografie-orientierten Maßnahmen ist dies unbedingt zu berücksichtigen. Außerdem sollte dies natürlich auch effektiv und emotional kommuniziert werden: sowohl in den »Alterns-Workshops« als auch in der »Alterns-Aufklärungskampagne« sollte der persönliche, berufliche Nutzen, die Wirksamkeit und die leichte Anwendbarkeit durch konkrete Fakten bewiesen werden. Entsprechende Anreize bzw. Incentives im Unternehmen, die den persönlichen und beruflichen Nutzen der Anwendung von Demografie-Management steigern, verstärken die Alternsmotivation enorm. Vor allem was die Umsetzung und Anwendung von betrieblichem Demografie-Management anbelangt, sind entsprechende Änderungen der jährlichen Bewertungskennzahlen für Führungskräfte bzw. einzelne Unternehmensbereiche und Abteilungen sehr förderlich.

Alterns-Zukunftsperspektiven entwickeln!

Damit die so gesteigerte »Lust« auf das Altern und seine Gestaltung effektiv in konkrete Handlungen umgesetzt werden kann, brauchen Menschen auch konkrete alternsorientierte Ziele bzw.

Absichten und Pläne. Es geht um die Entwicklung einer individuellen »Alterns-Zukunftsperspektive« – im Falle der Führungskräfte für das eigene Altern und das Altern ihrer Mitarbeiter –, die konkrete Alterns-Ziele und -Pläne enthält. Der »Alterns-Workshop« hat sich als empfehlenswerter Rahmen bewährt, in dem jeder Einzelne seine konkreten alternsorientierten Ziele und Pläne erarbeiten kann (z. B.: »Welche konkreten alternsorientierten Ziele und Pläne haben Sie für die zukünftige Dekade in Bezug auf Erhalt bzw. Steigerung Ihrer körperlichen, psychischen, sozialen Gesundheit sowie Arbeits- und Leistungsfähigkeit?«). Allerdings geht es bei der Entwicklung einer »Alterns-Zukunftsperspektive« meist auch um die Bewältigung sehr persönlicher, beruflicher alterskritischer Anforderungen des Einzelnen, die im Gruppensetting nicht bearbeitet werden sollen. Deshalb empfiehlt sich auch hier wieder der Einsatz professioneller »Alterns-Begleitung«, vor allem bei Führungskräften. Sie unterstützt nämlich auch bei der individuellen Zielsetzung und Planung der Alternsgestaltung – und zwar bedürfnis- und lebensphasenorientiert.

Damit sind wir nun am Ende der Alterns-Motivierung angelangt: das Unternehmen ist jetzt nicht nur alterns-bewusst (▶ Kap. 3) und alterns-kompetent (▶ Kap. 4), sondern auch alterns-motiviert. Um wieder in unserem Bilde zu sprechen: die Unternehmensangehörigen, die sich aufgrund der Alterns-Sensibilisierungsmaßnahmen in Position gebracht haben, um im »Demografie-/Alterns-Sturm« rechtzeitig die »Segel zu setzen«, und dies aufgrund der Alterns-Qualifizierungsmaßnahmen nun auch können, sind aufgrund der Alterns-Motivierungsmaßnahmen nun auch dafür bereit und *wollen* die Segel setzen.

Ready to age! Ihr Unternehmen ist jetzt alterns-motiviert!

Kommunizieren! Altern muss thematisiert werden (Säule 4)

>> Let's talk about (age), baby. Let's talk about you and me. Let's talk about all the good things and the bad things that may be. (Salt-n-Pepa) <<

Nun haben wir die Unternehmensangehörigen fürs Demografie-Management nicht nur sensibilisiert (Säule 1: Alternsbewusstsein, ▶ Kap. 3) und qualifiziert (Säule 2: Alternskompetenz, ▶ Kap. 4), sondern auch motiviert (Säule 3: Alternsmotivation, ▶ Kap. 5). Das notwendige »Bewusstsein«, »Wissen, Können« und auch das »Wollen« sind sichergestellt; wir haben die häufigsten personalen Hindernisse im Demografie-Management überwunden. Deshalb beschäftigen wir uns in diesem und in den nächsten beiden Kapiteln mit der Überwindung der häufigsten organisationalen Hindernisse. Es geht um das »Dürfen, Sollen«: denn Altern und sein betriebliches Management müssen auch im Unternehmen »erlaubt« bzw. gefordert und gefördert werden, und zwar durch entsprechende Kommunikation, Führung und Kultur. In diesem Kapitel gehen wir den nächsten logischen Schritt in unserem Vorhaben, ein Unternehmen und sein Personal »*ready*« zu machen für die nachhaltige Umsetzung von Demografie-Management: die Etablierung einer alternsförderlichen Kommunikation im Unternehmen (Alternskommunikation). Dies ist die vierte Säule des erfolgreichen Demografie-Managements, die das in der Praxis ebenso weit verbreitete organisationale »Kommunikationshindernis« im Unternehmenswandel Demografie-Management überwindet. Ängste und Widerstände werden reduziert, Akzeptanz und Vertrauen aufgebaut. Basierend auf der »Psychologie des Alterns« hilft Ihnen das Kapitel zu verstehen, *was* mit dem organisationalen Erfolgsfaktor »Alternskommunikation« gemeint ist (*Know-What*), und *warum* dieser so wichtig ist für die Umsetzung von Demografie-Management (*Know-Why*). Doch auch hier beschäftigen wir uns nicht nur damit, was idealerweise sein sollte, sondern auch damit, wie Sie diesen organisationalen Erfolgsfaktor konkret im Unternehmen realisieren können. Das Kapitel unterstützt Sie mit praxisnahem Wissen und konkreten Handlungsempfehlungen, damit Sie die Etablierung einer Alternskommunikation in der betrieblichen Praxis erfolgreich meistern (*Know-How*).

6.1   Altern? Darf ich nicht!

Alternsmotivation ist notwendig, aber nicht hinreichend für erfolgreiches Demografie-Management.

Ändern sich nun die »Gewohnheitstiere« Menschen in einem Unternehmen, wenn sie durch alternspsychologische Sensibilisierungs-, Qualifizierungs- und Motivierungsmaßnahmen (▶ Kap. 3, 4, 5) nicht nur das erforderliche Problembewusstsein und die Kompetenzen haben, sondern auch die notwendige Motivation? Setzen sie jetzt tatsächlich die Segel im »Demografie-/Alterns-Sturm« und tragen den besonderen Unternehmenswandel Demografie-Management ohne Angst und ohne Widerstand mit? Wieder muss ich Sie enttäuschen: Die Unternehmensangehörigen verharren immer noch in der Position zum Segelsetzen und haben noch immer Angst vor den Veränderungen »Altern« und »Demografie-Management«. Die Widerstände sind nach wie vor groß – auch wenn diese aufgrund der Motivierungsmaßnahmen noch einmal deutlich gesunken sind, und Vertrauen und Akzeptanz weiter aufgebaut wurden. Zu Recht werden Sie sich nun noch ungeduldiger fragen, warum das so ist, und ob die ganze »Motiviererei« auch umsonst war. Aber auch hier kann ich Sie wieder beruhigen: die Förderung der Alternsmotivation war keinesfalls umsonst, ganz im Gegenteil. Denn im Unternehmenswandel Demografie-Management ist sie eine weitere Grundvoraussetzung für den Abbau von Widerständen und die Schaffung von Akzeptanz und Vertrauen. Alternsmotivation überwindet das in der Praxis ebenso weit verbreitete Umsetzungs-Hindernis im Demografie-Management: das **Motivationshindernis**. Unternehmensweite Alternsmotivation ist absolut *notwendig* für die erfolgreiche Umsetzung, Anwendung und Beibehaltung von Demografie-Management, jedoch wieder *nicht hinreichend*.

Wir Menschen sind wirklich hartnäckige »Gewohnheitstiere«: Nur weil wir uns einem Problem bewusst sind, es lösen können und auch wollen, heißt das noch lange nicht, dass wir dies auch tatsächlich tun. Schließlich kennt das jeder von sich selbst nur zu gut, dass zwischen dem, was man weiß, kann und will und dem, was man tatsächlich tut, oft eine große Diskrepanz besteht. Denn wir tun bzw. verändern uns nur dann, wenn wir wahrnehmen, dass wir dies in unserem Umfeld auch *dürfen bzw. sollen*. Es geht also um unsere Umgebung, denn die muss schließlich auch wollen, dass wir uns verändern. Unser Tun und Handeln muss in unserem Umfeld auch erlaubt oder erwünscht sein. Für Ihr Veränderungsvorhaben »Demografie-Management« bedeutet dies: Nur weil die Unternehmensangehörigen über Alternsbewusstsein, Alternskompetenzen und auch Alternsmotivation verfügen, heißt das noch lange nicht, dass das eigene Altern bzw. das Altern im Unternehmen auch gemeistert wird. Ein »alterns-sensibilisiertes«, »alterns-qualifiziertes« und »alterns-motiviertes« Unternehmen ist noch nicht »*ready*« für den Unternehmenswandel Demografie-Management. Schließlich muss Altern und sein Management auch erlaubt oder erwünscht sein bzw. gefordert und gefördert werden, damit Demografie-Management nachhaltig umgesetzt werden kann.

Denn jede Veränderung, personal wie organisational, erfordert meist eine Veränderung des eigenen Verhaltens, des Tuns. Auch unser neues Altern erfordert ein neues Tun, und zwar im Sinne der Alternsmeisterung (Alterns-Empowerment, Progressives Altern, ▶ Kap. 4) und damit der Umsetzung und Anwendung von Demografie-orientierten Maßnahmen. Jedes neue Tun muss nicht nur bewusst, gekannt, gekonnt und gewollt werden, sondern auch erlaubt sein. Und dieses »Altern-Dürfen bzw. -Sollen« ist im betrieblichen Kontext eine Frage der Unternehmenskommunikation, der Führung und Unternehmenskultur. Außerdem dürfen wir nicht vergessen, dass auch das »Alterns-Bewusstsein«, »Altern-Wissen«, »Altern-Können« und »Altern-Wollen« eine Frage dieser organisationalen Faktoren sind; sie

Altern (managen) muss auch erlaubt werden!

Altern ist deshalb auch Kommunikations-, Führungs- und Kultursache!

werden von der Kommunikation, Führung und Kultur eines Unternehmens nachhaltig beeinflusst. Was wir in Bezug auf unser Altern tun, und zwar im Sinne der individuellen und betrieblichen Altersmeisterung, hängt also auch zu einem großen Teil von unserer Umgebung ab. Damit wird auch die Nachhaltigkeit der Umsetzung von betrieblichem Demografie-Management zur Kommunikationssache (mit der wir uns in diesem Kapitel beschäftigen) sowie zur Führungs- und Kultursache (mehr dazu ▶ Kap. 7 und 8).

Mit Kommunikation steht und fällt ein Veränderungsvorhaben, und das gilt vor allem für den besonderen Unternehmenswandel Demografie-Management: sein Erfolg oder Scheitern ist primär eine Frage der Kommunikation. Arbeiten im 21. Jahrhundert wäre ohne Kommunikation undenkbar und letztlich unmöglich:

» Wir können nicht nicht kommunizieren «

Wir können nicht nicht übers Altern kommunizieren!

bemerkte Paul Watzlawik trefflich. Ebenso unmöglich ist Demografie-Management ohne Kommunikation, insbesondere wenn es um seine Umsetzung, Anwendung und Beibehaltung in der betrieblichen Praxis geht: »Wir können nicht nicht übers Altern kommunizieren«. Denn Kommunikation wirkt wie ein Katalysator. Ohne diesen können die notwendigen Veränderungsprozesse weder initiiert und noch durchgeführt werden. Als »Allrounder«-Maßnahme begleitet Kommunikation diese Prozesse und hält sie am Laufen, und zwar von Projektbeginn bis zum Abschluss und darüber hinaus, d. h. bis Demografie-Management nachhaltig im Unternehmen verankert wurde.

Kommunikation spielt die Schlüsselrolle im Demografie-Management.

Innerbetriebliche Alternskommunikation vermittelt in erster Linie die notwendigen Informationen für das Veränderungsvorhaben Demografie-Management an die Unternehmensangehörigen; sie schafft ein gemeinsames Verständnis für seine Ziele und Gründe sowie dafür, wie Demografie-Management konkret umgesetzt werden soll, was die individuellen und bereichsspezifischen Beiträge zur Zielerreichung sind, welche Fortschritte bereits gemacht wurden, und welche Probleme es gibt. Außerdem erzeugt sie die unternehmensweite Wahrnehmung, dass Altern und sein betriebliches Management erlaubt und erwünscht sind. Schließlich macht sie das angstbesetzte und tabuisierte Altern zum Thema und fördert den notwendigen Austausch und Dialog darüber. Insgesamt spielt innerbetriebliche Alternskommunikation eine Schlüsselrolle bei der Realisierung der sechs Säulen des erfolgreichen Demografie-Managements (▶ Overview »Kommunikation im Demografie-Management…«).

Kommunikation im Demografie-Management…
1. … informiert, erlaubt und redet übers Altern: Etablierung Alternskommunikation (Säule 4)
   a. Vermittlung der notwendigen Informationen über das Demografie-Management Projekt im Unternehmen, und

zwar in der Startphase, während der Durchführung, bis zur Verankerung (interne Öffentlichkeitsarbeit). Die Informationen sollten folgende Fragen beantworten:

- Was sind Richtung und Ziele des Veränderungsvorhabens Demografie-Management und seiner konkreten Maßnahmen?
- Warum wird Demografie-Management eingeführt (Notwendigkeit, Dringlichkeit, Nutzen, Kosten)?
- Was ist die Strategie und der Plan zur Implementierung von Demografie-Management (konkrete Schritte, Zeitplan)? Welche finanziellen, personellen, zeitlichen Ressourcen stehen zur Verfügung? Wer ist verantwortlich? Wer ist Ansprechpartner? Unterstützt das Top-Management das Projekt?
- Was sind die Beiträge des Einzelnen bzw. der Funktionsbereiche, Abteilungen und Gruppen zur Zielerreichung?
- Wie ist der aktuelle Stand des Demografie-Management Projekts? Welche Fortschritte und Erfolge wurden bisher erzielt? Welche Schwierigkeiten und Probleme sind aufgetreten?

    b. Erzeugung der Wahrnehmung, dass Altern (managen) erlaubt bzw. erwünscht ist

    c. »Übers Altern reden«

2. …sensibilisiert: Bildung Alternsbewusstsein (Säule 1, ▶ Kap. 3)
3. …qualifiziert: Entwicklung Alternskompetenz (Säule 2, ▶ Kap. 4)
4. …motiviert: Förderung Alternsmotivation, insb. Alterns-Einstellungsrevision (Säule 3, ▶ Kap. 5)
5. …führt: Entwicklung und Vehikel der Alternsführung (Säule 5, ▶ Kap. 7)
6. …kultiviert: Verankerung und Vehikel der Alternskultur (Säule 6, ▶ Kap. 8)

Allerdings wird die Rolle und Bedeutung der Kommunikation im Demografie-Management von den meisten Unternehmen nach wie vor unterschätzt – und zwar nicht nur, was die interne Kommunikationsstrategie anbelangt, sondern auch die Kommunikation zwischen Führungskräften und ihren Mitarbeitern sowie die Kommunikation von Führungskräften und Mitarbeitern untereinander. Viel zu häufig hört man von Seiten der Mitarbeiter und Führungskräfte aller Organisationsebenen und Funktionsbereiche bzw. Abteilungen sowie Standorte:
Demografie-Management? Davon weiß ich nichts!

- **Fehlende, falsche Information**
- »Demografie-Management? Bei uns? Davon weiß ich ja gar nichts! Wir waren überhaupt nicht informiert, dass Demografie-Management eingeführt werden soll.«

- »Ich bin mir nicht sicher, ob Demografie-Management bei uns eingeführt werden soll. Aber es wird ja immer wieder mal was eingeführt, und auch schnell wieder beendet. Wie immer.«
- »Eigentlich weiß ich gar nicht, was Demografie-Management überhaupt soll, worauf es abzielt, warum wir das überhaupt machen und wie das genau ablaufen soll.«

- **Fehlende Erlaubnis bzw. Nicht-Dürfen, -Sollen**
- »Ich glaub nicht, dass es besonders gut kommt, beim Demografie-Management mitzumachen. Das fällt bestimmt negativ auf einen zurück irgendwann. Die wollen uns nur testen.«
- »Die führen ja nur Demografie-Management ein, damit sie auch was für den demografischen Wandel tun; PR halt. Aber keiner will, dass wir das wirklich alles nutzen.«
- »Ich kann mir nicht vorstellen, dass mein Chef will, dass ich davon wirklich was in Anspruch nehme. Das hätte Konsequenzen, und keine guten. Der will doch nur, dass ich meine Arbeit mache.«

- **Fehlender Austausch und Dialog**
- »Übers Altern reden? Mit meinem Chef oder meinen Kollegen? Nie im Leben.«
- »Altern und Demografie-Management ist kein Thema bei uns in der Firma. Da wird nicht drüber gesprochen.«
- »Ich hab gehört, dass bei uns Demografie-Management eingeführt werden soll. Aber reden drüber tut eigentlich keiner.«

Bei der Kommunikation in Demografie-Management-Projekten ist man auch immer mit ganz einfachen kommunikativen Missverständnissen konfrontiert, denn

> » ...gesagt ist noch nicht gehört, und gehört ist noch nicht verstanden, und verstanden ist noch nicht einverstanden (Konrad Lorenz) «

Kommunikative Missverständnisse im Demografie-Management

Kommunikation ist äußerst störanfällig. Zu einer effektiven Kommunikation gehören immer zwei: Kommunikation ist eine Beziehung zwischen dem Sender und dem Empfänger. Und diese senden und empfangen laut Friedemann Schulz von Thun nicht nur auf mehreren Ebenen (Sachebene, Beziehungsebene, Appell und Selbstkundgabe), sondern auch verbal und non-verbal – und das passt oftmals nicht zusammen. Deshalb entstehen häufig Kommunikationsfehler, und zwar auf beiden Seiten: Fehler beim Senden, aber auch beim Empfangen. Die Konsequenz ist, dass nicht jede Botschaft immer so ankommt, wie sie gemeint war. Wir erleben das selbst immer wieder; meist sogar mehrmals täglich (◘ Tab. 6.1).

Gerüchte im Demografie-Management

Im Unternehmenswandel Demografie-Management entstehen aus kommunikativen Missverständnissen auch sehr leicht Gerüchte (Flüsterpost-Prinzip), die sich enorm schnell im Unternehmen

◘ **Tab. 6.1** Alternskommunikation: Kommunikative Missverständnisse im Demografie-Management, ein Beispiel«

Kommunikations-ebene	Chef…	Mitarbeiter…
Sachebene	…sagt: »Sie sollten sich überlegen, am ‚Perspektiven-Work-shop 50+' teilzuneh-men.«	…hört: »Sie sollten sich überlegen, am ‚Perspektiven-Work-shop 50+' teilneh-men.«
Selbst-Kundgabe	…möchte kundtun: »Ich glaube an Ihren Erfolg, und möchte Sie halten und fördern.«	…glaubt, Chef möchte kundtun: »Ich zweifle an Ihrem Erfolg und will Sie aufs Abstellgleis manöv-rieren.«
Appell	…möchte Mitarbeiter auffordern: »Nehmen Sie am Workshop teil.«	…glaubt, Chef möch-te ihn auffordern: »Ge-hen Sie doch endlich in Rente.«
Beziehungsebene	…denkt über Mit-arbeiter: »Er ist ein guter Mitarbeiter, ich schätze ihn.«	…glaubt, dass Chef denkt: »Er ist ein Ver-sager und ich verachte ihn.«

verbreiten und meist negativen Inhalt haben (z. B. »In unserer Fir-ma wird Demografie-Management eingeführt.« → »Ich habe gehört, dass Demografie-Management eingeführt wird, und vielleicht ent-lassen die deshalb ja ältere Mitarbeiter.« → »Unsere Firma entlässt bald eine Reihe älterer Mitarbeiter.« Kommunikative Missverständ-nisse und Gerüchte können auch selbst Widerstände verursachen. Außerdem wachsen inhaltliche und emotionale Unsicherheiten und daraus resultierende Ängste (▶ Kap. 4, »Altern? Weiß ich nicht, kann ich nicht«).

In Demografie-Management Projekten ist es eher die Regel als die Ausnahme, dass die Unternehmensangehörigen nicht ausrei-chend informiert sind. Zu wenige, falsche oder lückenhafte Informa-tionen sind an der Tagesordnung. Die Wenigsten verstehen, wohin ihr Unternehmen mit der Einführung von Demografie-Management will, was die Ziele und Gründe sind. Auch die Beiträge des Ein-zelnen bzw. der Funktionsbereiche, Abteilungen und Gruppen zur Zielerreichung sind meist unklar, ebenso wie die konkrete Umset-zungsstrategie und -pläne. Den aktuellen Stand, die Erfolge und Pro-bleme des Demografie-Management-Projekts können die Wenigsten nennen. Dasselbe gilt für die Wahrnehmung, dass Altern und sein betriebliches Management eigentlich gar nicht erlaubt, geschweige denn erwünscht sind. Selbst wenn die Einführung von Demografie-Management angekündigt wird, sind die meisten der festen Über-zeugung, dass Altern am Arbeitsplatz kein Thema sein darf bzw. soll,

Es wird nicht übers Altern geredet.

geschweige denn seine Gestaltung. Häufig wird auch vermutet, dass das Unternehmen mit Demografie-orientierten Maßnahmen heimlich »ausselektieren« will. Außerdem wird in Unternehmen, trotz der Einführung von Demografie-Management, auch nicht wirklich nachhaltig »übers Altern geredet«. Altern wird nicht zum nachhaltigen »Dauer-Thema« gemacht, und es fehlt an der notwendigen Transparenz, Offenheit und Klarheit.

Meist wird zu spät, zu selten und zu kompliziert kommuniziert.

Denn i. d.R. wird im Unternehmenswandel Demografie-Management viel zu wenig kommuniziert, und es wird keine spezifische Kommunikationsstrategie für dieses Veränderungsvorhaben entwickelt. Häufig fehlt es auch an dem dafür notwendigen Budget und den personellen Ressourcen. Wenn im Demografie-Management kommuniziert wird, dann nur am Projektbeginn; das so wichtige kontinuierliche Berichten über Fortschritte, Erfolge und erreichte Ziele bleibt meist aus. Insgesamt wird viel zu spät, zu selten und zu kompliziert kommuniziert, mit zu vielen Inhalten. Die Unternehmensangehörigen fühlen sich von der meist zu nüchternen Vermittlung von Zahlen, Daten und Fakten überfordert, vor allem, da es um das sensible Angst- und Tabuthema Altern geht. Außerdem passen die kommunizierten Inhalte und Botschaften über das Altern und sein Management oftmals nicht mit dem zusammen, was im Arbeitsalltag gelebt wird (z. B. wenn im Unternehmen zu lebenslangem Lernen aufgerufen wird, aber keine Weiterbildungsmöglichkeiten für Mitarbeiter über 50 angeboten werden). Zudem werden häufig auch Botschaften gesendet, die widersprüchlich und in sich nicht stimmig sind. Ein ebenso verbreitetes Problem ist, dass nur einseitig kommuniziert wird, und es keine Dialog- bzw. Austauschmöglichkeiten übers Altern gibt: offene Fragen, Anliegen, Einwände und Gegenvorschläge, aber auch Bedenken, Befürchtungen und Ängste der Unternehmensangehörigen bleiben auf der Strecke. Meist werden auch nicht alle relevanten Personalgruppen bzw. Unternehmensebenen, Funktionsbereiche, Abteilungen und Standorte adäquat angesprochen und einbezogen. Auch die Frage der Stakeholder-Kommunikation bleibt meist ungeklärt.

Kommunikationsfehler sind ein großes Hindernis im Demografie-Management.

Diese Kommunikationsfehler sind nicht selten, auch in bekannten Unternehmen. Das Ergebnis ist, dass das Veränderungsvorhaben Demografie-Management abgebrochen wird, bevor es überhaupt begonnen hat. Kommunikationsfehler gelten deshalb als eines der größten Hindernisse bei der Umsetzung von betrieblichem Demografie-Management (Kommunikationshindernis). Wenn die Unternehmensangehörigen nicht ausreichend informiert sind, Altern bzw. Altern managen vermeintlich »nicht gedurft« wird, und man auch nicht übers Altern redet, dann bleibt Altern und Demografie-Management eine Bedrohung und macht Angst. Denn ohne Information, Erlaubnis und Reden stehen die Unternehmensangehörigen der vermeintlichen Bedrohung ohnmächtig gegenüber: man ist nicht informiert, darf nichts tun und redet auch nicht darüber. Dadurch bleiben die Unternehmensangehörigen außen vor – und das in einem

Veränderungsvorhaben, das eigentlich alle angeht; man fühlt sich ausgeschlossen, unbeachtet und unwichtig.

Anstatt sich konstruktiv mit dem eigenen Altern und dem Altern des Unternehmens auseinanderzusetzen und es zu gestalten, entstehen hartnäckige Widerstände – sowohl gegen den individuellen als auch betrieblichen Umgang mit dem eigenen Altern und damit auch gegen das Veränderungsvorhaben Demografie-Management. Solange die Unternehmensangehörigen nicht die notwendigen Informationen über das Veränderungsvorhaben Demografie-Management haben, nicht sehen, dass Altern und Demografie-Management erlaubt und sogar erwünscht sind, und sie auch nicht darüber reden, bleiben die notwendigen personalen und organisationalen Veränderungsprozesse ein Ding der Unmöglichkeit. Demografie-orientierte Maßnahmen werden nicht umgesetzt, geschweige denn angewendet oder beibehalten.

Ohne Kommunikation entstehen Widerstände.

Besonders kritisch wirken sich die Kommunikationsfehler bei Führungskräften aus. Denn als Schlüsselpersonen im Demografie-Management müssen sie nicht nur ihr eigenes Altern managen, sondern auch das Altern ihrer Mitarbeiter (▶ Kap. 7). Vor allem wenn es um deren Qualifizierung und Motivierung für den Unternehmenswandel Demografie-Management geht, sind Führungskräfte enorm wichtig (▶ Kap. 4, 5). Genauso wichtig sind Führungskräfte aber auch für die Alternskommunikation. Denn für Mitarbeiter zählt primär, was von ihren direkten Vorgesetzten kommuniziert wird: die Informationen und Erlaubnis des Vorgesetzten, aber auch das Reden mit dem Vorgesetzten in Bezug auf Altern und sein betriebliches Management ist am wichtigsten. Führungskräfte sind für ihre Mitarbeiter *die* wichtigen und dauerhaften Ansprechpartner vor Ort, und zwar in zahlreichen und vielfältigen Belangen – jedoch nicht nur als Arbeitsorganisatoren, sondern auch als »Menschen« (▶ Kap. 7). Ähnliches gilt für Arbeitnehmervertreter, Betriebsärzte (bzw. Betriebspsychologen, Behinderten-, Gleichstellungs-, Gesundheits- und Sicherheitsbeauftragte) und auch Aufsichtsräte. Ohne richtige und ausreichende Informationen, »Erlaubnis« für Altern und sein betriebliches Management und ohne darüber reden, wird die Alternskommunikation für die genannten Personalgruppen schnell zur Doppelbelastung, die nicht bewältigt werden kann.

Bedeutung der Kommunikation des direkten Vorgesetzten

Trotzdem liegen die Informiertheit der Unternehmensangehörigen und seine Wahrnehmung des »Altern-(managen)-Dürfens bzw. Sollens« nicht nur an betrieblichen Kommunikationsfehlern. Denn selbst bei einer gut umgesetzten, innerbetrieblichen Alternskommunikations-Strategie (▶ Abschn. 6.2) passiert es immer wieder, dass sich Mitarbeiter und Führungskräfte nicht genügend informiert fühlen und glauben, dass das Unternehmen Altern und sein betriebliches Management nicht erlaubt bzw. erwünscht. **Denn Information ist letztlich nicht nur »Bringschuld« des Unternehmens, sondern auch »Holschuld« der Unternehmensangehörigen.** Obwohl dies schwierig zu

Kommunikation im Demografie-Management ist auch Holschuld!

vermitteln ist, sollte diese gemeinsame **Informationsverantwortung** deutlich kommuniziert und im Arbeitsalltag auch vorgelebt werden.

6.2   Altern ist Kommunikationssache

Übers Altern reden ist zentrale Aufgabe im Demografie-Management.

Eine der wichtigsten und dringendsten Aufgaben im Unternehmenswandel Demografie-Management ist deshalb die Entwicklung einer innerbetrieblichen Alternskommunikation – die nicht nur ausreichend übers Altern und sein betriebliches Management informiert, sondern dies auch erlaubt und das Reden übers Altern fördert (4. Säule des erfolgreichen Demografie-Managements). Ähnlich wie bei der Entwicklung von Alternsbewusstsein (► Kap. 3), Alternskompetenz (► Kap. 4) und Alternsmotivation (► Kap. 5), ist diese Aufgabe auch wieder weit mehr als nur der vierte Schritt, ein Unternehmen und sein Personal »*ready*« zu machen für die nachhaltige Umsetzung von Demografie-Management. Auch ihre Tragweite geht wieder weit über die Überwindung des Kommunikationshindernisses und den resultierenden Abbau der hartnäckigen Widerstände im Demografie-Management hinaus.

Die Zukunft unseres Alterns ist Kommunikationssache!

Die Zukunft unseres Alterns ist Kommunikationssache: Wir können uns ein »Nicht-Informieren« und »Nicht-Erlauben« (Unternehmen) bzw. ein »Nicht-Informiertsein« und »Nicht-Erlaubtsein« (jeder Einzelne) nicht mehr länger leisten. Denn übers Altern und sein Management informiert sein, darüber reden und es auch dürfen, macht unser Altern bzw. Älterwerden angstfreier, tabufreier, beruhigter und gelassener. Alternskommunikation – natürlich mit dem notwendigen Alternsbewusstsein (► Kap. 3), Alternskompetenzen (► Kap. 4) und einer positiv-realistischen Alterns-Einstellung bzw. -Motivation (► Kap. 5) – fördert die individuelle und betriebliche Bewältigung des Alterns; seine Risiken werden reduziert und seine Chancen können genutzt bzw. optimiert werden. Es werden deshalb die Unternehmen am zukunftsfähigsten sein, die übers Altern und sein Management informieren, dies erlauben und darüber reden. Wer kommuniziert, gewinnt. Alternskommunikation ist die erfolgskritische Größe in jedem Demografie-Management-Projekt: Denn effektive Alternskommunikation initiiert die notwendigen personalen und organisationalen Veränderungsprozesse im Demografie-Management und hält sie am Laufen, und zwar so lange, bis Demografie-Management nachhaltig im Unternehmen verankert wurde. Alternskommunikation stellt immer wieder den Kontakt bzw. die Beziehung zwischen dem Demografie-Management Projekt und den Unternehmensangehörigen her, die nicht nur Empfänger sondern auch Sender sind.

Alternskommunikation verändert.

Doch was bedeutet Alternskommunikation genau? Ebenso wie die Entwicklung des Alternsbewusstseins, der Alternskompetenz und Alternsmotivation wäre auch die Alternskommunikation ohne die Psychologie völlig undenkbar. Denn schließlich geht es bei der

Alternskommunikation darum, das Denken, Fühlen und Handeln der Unternehmensangehörigen in Bezug auf den bevorstehenden Unternehmenswandel Demografie-Management positiv zu beeinflussen. Und dabei kann uns die »Psychologie des Alterns« helfen, und zwar in dem sie uns sagt, wie man richtig informiert, erlaubt und miteinander redet, wenn es ums Altern und sein betriebliches Management geht.

In erster Linie schafft Alternskommunikation die notwendige unternehmensweite Informationstransparenz für das Veränderungsvorhaben Demografie-Management, d. h. sie erzeugt Klarheit und Sicherheit bei den Unternehmensangehörigen. Wichtig ist dabei, die wichtigsten Inhalte bzw. Botschaften zu priorisieren und diese mehrfach zu wiederholen. Beim Kommunizieren gilt, »weniger ist mehr«, nicht zuletzt deshalb, weil wir täglich von einer Informationsflut überwältigt werden, die keiner mehr wirklich verarbeiten kann (▶ Overview »Alternskommunikation: Die wichtigsten Inhalte«).

Alternskommunikation schafft Informationstransparenz.

Alternskommunikation: Die wichtigsten Inhalte
Richtung und Ziele des Veränderungsvorhabens Demografie-Management und seiner konkreten Maßnahmen
- Demografie-Management heißt, Ältere und Jüngere entsprechend ihren jeweiligen Stärken, Potenzialen einzusetzen (Alterns-Chancen maximieren) und ihre Schwächen zu verhindern bzw. zu kompensieren (Alterns-Risiken minimieren); siehe auch (4) und ▶ Kap. 3, »Altern ist Bewusstseinssache«
- Demografie-Management ist für »Alt und Jung« (d. h. für alle Altersgruppen und Generationen) sämtlicher Organisationsebenen und Funktionsbereiche bzw. Abteilungen und Standorte: als gemeinsame Aufgabe fördert und nutzt es alternsbedingte Stärken, Potenziale, und verhindert heute die alternsbedingten Schwächen, Risiken von morgen – und zwar über die gesamte Lebensarbeitsspanne bzw. Erwerbslaufbahn: von Anfang an, ein (immer länger werdendes) Arbeitsleben lang. Es geht um die Gewinnung, Bindung und langfristigen Erhalt der Gesundheit, Qualifikation, Motivation sowie Arbeits-/Leistungsfähigkeit der immer weniger und gleichzeitig immer älter werdenden Mitarbeiter. Durch die Anwendung Demografie-orientierter Maßnahmen werden nicht nur die eigenen Stärken besser eingesetzt und genutzt, sondern auch seine Schwächen reduziert.
1. Gründe bzw. Notwendigkeit, Dringlichkeit sowie (persönlicher, beruflicher, bereichsspezifischer, betrieblicher) Nutzen und Kosten von Demografie-Management
    - ▶ Kap. 3, »Altern ist Bewusstseinssache«

6

- ▶ Kap. 1, Overview: »Demografie-Management: Ökonomischer, individueller und sozialer Nutzen«
- Demografie-Management ist zwar erst einmal eine Zusatzaufgabe bzw. -belastung, aber der Mehraufwand reduziert sich nach der Implementierungsphase wieder (▶ Kap. 9); außerdem wahrt Demografie-Management die Privatsphäre und ist es auch keine Bevormundung, sondern Ermöglichung. Die Anwendung von Demografie-orientierten Maßnahmen hat keine nachteiligen Folgen auf die berufliche Position bzw. Karriere. Es entstehen keine Risiken oder Kosten, und bei Durchführung und Evaluation der Maßnahmen werden die Bestimmungen des Datenschutzgesetztes beachtet; es gelten Vertraulichkeit und Anonymität.
2. Strategie und operativer Plan (konkrete Schritte, Zeitpläne) zur Implementierung von Demografie-Management sowie Ressourcen (finanziell, personell, zeitlich), Verantwortliche und Ansprechpartner; Unterstützung durch das Top-Management
3. Beiträge des Einzelnen bzw. der Funktionsbereiche, Abteilungen, Gruppen zur Zielerreichung
4. Aktueller Stand, Fortschritte und Erfolge, aber auch Schwierigkeiten und Probleme

Alternskommunikation vermeidet Missverständnisse, Gerüchte, Widerstände.

Diese Informationstransparenz ist die Grundlage für erfolgreiches Demografie-Management in jedem Unternehmen. Denn das Personal muss erst mit der zukünftigen Demografie-Arbeit vertraut gemacht werden. Informationstransparenz schafft die dafür notwendige Offenheit und Klarheit, und reduziert auch die weit verbreiteten inhaltlichen und emotionalen Unsicherheiten im Demografie-Management. Effektive Alternskommunikation vermeidet auch schon im Vorfeld die häufigen kommunikativen Missverständnisse, Gerüchte und kommunikationsbedingten Widerstände gegenüber Demografie-orientierten Maßnahmen. Deshalb ist es wichtig, so früh und zeitgleich, aber auch so konkret wie möglich zu kommunizieren. **Auf keinen Fall dürfen die Unternehmensangehörigen vor vollendete Tatsachen gestellt werden.** Denn frühzeitig und zeitgleich über die anstehenden Veränderungen, deren Gründe und Notwendigkeit informiert zu werden, schafft die notwendigen Tatsachen, damit die Veränderungen auch mitgetragen werden können. Bei allen Veränderungsvorhaben möchte schließlich jeder zuerst wissen: wird mein Arbeitsplatz dadurch gefährdet? Welche Auswirkungen haben die Veränderungen unmittelbar auf meine Arbeit? Entscheidend ist deshalb zu kommunizieren, was sich mit dem Unternehmenswandel Demografie-Management genau verändern wird, und was dieser Wandel konkret für jeden Einzelnen und seine Arbeit bzw. Arbeitsplatz sowie für die Abteilung und den Standort bedeutet.

Außerdem steigern die vermittelten Inhalte auch die notwendige Alternsmotivation (▶ Kap. 5): denn nichts motiviert mehr, wie eine notwendige, dringliche und nützliche Veränderung, (1) deren konkrete Ziele man kennt und zu deren Erreichung sein eigener Beitrag klar ist; (2) deren Umsetzungs- und Zeitplan sowie Verantwortliche und Ressourcen bekannt sind; (3) und die Fortschritte und Erfolge bringt. Letzteres motiviert uns am meisten (»Erfolg ist die beste Motivation«).

Alternskommunikation motiviert auch.

Deshalb ist es wichtig, im Demografie-Management realistische, kurzfristig erreichbare Teilziele festzulegen, für frühe und schnelle Erfolge (»*quick-wins*«) zu sorgen und diese natürlich zu kommunizieren. Wichtig ist, dass diese »quick wins« für alle sichtbar und eindeutig sind und sich auch klar auf den Unternehmenswandel Demografie-Management beziehen. Bewährt hat sich die Durchführung eines Demografie-Management **Pilot-Projekts**, natürlich mit entsprechender Öffentlichkeitsarbeit im Vorfeld und nach Projektende. Die Idee ist, eine einzelne Demografie-orientierte Maßnahme mit einer ausgewählten, kleinen Pilotgruppe im Unternehmen auszuprobieren bzw. durchzuführen. Dies hat meist eine hohe Erfolgswahrscheinlichkeit und die Pilotgruppe wird zum aktiven Unterstützer und Multiplikator im gesamten, unternehmensweiten Demografie-Management Projekt. Die Kommunikation von Erfolgen schafft Tatsachen und rechtfertigt die Kosten, denn alle sehen: »Es lohnt sich.« Den Demografie-Management-Gegnern wird der Wind aus den Segeln genommen, die aktiven Unterstützer werden mehr und die allgemeine Motivation steigt im Unternehmen auf allen Ebenen. Außerdem sind die Erfahrungen und Erlebnisse bei dem Demografie-Management Pilot-Projekt auch ein Feedback, was die Realisierbarkeit der Alterns-Vision und die konkreten Umsetzungspläne anbelangt. Es gilt deshalb, nicht nur am Anfang, sondern kontinuierlich über den gesamten Veränderungsprozess hinweg zu kommunizieren. Dabei ist die glaubhafte Kommunikation der Erfolge, Fortschritte sowie Erfahrungen und Erlebnisse ebenso wichtig wie die Kommunikation der Probleme und Schwierigkeiten, die weder hinter dem Berg gehalten noch schön geredet werden sollten.

***Quick wins* im Demografie-Management sind zentral.**

Entscheidend ist auch, das Altern und sein Management explizit »zu erlauben«; es muss von ganz oben gewollt werden. Außerdem gilt: je höher die Organisationsebene, von der kommuniziert wird, desto besser: denn jeder orientiert sich daran, was der nächst höhere »Leithirsch« denkt, sagt und macht. Alternskommunikation muss allen Unternehmensangehörigen unmissverständlich klar machen, dass Altern bzw. Altern managen nicht nur erlaubt, sondern dezidiert erwünscht ist, und dass dies sogar gefordert und gefördert wird. Mitarbeiter und Führungskräfte sowie Arbeitnehmervertreter, Betriebsärzte (bzw. Betriebspsychologen, Behinderten-, Gleichstellungs-, Gesundheits- und Sicherheitsbeauftragte) und Aufsichtsräte

Was der »Leithirsch« denkt, sagt und macht zählt auch im Demografie-Management.

6

Reden wir übers Altern!

Führungskräfte gehen mit gutem Beispiel voran.

dürfen und sollen Altern managen, und zwar mit den geplanten Maßnahmen des Demografie-Managements. Denn Demografie-Management ist nicht nur Unternehmens- und Führungsaufgabe bzw. -verantwortlichkeit, sondern auch persönliche Aufgabe bzw. Verantwortlichkeit eines jeden Einzelnen: Jeder soll sich, so lange wie möglich, ans Unternehmen binden und sich gesund, qualifiziert und motiviert bzw. arbeits- und leistungsfähig halten – und zwar durch das Umsetzen, Anwenden und Beibehalten von Demografie-Management im Unternehmen. Deshalb sollten auch entsprechende innerbetriebliche Anreize bzw. Incentives im Unternehmen gesetzt werden; erfolgreiche Demografie-Arbeit muss unbedingt ein höheres Ansehen im Unternehmen nach sich ziehen. Es darf kein Zweifel mehr darüber bestehen, dass die Unternehmensangehörigen die Segel im »Demografie-/Alterns-Sturm« setzen dürfen und dies sogar explizit erwünscht ist. Die *top-down* Kommunikation muss lauten:»Wir wollen, dass Altern in unserem Unternehmen aktiv gemanagt wird, und zwar von jedem.«

Darüber hinaus fördert Alternskommunikation auch den unternehmensweiten Austausch bzw. Dialog. Es muss gelten: »Reden wir übers Altern!«, und zwar wirklich und nachhaltig. Auch in unserem digitalen Zeitalter ist die persönliche Kommunikation bzw. das persönliche Gespräch nach wie vor, oder vielleicht gerade deswegen, der wirkungsvollste Kommunikationskanal. Auch mediale Kommunikation ist ungleich effektiver, wenn die Medien nicht unpersönlich ausgeschickt, sondern persönlich durch Führungskräfte, bedeutende Persönlichkeiten bzw. Schlüsselpersonen verteilt werden. Persönliche Kommunikation unterstreicht die Bedeutung von Demografie-Management im Unternehmen (besonders wenn das Top-Management kommuniziert), sichert das größtmögliche Verständnis für die kommunizierten Informationen und vermittelt Glaubwürdigkeit, Ernsthaftigkeit, Wertschätzung und Respekt. Außerdem erzeugt keine andere Kommunikationsmaßnahme so viel Akzeptanz und Vertrauen, wie der persönliche Austausch.

Am Arbeitsplatz über Altern reden soll genauso normal werden, wie in Unternehmen inzwischen über die Gesundheit geredet wird. Schließlich verbringen wir die meiste Zeit unseres Lebens am Arbeitsplatz und altern dort; noch dazu haben die betrieblichen Rahmenbedingungen (einschließlich des Verhältnisses zu den Kollegen und Vorgesetzten) einen enormen Einfluss auf unser Altern. Allerdings redet ja keiner gerne übers Altern, geschweige denn über sein eigenes Altern oder Älterwerden und schon gleich gar nicht über das Altern managen am Arbeitsplatz. Wir wissen inzwischen, dass Altern Angst macht, vor allem am Arbeitsplatz. Außerdem ist Altern Privatsache. In erfolgreichen Demografie-Management-Projekten sind Führungskräfte aller Ebenen beim »Reden übers Altern« mit gutem Beispiel voran gegangen, und zwar sowohl beim Reden als auch beim Zuhören. Außerdem müssen kommunizierte Inhalte und Botschaften auch vorgelebt werden bzw. mit dem übereinstimmen, was im Arbeitsalltag tatsächlich getan wird. »Übers Altern reden«, »zuhören« und »letztlich Altern managen« muss unbedingt von oben initiiert werden, und zwar durch ein gutes Beispiel sowie eine besonders offene, vertrauensvolle, aber doch lockere Kommunikation übers Altern. Dabei sind mehrere wichtige Punkte zu beachten (▶ Overview »,Reden wir übers Altern!' Was dabei wichtig ist – nämlich, dass…«).

»Reden wir übers Altern!« Was dafür wichtig ist – nämlich, dass…

1. … mehr zweiseitig als einseitig kommuniziert wird
2. … mehr persönlich als unpersönlich kommuniziert wird
3. … das Top-Management sowie Führungskräfte und bedeutende Persönlichkeiten bzw. Schlüsselpersonen persönlich (durch Taten) kommunizieren
4. … nicht nur »von oben nach unten« (Abwärtskommunikation: Führung zu Mitarbeitern), sondern auch »von unten nach oben« (Aufwärtskommunikation: Mitarbeiter zu Führung) kommuniziert wird
5. … mehr informell als formell kommuniziert wird
6. … mehr emotional als rational kommuniziert wird
7. … nicht nur mit Zahlen, Daten, Fakten, sondern auch anschaulich mit Bildern, Beispielen kommuniziert wird (»Ein Bild sagt mehr als tausend Worte«)
8. … nicht nur mit Worten, sondern vor allem mit Taten kommuniziert wird (»Taten sagen mehr als Worte«)
9. … häufig, kontinuierlich und über viele verschiedene Kanäle kommuniziert wird

---

Das »Reden übers Altern« braucht es im Demografie-Management unbedingt – denn schließlich geht es ja um ein höchst sensibles Angst- und Tabu-Thema, das zum nachhaltigen Dauer-Thema im Unternehmen gemacht werden soll.

Außerdem ermöglicht dieser Austausch bzw. Dialog (»Reden«), dass sich die Unternehmensangehörigen in das Demografie-Management einbringen können:

1. Offene Fragen zu sowie Unstimmigkeiten in den Kommunikationsinhalten können geklärt werden.
2. Meinungen, Anliegen, Einwände und Vorschläge können eingebracht und berücksichtigt werden, und es kann dazu Stellung bezogen werden.
3. Wertvolles Feedback (Feedbackschleifen zur Verbesserung des Demografie-Management Projekts) und Gesamtstimmung können eingeholt werden.
4. Bedenken, Sorgen, Befürchtungen und Ängste können sachlich und vertrauensvoll besprochen und aus dem Weg geräumt werden.

Zweiseitige Kommunikation ist nachhaltiger, als einseitige.

Dieser Weg der zweiseitigen Kommunikation ist immer nachhaltiger, als einseitiges Informieren, vor allem wenn Führungskräfte und insbesondere das Top-Management nicht nur Sender, sondern auch Empfänger sind und »zuhören« bzw. ein »offenes Ohr« haben. Schließlich sitzen ja alle im gleichen Demografie-Management-Boot, und dies gilt es auch zu zeigen. Kommunikation »für, an und mit der Basis« bringt das meist unnahbar wirkende, abstrakte (Top-)Management näher und macht es »menschlicher«. Nicht nur die sachliche, sondern auch die emotionale Auseinandersetzung mit dem Unternehmenswandel Demografie-Management wird so nachhaltig gefördert.

Management by wandering around

Zusätzlich zu diesem atmosphärischen Vorteil bekommt man durch dieses »*Management by wandering around*« auch ein Gefühl für die Gesamtstimmung in Bezug auf das Demografie-Management Projekt: »Was bewegt die Unternehmensangehörigen wirklich?« Gegenstimmen und Ängste sowie Probleme und Fehler im Zusammenhang mit den laufenden Veränderungsprozessen können dadurch besser erkannt, gleich angegangen und bewältigt werden. Auch die Inhalte der Alternskommunikation lassen sich entsprechend anpassen. Voraussetzung dafür ist natürlich ein offenes Klima, in dem Fehler eingestanden werden und auch gemacht werden dürfen. Schließlich ermöglicht ein Miteinander-Reden auch die so wichtige Partizipation der Unternehmensangehörigen; ▶ Kap. 8.

Reden übers Altern verbindet!

Zudem verbindet dieses »Reden übers Altern«: es fördert nicht nur das gemeinsame Interesse am Thema Altern; viel mehr, es schafft ein Gemeinschaftsgefühl und fördert die soziale Integration (»übers Reden kommen die Leut' zusammen«). Außerdem verbessert dieser informelle Austausch übers Altern auch die kollegiale Beratung und gegenseitige Unterstützung bei der Bewältigung und Gestaltung des (eigenen) Alterns am Arbeitsplatz.

Eine besonders effektive Alternskommunikation ist die nachhaltige Kommunikation einer »Alterns-Vision«. Denn es sind die Visionen, die für eine Veränderung mobilisieren, und nicht die Pläne, wie Antoine de Saint Exupéry trefflich beschreibt:

>> Wenn Du ein Schiff bauen willst, dann trommle nicht Männer zusammen, um Holz zu beschaffen, Aufgaben zu vergeben und die Arbeit einzuteilen, sondern lehre die Männer die Sehnsucht nach dem weiten endlosen Meer. «

Demografie-Management braucht eine Alterns-Vision.

Jedes Unternehmen, das erfolgreich Demografie-Management betreibt, hat eine mehr oder weniger explizite Alterns-Vision, die früh entwickelt und durch entsprechende Kommunikationsmaßnahmen »auf die Straße« bzw. ins Unternehmen gebracht wurde. Doch was ist mit Alterns-Vision genau gemeint (▶ Overview »Erfolgreiches Demografie-Management braucht eine ‚Alterns-Vision'«)?

Erfolgreiches Demografie-Management braucht eine »Alterns-Vision«

Eine Alterns-Vision zeichnet ein Bild von der Zukunft des Alterns im jeweiligen Unternehmen und vermittelt, warum die aktive Gestaltung dieser Zukunft erstrebenswert ist. Sie:

1. zeigt die Richtung bzw. das Ziel das Veränderungsvorhaben Demografie-Management auf (»Wohin fahren wir mit unserem Schiff im Demografie-/Alterns-Sturm?«),
2. motiviert für das Veränderungsvorhaben Demografie-Management (»Warum setzen wir die Segel und fahren in diese Richtung?«),
3. koordiniert das Handeln und vereinfacht Entscheidungen im Demografie-Management.

Die Alterns-Vision ist idealistisch und realistisch zugleich. Eine gute Alterns-Vision sollte man sich leicht vorstellen können und erstreben wollen; außerdem sollte sie realistisch-machbar, konkret, flexibel und vor allem leicht zu kommunizieren sein.

Beispiel: »Unsere Vision ist es, ein Unternehmen zu werden, das die immer weniger und älter werdenden Mitarbeiter (1) erfolgreich gewinnt und bindet, (2) gesund, qualifiziert, motiviert bzw. arbeits- und leistungsfähig erhält, (3) ihren Stärken entsprechend einsetzt (Alterns-Chancen maximieren) und ihre Schwächen verhindert bzw. kompensiert (Alterns-Risiken minimieren) – und zwar über die immer länger werdende Lebensarbeitsspanne, für nachhaltigen ökonomischen, individuellen und sozialen Erfolg im demografischen Wandel.«

Die Alterns-Vision hat erst einmal noch nichts mit einem operativen Plan zu tun, aber sie bildet die **Basis** für die Entwicklung einer Strategie zur Verwirklichung dieser Vision im Unternehmen. Und aus dieser Alterns-Strategie wiederum können dann konkrete Umsetzungs- und Finanzpläne abgeleitet werden. Die Alterns-Vision ist unternehmensspezifisch und sollte im Sinne einer Alterns-Philosophie in der Unternehmensphilosophie bzw. im Unternehmensleitbild verankert werden. Idealerweise wird die Entwicklung und Kommunikation der »Alterns-Vision« sowie überhaupt die Alternskommunikation (»übers Altern Informieren, »Altern erlauben«, »übers Altern reden«) mit den Führungskräften, aber auch mit Arbeitnehmervertretern und Betriebsärzten (bzw. Betriebspsychologen, Behinderten-, Gleichstellungs-, Gesundheits- und Sicherheitsbeauftragte), zu einer gemeinsamen, kontinuierlichen (Führungs-)Aufgabe entwickelt (▶ Kap. 7). Führungskräfte, Arbeitnehmervertreter und Betriebsärzte sind als Sender und Empfänger in der Alternskommunikation unerlässlich. Eine ähnliche Rolle spielen auch die sogenannten Schlüsselpersonen bzw. *»opinion leader«* eines Unternehmens (Schlüsselpersonen

Alternskommunikation als gemeinsame Aufgabe!

aller Personalgruppen). Diese repräsentieren nicht nur große Teile der Unternehmensangehörigen, sondern sind, aufgrund ihrer Position in Bezug auf Macht und Vertrauen, auch wichtige Ansprechpartner vor Ort und *die* zentralen Multiplikatoren in jedem Veränderungsvorhaben. Denn Alternskommunikation für und von diesen Schlüsselpersonen treibt, fast wie automatisch, die unternehmensweiten Veränderungsprozesse im Demografie-Management voran und verankert diese nachhaltig.

Alternskommunikation nimmt alle mit an Bord.

Eine von Beginn an direkte, offene, klare, verständliche, konkrete und glaubwürdige innerbetriebliche Alternskommunikation, die alle Unternehmensangehörigen über alle Hierarchieebenen und Altersgruppen hinweg miteinbezieht und regelmäßig konsequent auf Augenhöhe informiert, schafft Vertrauen und Akzeptanz – das A und O für das Management der höchst sensiblen Veränderung Altern und seiner konkreten Umsetzung in die betriebliche Praxis. Der passive oder gar aktive Widerstand der Unternehmensangehörigen sinkt, und die notwendigen Veränderungsprozesse im Demografie-Management werden mitgetragen, mitgestaltet und vorangetrieben. Ziel im Unternehmenswandel Demografie-Management ist deshalb die Entwicklung einer nachhaltigen innerbetrieblichen Alternskommunikation, die alle Personalgruppen und Altersgruppen bzw. Generationen sowie Stakeholder miteinbezieht. Je größer das Unternehmen ist, desto genauer sollten die Zielgruppen definiert und bedürfnisorientiert angesprochen werden. Idealerweise holt Alternskommunikation jeden da ab, wo er gerade steht.

6.3   Alternskommunikation etablieren

Alternskommunikation macht zukunftsfähig!

Jeder von uns bzw. jedes Unternehmen braucht eine Alternskommunikation, und zwar nicht nur für den Unternehmenswandel Demografie-Management, sondern überhaupt, um fürs 21. Jahrhundert zukunftsfähig zu bleiben. Und nach der Lektüre der vorhergehenden beiden Abschnitte wissen Sie auch, was Alternskommunikation genau ist, warum Sie die Etablierung der Alternskommunikation auf keinen Fall vernachlässigen sollten, und was dabei zu beachten ist. Und vielleicht wissen Sie jetzt auch besser, warum das »übers Altern Informieren bzw. Informiertsein, »Altern erlauben bzw. dürfen, sollen« und das »übers Altern reden« so wichtig ist. Doch was können Unternehmen konkret tun, um eine innerbetriebliche, bedarfsorientierte akzeptanz- und vertrauensfördernde Alternskommunikation zu etablieren, die nicht nur ausreichend übers Altern und sein betriebliches Management informiert, sondern dies auch erlaubt und das Reden übers Altern fördert (Realisierung der 4. Säule des erfolgreichen Demografie-Managements)?

Alternskommunikation braucht Planung und Struktur.

Sobald die Projektverantwortlichen die wesentlichen Rahmenbedingungen und Meilensteine für die Umsetzung der Demografieorientierten Maßnahmen im jeweiligen Demografie-Management

Projekt geklärt und festgelegt haben, sollte eine Alternskommunikations-Strategie geplant werden. Die Etablierung einer nachhaltigen innerbetrieblichen Alternskommunikation steht und fällt mit der Konzipierung bzw. Planung einer Alternskommunikations-Strategie. Andernfalls droht, dass die Kommunikationsmaßnahmen ins Leere laufen. Alternskommunikation muss konkret vorbereitet und geplant werden, um maximale Wirkung zu erzielen. Deren Umsetzung bzw. die Durchführung der entwickelten Alternskommunikations-Maßnahmen ermöglicht dann die notwendige konsequente und kontinuierliche Kommunikation von Projektbeginn bis zur nachhaltigen Verankerung von Demografie-Management im Unternehmen. Deshalb ist es entscheidend, gute Strukturen der Alternskommunikation im Unternehmen aufzubauen. Diese sollten jedoch so flexibel sein, dass auch auf unvorhergesehenen Kommunikationsbedarf reagiert werden kann. Wenn es für das Demografie-Management-Projekt bereits eine Kommunikationsstrategie gibt, dann kann diese entsprechend angepasst werden. Für die Alternskommunikation sollte auch ein Budget eingeplant werden, ebenso wie Personalressourcen (z. B. hausinterne Marketing-Mitarbeiter zur Gestaltung der medialen Kommunikationsmaßnahmen) und externe professionelle Unterstützung.

Die Alternskommunikations-Strategie besteht aus mehreren Elementen. Bei der Strategieplanung müssen wir zwischen der Start- und Durchführungsphase der Umsetzung im Demografie-Management Projekt unterscheiden: denn die geplante Umsetzung muss nicht nur zu Beginn verkündet werden, sondern ihre Durchführung muss auch kommunikativ begleitet werden. Obwohl sich die Kommunikationsziele und -inhalte zwischen diesen Projektphasen größtenteils überschneiden, gibt es trotzdem unterschiedliche Schwerpunkte. Die acht zentralen Elemente der Alternskommunikations-Strategie sind:

Die 8 Elemente der Alternskommunikations-Strategie

1. Kommunikationsziele
2. Kommunikationsinhalte
3. »Alterns-Vision«
4. den Empfänger bzw. die Zielgruppen, die genau definiert werden sollten
5. den Sender der Kommunikationsinhalte bzw. Botschaften
6. Zeitpunkt und Häufigkeit der Kommunikation
7. Art und Weise der Kommunikation
8. die Kommunikationskanäle bzw. -maßnahmen, die die einzelnen Zielgruppen bedürfnisorientiert ansprechen und deshalb entsprechend angepasst werden sollten

Entsprechend diesen Bestandteilen müssen wir uns bei der Planung der Alternskommunikations-Strategie folgende Fragen stellen und diese beantworten (◘ Tab. 6.2).

Für die unternehmensspezifische Planung der Alternskommunikations-Strategie hat sich der sog. »Alternskommunikations-Workshop« bewährt. Die Checkliste »Alternskommunikation« gibt mit ihren Bestandteilen die Struktur für den Ablauf des Workshops vor.

Alternskommunikation gemeinsam im Workshop entwickeln!

◻ Tab. 6.2   Checkliste »Alternskommunikation«: Planung einer Alternskommunikations-Strategie

	Startphase Demografie-Management	Durchführungsphase Demografie-Management
(1) Welche Ziele werden angestrebt?	– Schaffung Informationstransparenz (gemeinsames Verständnis für die Kommunikationsinhalte) – Erzeugung der Wahrnehmung des »Dürfens/Sollens« – Initiieren des »Reden übers Altern« – Bildung Alternsbewusstsein (▶ Kap. 3) – Entwicklung Alternskompetenz (▶ Kap. 4) – Förderung Alternsmotivation (▶ Kap. 5) – Entwicklung Alternsführung (▶ Kap. 7)	– Aufrechterhaltung Informationstransparenz (gemeinsames Verständnis für die Kommunikationsinhalte) – Förderung der Wahrnehmung des »Dürfens/Sollens« – Förderung des »Reden übers Altern« – Aufrechterhaltung Alternsmotivation (▶ Kap. 5) – Verankerung Alternskultur (▶ Kap. 8, 9)
(2) Welche Inhalte werden vermittelt?	– Richtung, Ziele von Demografie-Management und seiner konkreten Maßnahmen – Gründe bzw. Notwendigkeit, Dringlichkeit sowie Nutzen (persönlich, beruflich, bereichsspezifisch, betrieblich) und Kosten von Demografie-Management – Strategie und operativer Plan (konkrete Schritte, Zeitpläne) zur Implementierung von Demografie-Management; Ressourcen (finanziell, personell, zeitlich); Verantwortliche und Ansprechpartner; Unterstützung durch das Top-Management – Individuelle bzw. bereichs-, abteilungs-, gruppenspezifische Beiträge zur Zielerreichung – Aktueller Stand; Fortschritte und Erfolge (für *»quick wins«* sorgen, siehe vorheriger Abschnitt); Schwierigkeiten und Probleme [insb. in der Durchführungsphase vermitteln	
(3) Welche »Alterns- Vision« wird vermittelt?	Kriterien für eine gute »Alterns-Vision« im Demografie-Management: richtungsweisendes, zielerklärendes, motivierendes Bild von der Zukunft des Alterns im Unternehmen; sie ist leicht vorstellbar, erstrebenswert, machbar, konkret, flexibel, leicht kommunizierbar.	
(4) Wer ist die Zielgruppe? Wer hört zu? (Empfänger)	– alle Personalgruppen jeden Alters, aller Ebenen (bedarfs-, bedürfnisorientierte Ansprache) – Stakeholder (Einzelpersonen, Gruppen, Institutionen, die bes. Interesse am Veränderungsvorhaben Demografie-Management haben und deshalb regelmäßig informiert werden sollten) – wichtig: beim »Reden übers Altern« sind nicht nur Mitarbeiter die Empfänger (Abwärtskommunikation), sondern auch Führungskräfte (Aufwärtskommunikation)	
(5) Wer kommuniziert? (Sender)	– Schritt 1: Top-Management sendet die wichtigsten Inhalte bzw. Botschaften unternehmensweit: je nach Unternehmensgröße, z. B. Videobotschaften, Betriebsversammlungen, (Dialog-)Veranstaltungen, sowie über gängige mediale Unternehmenskommunikation – Schritt 2: Führungskräften der zweiten Ebene und des mittleren Managements senden diese weiter an ihre Mitarbeiter, aber detaillierter, bereichs- und personenspezifischer, und zwar persönlich, im Dialog: z. B. Meetings, Teambesprechungen, Mitarbeitergespräche = Alternskommunikation in der Führungskaskade für schnelle Verbreitung im Unternehmen (wichtig: einheitliche Informationsvermittlung, gemeinsamer Zeitplan mit definiertem Kommunikationszeitraum, Feedbackschleifen) – wichtig: Top-Management redet trotzdem auch persönlich mit niedrigeren Hierarchieebenen: *»management by wandering around«*, auch z. B. Alterns-Chatrooms, Emails – ebenso wichtig: beim »Reden übers Altern« sind nicht nur Führungskräfte die Sender (Abwärtskommunikation), sondern auch die Mitarbeiter (Aufwärtskommunikation)	

◨ Tab. 6.2 Fortsetzung

	Startphase Demografie-Management	Durchführungsphase Demografie-Management
(6) Wann und wie oft wird kommuniziert?	– Kommunikationszeitpunkte sollten sich an den Meilensteinen des operativen Umsetzungsplans des jeweiligen Demografie-Management Projekts orientieren; außerdem sollten es Zeitpunkte sein, zu denen möglichst viele Unternehmens-angehörige effektiv erreicht werden können (z. B. keine Wochentage/Tageszeiten mit hoher Belastung durch operative Tagesgeschäft) – wichtig: möglichst früh, zeitnah, zeitgleich, konsequent, regelmäßig, häufig kommunizieren – von Anfang an, bis zur Verankerung von Demografie-Management im Unternehmen	
(7) Wie wird kommuniziert?	– direkt, offen, vertrauensvoll und locker; klar, verständlich, einfach und konkret; stimmig und glaubwürdig – auf Augenhöhe – mediale, verbale und non-verbale, sachliche und emotionale sowie oft wieder-holte, anschauliche Kommunikation mit Bildern und Beispielen; Kommunikation durch Taten – wichtig: zweiseitige, persönliche, informelle und ständig verfügbare Kommuni-kation	
(8) Welche Kanäle bzw. Maß-nahmen werden verwendet?	– je nach gewünschter Geschwindigkeit, Turnus, Verfügbarkeit, Reichweite, Tiefe und Interaktionsgrad der Kommunikation kommen alle im Unternehmen bereits vorhandenen Kommunikationskanäle, -maßnahmen in Frage – außerdem gilt: »je unterschiedlicher, abwechslungsreicher und vielfältiger kommuniziert wird, desto besser« Beispiele wichtiger Alternskommunikations-Maßnahmen: – Alterns-Kickoff-Veranstaltung am Beginn der Umsetzung des Demografie-Ma-nagement Projekts; Alterns-Abschlussveranstaltung am Projektende – regelmäßige Alterns-Aushänge am schwarzen Brett oder eine Alterns-Wandzei-tung an exponierten Plätzen im Unternehmen (insbesondere auch für Mitarbei-ter, die nicht den ganzen Tag am Computer sitzen) – regelmäßige Alterns-Kolumne oder Alterns-Spezialbeilage in der Mitarbeiter-bzw. Führungskräftezeitung – regelmäßige Alterns-Newsletter, Alterns-Flyer oder Alterns-Broschüren – ständig verfügbare Alterns-Webplattform im Intranet – regelmäßige Alterns-Blogs sowie Alterns-Chatrooms und Alterns-Onlineforen, – Alterns-Informations-, Dialogveranstaltungen: z. B. Alterns-Tage, Alterns-Infor-mationsmarkt (Altern und das konkrete Demografie-Management Projekt wird in seinen verschiedenen Aspekten an Informations-Ständen präsentiert) – Alterns-Vorträge externer Experten aus Wissenschaft und Praxis mit anschließen-der gemeinsamer Diskussions- und Reflexionsmöglichkeit – feste Alterns-Tagesordnungspunkte in regelmäßig stattfindenden Meetings, Team-besprechungen und Betriebsversammlungen – fester Alterns-Gesprächspunkt in regelmäßig stattfindenden Mitarbeitergesprä-chen – sowie alle bereits vorgestellten Maßnahmen zur alternsförderlichen Sensibi-lisierung (▶ Kap. 3), Qualifizierung (▶ Kap. 4), Motivierung (▶ Kap. 5) und zur Entwicklung alternsförderlicher Führung (▶ Kap. 7) und Kultur (▶ Kap. 8); auch: Workshops, Klausurtagungen zur Umsetzungs-Mitgestaltung (▶ Kap. 8, 9)	

Denn im Prinzip geht es darum, die Fragen dieser Checkliste Schritt für Schritt zu beantworten, und zwar durch gemeinsame Diskussion und Reflexion im Team (primär Schlüsselpersonen bzw. »*opinion leader*« im jeweiligen Unternehmen, d. h. Schlüssel-Führungskräfte des oberen, mittleren und unteren Managements, Schlüssel-Mitarbeiter sowie Schlüsselpersonen der Arbeitnehmervertreter, Betriebsärzte bzw. Betriebspsychologen, Behinderten-, Gleichstellungs-, Gesundheits- und Sicherheitsbeauftragte und auch Aufsichtsräte). Die dokumentierten Antworten ergeben die wesentlichen Bestandteile der resultierenden Alternskommunikations-Strategie.

Alternskommunikation holt jeden da ab, wo er gerade steht.

Zwar gibt die Checkliste »Alternskommunikation« bereits eine innbetriebliche Kommunikationsstrategie für das Veränderungsvorhaben Demografie-Management vor. Jedoch ist diese Strategie nicht nur an die spezifische Betriebswelt eines Unternehmens und seiner Struktur angepasst, sondern auch an die einzelnen Zielgruppen, die für den Erfolg des jeweiligen Demografie-Management Projekts besonders wichtig sind. Schließlich geht es um das heikle, angst- und tabubesetzte Thema Altern. Außerdem haben wir schon gehört: Je größer das Unternehmen ist, desto genauer müssen die Zielgruppen definiert und bedürfnisorientiert angesprochen werden. Damit die Alternskommunikation jeden da abholt, wo er gerade steht, gilt es, die wichtigen Zielgruppen (einschließlich Stakeholder) des Veränderungsvorhabens Demografie-Management und ihre unterschiedlichen Kommunikationsbedarfe bzw. -bedürfnisse zu bestimmen. Dafür ist auch wichtig, die Relevanz bzw. Rolle dieser Zielgruppen für die erfolgreiche Umsetzung im jeweiligen Demografie-Management Projekt zu definieren. Natürlich gelten die genannten Ziele und Inhalte der Alternskommunikation für alle möglichen Zielgruppen. Trotzdem haben zum Beispiel Führungskräfte aufgrund ihrer Schlüsselrolle im Demografie-Management andere Kommunikationsbedarfe bzw. andere Fragen, Interessen und Bedenken als ihre Mitarbeiter. Ähnliches gilt für Arbeitnehmervertreter, Betriebsärzte (bzw. Betriebspsychologen, Behinderten-, Gleichstellungs-, Gesundheits- und Sicherheitsbeauftragte) und Aufsichtsräte. Deshalb sind die Fragen der »Alternskommunikations«-Checkliste spezifisch für jede der definierten Zielgruppen zu beantworten, und zwar entsprechend ihren jeweiligen Kommunikationsbedarfen bzw. -bedürfnissen. Es empfiehlt sich deshalb, diesen Workshop mit Schlüsselpersonen der definierten Zielgruppen durchzuführen. Schließlich wissen sie es ja am besten, welche Kommunikationsinhalte für sie wirklich wichtig sind, und von wem, wann, wie und über welchen Kanal sie am wirkungsvollsten angesprochen werden. Die aktive Einbindung und Beteiligung genau derjenigen, die erreicht werden sollen, steigert die Akzeptanz und Effizienz der Alternskommunikation ungemein. Denn über diesen Weg werden Sie nicht nur den Kommunikationsbedarfen und -bedürfnissen jeder Zielgruppe besser gerecht, sondern erreichen auch die übergeordneten Ziele der Alternskommunikation wirkungsvoller.

Alternskommunikation bindet Führungskräfte ein.

Entscheidend ist auch die Einbindung der Führungskräfte (Schlüssel-Führungskräfte des oberen, mittleren und unteren Managements) in diesen Prozess, um die Alternskommunikation zu einer gemeinsamen, kontinuierlichen Führungsaufgabe zu entwickeln. Schließlich sind es primär die Führungskräfte, die – im Sinne der Alternskommunikation in der Führungskaskade – die wichtigen Inhalte und Botschaften top-down, von einer Hierarchieebene zur nächst tieferen, bis zu ihren Mitarbeitern weitergeben, und zwar detaillierter, bereichs- und personenspezifischer (siehe auch vorherige Tabelle). Jede Führungskraft steuert die Alternskommunikation in ihrem Bereich bzw. in seinem Team, und zwar im Sinne von »übers Altern Informieren«, »Altern erlauben« und »übers Altern reden«. Deshalb sollten Unternehmen der Entwicklung der Alterns-Gesprächs- und Vermittlungskompetenz ihrer Führungskräfte besondere Aufmerksamkeit schenken; aber mehr dazu im nächsten Kapitel.

Besonders wichtig ist auch, dass Führungskräfte die Rückmeldungen (d. h. Meinungen, Anliegen, Einwände, Vorschläge, Stimmungen, Bedenken, Sorgen, Befürchtungen) ihrer Mitarbeiter zum Demografie-Management Projekt systematisch sammeln und diese, im Sinne von Feedbackschleifen, zur Verbesserung des Projekts weiterleiten. Da Mitarbeiter mit ihren »echten« Meinungen, Anliegen, Bedenken und Befürchtungen meist lieber anonym bleiben, empfiehlt es sich für Führungskräfte, eine »Demografie-Management Feedback-Gruppe« oder einen »Demografie-Management Feedback-Beauftragen« einzurichten, der bei den anderen Mitarbeitern als akzeptierte, integre und vertrauenswürdige Person gilt. So können die wichtigen »echten« Rückmeldungen in informellen Einzel- oder Teamgesprächen regelmäßig eingeholt und anonym nach oben weitergeben werden.

Demografie-Management Feedback-Beauftragte!

Für die unternehmensspezifische Planung der Alternskommunikations-Strategie können – alternativ zum »Alternskommunikations-Workshop« – mehrere »Alternskommunikations-Interviews« durchgeführt werden. Auch hier gibt die Checkliste »Alternskommunikation« mit ihren Bestandteilen wieder die Struktur für den Ablauf der Interviews vor. Es geht wieder darum, die wichtigen Zielgruppen (einschließlich Stakeholder) des Veränderungsvorhabens Demografie-Management und ihre unterschiedlichen Kommunikationsbedarfe bzw. -bedürfnisse zu bestimmen – aber diesmal im persönlichen Gespräch mit den Schlüsselpersonen bzw. »opinion leader« im jeweiligen Unternehmen. Für die Beantwortung der Fragen der »Alternskommunikations«-Checkliste (entsprechend ihren jeweiligen Kommunikationsbedarfen bzw. -bedürfnissen) sollten auch die Schlüsselpersonen der definierten Zielgruppen selbst befragt werden. Die dokumentierten Interview-Antworten ergeben wieder die wesentlichen Bestandteile der resultierenden Alternskommunikations-Strategie.

Alternskommunikation mit Interviews entwickeln!

Doch ein wichtiges Element der Alternskommunikations-Strategie fehlt uns noch, und zwar die Entwicklung einer unternehmensspezifischen »Alterns-Vision«. Die Frage »Welche Alterns-Vision wird vermittelt?« ist zwar Bestandteil der Alternskommunikations-Strategie, und damit wäre sie auch Bestandteil des »AlternskommunikationsWorkshops«. Jedoch ist die Entwicklung einer »Alterns-Vision« ein

Alternsvisions-Workshops zum Mitreißen!

umfangreicheres Vorhaben: sie braucht viel Zeit und mehrere Entwürfe basierend auf viel Kommunikation und Diskussion im Team, und zwar nicht nur mit »Kopf«, Verstand und Realismus, sondern auch mit »Herz«, Gefühl und Idealismus. Schließlich soll die Alterns-Vision alle Unternehmensangehörigen in die richtige Richtung »mitreißen«, ohne aber vom Boden der Realitäten abzuheben. Idealerweise wird die »Alterns-Vision« gemeinsam von den Schlüsselpersonen des Unternehmens im Rahmen eines »Alternsvisions-Workshops« entwickelt. Auch die eigene Marketingabteilung kann in diesem Prozess sehr hilfreich sein, um das leicht vorstellbare, erstrebenswerte, machbare, konkrete, flexible und leicht kommunizierbare Bild der Zukunft des Alterns im jeweiligen Unternehmen zu zeichnen.

Alternskommunikations-Maßnahmen durchführen und überprüfen!

Sobald die unternehmens- und zielgruppenspezifische Alternskommunikations-Strategie geplant ist, geht es an die Umsetzung der Strategie, und damit an die Entwicklung und Durchführung der konkreten Alternskommunikations-Maßnahmen. Die konkreten Schritte zur Umsetzung der einzelnen Maßnahmen für die Kommunikation von Projektbeginn bis zur nachhaltigen Verankerung von Demografie-Management im Unternehmen leiten sich direkt aus der Alternskommunikations-Strategie ab. Bei der Entwicklung der beschlossenen Alternskommunikations-Maßnahmen (siehe Checkliste »Alternskommunikation«, Frage 8) sollten Sie auch unbedingt die verschiedenen Zielgruppen einbinden, wie zum Beispiel bei der Konzipierung (inhaltliche und strukturelle Gestaltung, organisatorische Planung) eines Alterns-Newsletters oder einer »Spezialbeilage Altern« für die regelmäßig erscheinende Mitarbeiter- bzw. Führungskräftezeitung. Vor allem Erfahrungs- und Praxisberichte über das Altern und Demografie-Management »aus den eigenen Reihen« sind besonders wirkungsvoll; diese können auch gut durch Beiträge externer Alterns-Experten ergänzt werden. Während der Umsetzung bzw. Durchführung der Alternskommunikations-Maßnahmen empfiehlt es sich, die Wirkung dieser Maßnahmen zu überprüfen. Durch regelmäßige Interviews und informelle Befragungen über die laufende Alternskommunikation sowie Feedbackbögen nach konkreten Veranstaltungen (z. B. Alterns-Kickoff-Veranstaltung am Beginn des Umsetzungsprojekts, Alterns-Tage, Alterns-Informationsmarkt) bekommt man ein gutes Gefühl dafür, ob sich die eingesetzten Maßnahmen eignen und die Kommunikationsziele erreicht werden. Auf der Basis des Befragungsergebnisses kann die Alternskommunikations-Strategie und ihre Maßnahmen entsprechend angepasst und geändert werden.

Ready to age! **Ihr Unternehmen redet jetzt übers Altern!**

Damit sind wir nun am Ende der Etablierung der Alternskommunikation angelangt: das Unternehmen und sein Personal sind jetzt nicht nur alterns-bewusst (▶ Kap. 3), alterns-kompetent (▶ Kap. 4) und alterns-motiviert (▶ Kap. 5). Um wieder in unserem Bilde zu sprechen: das Unternehmen bzw. die Unternehmensangehörigen, die sich aufgrund der Alterns-Sensibilisierungsmaßnahmen in Position gebracht haben, um im »Demografie-/Alterns-Sturm« rechtzeitig die

»Segel zu setzen«, dies aufgrund der Alterns-Qualifizierungsmaßnahmen können und aufgrund der Alterns-Motivierungsmaßnahmen auch wollen, sind nun aufgrund der Alterns-Kommunikationsmaßnahmen ausreichend informiert, reden darüber und *dürfen* auch die Segel auch setzen.

Führen! Altern muss gefördert werden (Säule 5)

>> Wie werden Sie den Laden führen, wenn die Leute erst mit 75 in Rente gehen? (Peter F. Drucker) <<

Inzwischen haben wir die Unternehmensangehörigen fürs Demografie-Management sensibilisiert (Säule 1: Alternsbewusstsein, ▶ Kap. 3), qualifiziert (Säule 2: Alternskompetenz, ▶ Kap. 4) und motiviert (Säule 3: Alternsmotivation, ▶ Kap. 5). Das notwendige »Bewusstsein«, »Wissen, Können« und auch das »Wollen« sind sichergestellt; wir haben die häufigsten personalen Hindernisse im Demografie-Management überwunden. Deshalb beschäftigen wir uns weiter mit der Überwindung der häufigsten organisationalen Hindernisse, wo es primär um das »Dürfen, Sollen« geht: denn Altern und sein betriebliches Management muss auch vom Unternehmen »erlaubt« bzw. gefordert und gefördert werden, und zwar durch entsprechende Kommunikation, Führung und Kultur. Im letzten Kapitel haben wir das »Kommunikationshindernis« überwunden und Altern wird nun thematisiert (Säule 4: Alternskommunikation, ▶ Kap. 6). In diesem Kapitel gehen wir den nächsten logischen Schritt in unserem Vorhaben, ein Unternehmen und sein Personal »*ready*« zu machen für die nachhaltige Umsetzung von Demografie-Management: die Entwicklung einer alternsförderlichen Führung im Unternehmen (Alternsführung). Dies ist die fünfte Säule des erfolgreichen Demografie-Managements, die das in der Praxis ebenso weit verbreitete, organisationale »Führungshindernis« im Unternehmenswandel Demografie-Management überwindet. Ängste und Widerstände werden reduziert, Akzeptanz und Vertrauen aufgebaut. Basierend auf der »Psychologie des Alterns« hilft Ihnen das Kapitel zu verstehen, was mit dem organisationalen Erfolgsfaktor »Alternsführung« gemeint ist, (*Know-What*) und warum dieser so wichtig ist für die Umsetzung von Demografie-Management (*Know-Why*). Doch auch hier beschäftigen wir uns nicht nur damit, was idealerweise sein sollte, sondern auch damit, wie Sie diesen organisationalen Erfolgsfaktor konkret im Unternehmen realisieren können. Das Kapitel unterstützt Sie mit praxisnahem Wissen und konkreten Handlungsempfehlungen, damit Sie die Entwicklung einer Alternsführung in der betrieblichen Praxis erfolgreich meistern (*Know-How*).

7.1   Altern? Darf ich nicht!

Alternskommunikation ist notwendig, aber nicht hinreichend für erfolgreiches Demografie-Management.

Im letzten Kapitel haben wir gesehen: zwischen dem, was man weiß, kann und will, und dem, was man tatsächlich tut, besteht oft eine große Diskrepanz. Denn wir verändern uns nur dann, wenn wir wahrnehmen, dass wir dies in unserem Umfeld auch *dürfen bzw. sollen*. Schließlich muss unser Tun und Handeln auch »erlaubt« bzw. gefordert und gefördert werden. Im Unternehmenswandel Demografie-Management hängt deshalb das, was wir in Bezug auf unser Altern tun (individuelle, betriebliche Alternsmeisterung) zu einem großen

Teil vom Umfeld »Unternehmen« ab, d. h. von seiner Kommunikation, seiner Führung, seiner Kultur. Zwar sind wir mit der Etablierung einer innerbetrieblichen Alternskommunikation schon einen großen Schritt weiter: Altern und sein betriebliches Management wird (zumindest kommunikativ) erlaubt, und es wird unternehmensweit übers »Altern managen« informiert und geredet. Das organisationale Kommunikationshindernis ist damit überwunden – was auch absolut notwendig ist für die erfolgreiche Umsetzung, Anwendung und Beibehaltung von Demografie-Management, nur noch nicht hinreichend. Ein alterns-sensibilisiertes, alterns-qualifiziertes und alterns-motiviertes Personal in einem »alterns-kommunizierendem« Unternehmen ist immer noch nicht »*ready*« für den Unternehmenswandel Demografie-Management.

Denn Altern (managen) »dürfen bzw. sollen« ist nicht nur eine Frage der Kommunikation, sondern, und viel mehr noch, eine Frage der Führung. Für die meisten ist es nämlich schlussendlich der direkte Vorgesetzte, der entscheidet, was man »darf« und was man »soll«. Die Führungskraft mit ihrem Führungsverhalten »erlaubt« bzw. »fordert und fördert« das Altern (managen) am Arbeitsplatz. **Überhaupt steht und fällt ein Veränderungsvorhaben mit der Führung bzw. mit den Führungskräften eines Unternehmens; das gilt vor allem für den besonderen Unternehmenswandel Demografie-Management:** sein Erfolg oder Scheitern ist primär eine Frage der Führung. Ob das Top-Management und die Führungskräfte die notwendigen Veränderungen unterstützen, mittragen und aktiv mitgestalten oder sich passiv ihrem Schicksal ergeben, bestimmt die Nachhaltigkeit von Demografie-Management – und damit die Wettbewerbs- und Zukunftsfähigkeit eines Unternehmens.

> Demografie-Management steht und fällt mit den Führungskräften.

Demografie-Management ohne Führung ist undenkbar und letztlich unmöglich: Führungskräfte spielen für die Umsetzung, Anwendung und Beibehaltung Demografie-orientierter Maßnahmen eine besondere Schlüsselrolle – das hat sich ja wie roter Faden durch die vorherigen Kapitel gezogen. Führungskräfte tragen eine besondere Verantwortung und haben im Demografie-Management *die* Schlüsselfunktion, und zwar in dreifacher Hinsicht. Und dies gilt nicht nur für die Führungskräfte der Personalabteilung, sondern für alle Führungskräfte aller (!) Organisationsebenen und Funktionsbereiche bzw. Abteilungen sowie Standorte (▸ Overview »Alternsführung im Demografie-Management«).

> Altern (managen) ist Chefsache!

Alternsführung im Demografie-Management
Dreifache Schlüsselfunktion der Führungskräfte:
1. Führungskräfte initiieren und steuern den Unternehmenswandel Demografie-Management: Führungskräfte sind verantwortlich für Planung, Budgetierung, Organisation von Strukturen und Ressourcen sowie für Monitoring und Evaluation der Veränderungsprozesse (▸ Kap. 9); wichtige

7

Voraussetzung: Unterstützung des Top-Managements, Aufbau einer Alterns-Führungskoalition.

2. Führungskräfte realisieren die sechs Säulen des erfolgreichen Demografie-Managements: Führungskräfte sind verantwortlich für das notwendige Sensibilisieren (▶ Kap. 3), Qualifizieren (▶ Kap. 4), Motivieren (▶ Kap. 5) sowie für das Kommunizieren (▶ Kap. 6) und Kultivieren (▶ Kap. 8) zum Abbau der Widerstände und zum Aufbau von Vertrauen und Akzeptanz – bei ihren Mitarbeitern *und* sich selbst.

3. Führungskräfte managen das Altern am Arbeitsplatz (alternsförderliches Führungsverhalten): Führungskräfte führen alternde Mitarbeiter und sind, im Rahmen ihrer Personalführungs-Aufgabe, (mit-)verantwortlich für das Management des Alterns ihrer Mitarbeiter – und auch ihres eigenen Alterns.

…damit drei Alternsführungs-Aufgaben:
— (siehe 1, 2): Umsetzung von Demografie-Management in die betriebliche Praxis als »alternspsychologische Veränderungsmanager«
— (siehe 3): Führen, Fordern und Fördern des erfolgreichen Alterns (individuell, betrieblich):
Erhalt, Steigerung der Arbeits- und Leistungsfähigkeit sowie -zufriedenheit ihrer Mitarbeiter und zwar durch Erhalt, Steigerung deren Gesundheit, Qualifikation und Motivation; → Alternsmeisterung: Alterns-Risiken minimieren, Alterns-Risiken maximieren dasselbe gilt auch für die Führungskräfte selbst

…dabei fünf Alternsführungs-Rollen:
Führungskräfte sind (1) Alterns-Vorbilder, (2) Alterns-Gestalter, (3) Alterns-Integrationsfiguren, (4) Alterns-Unterstützer sowie (5) Alterns-Selbstmanager (mehr dazu im nächsten Abschnitt)

Neues Altern - neue Führungsherausforderungen!

Mit der Umsetzung, Anwendung und Beibehaltung von Demografie-Management kommen eine ganze Reihe neuer Funktionen sowie Führungsaufgaben und Führungsrollen, und damit neue Anforderungen, auf Führungskräfte zu – die alle zusätzlich zum vorrangigen Tagesgeschäft erfüllt bzw. erledigt werden müssen: Als »**alternspsychologische Veränderungsmanager**« initiieren und steuern Führungskräfte die notwendigen Veränderungsprozesse und müssen dabei früher oder später besonders hartnäckige Widerständen bewältigen sowie Vertrauen und Akzeptanz aufbauen (1, 2). Und nach der Umsetzungsphase geht's erst richtig zur Sache, nämlich zum konkreten Managen des Alterns am Arbeitsplatz; und zu Recht bezeichnete Peter Drucker die Führung der immer älter werdenden bzw. länger arbeitenden Mitarbeiter als *die* zentrale und zugleich schwierigste Management-Aufgabe der Zukunft (3). Schließlich müssen Führungskräfte für ihren Verantwortungsbereich sicherstellen, dass auch in einem alternden Unternehmen Produktivität und Kapazität erhalten bleiben und sogar noch gestärkt werden. Die Erfüllung der damit verbundenen Führungsaufgaben und Führungsrollen gestaltet sich in unserer neuen alternden Arbeitswelt als äußerst schwierig und komplex. Führungskräfte stehen bereits jetzt schon vor ganz neuen Führungsherausforderungen, die sich in Zukunft auch noch verschärfen werden (▶ Overview »Neue alternde Arbeitswelt, neue Führungsherausforderungen«).

Neue alternde Arbeitswelt, neue Führungsherausforderungen
Führen – angesichts der neuen Urgenz einer alten Verantwortung
Führungskräfte müssen, angesichts der immer längeren Erwerbsphasen und der schrumpfenden Arbeitsmärkte, ihre immer weniger und älter werdenden Mitarbeiter langfristig ans Unternehmen binden und ihre Arbeits-/Leistungs-fähigkeit sowie -zufriedenheit viel länger erhalten als früher; sie müssen deshalb ihren Mitarbeitern das lebenslange Gesund-, Qualifiziert- und Motiviert-Bleiben ermöglichen. Denn länger leben heißt nicht nur länger arbeiten, sondern auch länger lernen (**Weiterbildung**) und gesundbleiben (**Gesundheitsförderung**).

Führen – angesichts Alterspannen von 50 Jahren und 5 Generationen unter einem Dach
Führungskräfte müssen nicht nur Mitarbeiter unterschiedlicher Altersgruppen und Generationen führen, sondern auch ihre **Zusammenarbeit** organisieren; außerdem werden Abteilungsgesichter nicht nur älter, sondern auch weiblicher. Doch diese unterscheiden sich stark in ihren Bedürfnissen, Werten, Einstellungen sowie in Verhalten und Fähigkeiten; schließlich denkt, fühlt und handelt jedes Alter, jede Generation und jedes Geschlecht anders.

Die resultierenden, unterschiedlichen Ansprüche werden zunehmend »offensiv« an die Führungskraft gestellt: Ältere sind anders zu motivieren, zu qualifizieren und gesund zu erhalten als Jüngere; dasselbe gilt für die unterschiedlichen Generationen und Geschlechter. Außerdem verursachen diese verschiedenen Denk- und Arbeitsweisen sowie Vorurteile nicht selten (offene oder verborgene) Spannungen; alters-, generationen- und geschlechtsbedingte Konflikte am Arbeitsplatz steigen (*Clash of Generations?*).

Führen – angesichts sich auflösender alter Arbeitsmodelle und Konventionen
Führungskräfte müssen führen, und zwar in einem sich verschärfenden Wertekampf und ohne alter Hackordnung: Pflicht- und Disziplinwerte sind umkämpft und werden durch Selbstentfaltungs- und Autonomiewerte. »Chef werden«, Karriere machen und viel Geld verdienen ist nicht mehr »das ganze Leben«. Das

7

erfüllte Leben neben der Arbeit, d. h. Familie und Freunde sowie Freizeit und Hobbies, wird immer wichtiger. Sinnstiftung und Zeit statt Geld ist die Devise; *Work-Life-Balance* und *Sabbaticals* sind die neuen Gehälter. Deshalb werden auch aus Vollzeit-Belegschaften zunehmend Teilzeit-Belegschaften. Auch arbeitet man am liebsten im Team, ist lieber Stellvertreter als Chef, und das am besten zu zweit. Organisationsklassiker wie Senioritätsprinzip rufen bei den Jungen nur noch Entsetzen hervor, und die traditionelle Führungsordnung ist Geschichte: Führungskräfte sind meist um einiges jünger, als ihre Mitarbeiter.

Führen – angesichts eines immer flexibleren, digitaleren, beschleunigteren Arbeitens

Führungskräfte müssen führen, obwohl ihre Mitarbeiter, wie auch sie selbst, zunehmend autonom und unabhängig von Ort und Zeit arbeiten, und zwar auch immer mehr in Netzwerken statt in Hierarchien und Abteilungen. Außerdem beschleunigt sich auch das Arbeiten und damit das Führen: pro Zeiteinheit passiert viel mehr, als früher. Denn die dynamische Digitalisierung löst konventionelle Arbeitsstrukturen weiter auf, und Arbeitsinhalte verändern sich weiter Richtung Informations-, Wissens- und Kommunikationsarbeit. Die Produktivität dieser Art zukünftiger Arbeit ist dann allerdings getrieben von der Performanz zersplitterter, diverser Teams und Einheiten. Drastisch gestiegen ist auch die Fluktuation: es kommen und gehen jährlich viel mehr Mitarbeiter, als früher.

Vor dem Hintergrund dieser neuen alternden Arbeitswelt und ihren neuen Führungsherausforderungen bekommt Peter Druckers Frage eine neue Schärfe:

>> Wie führen sie den Laden, wenn die Leute erst mit 75 in Rente gehen? «

Nur wenige Führungskräfte sind sich den neuen Herausforderungen bewusst.

Umso kritischer ist, dass sich die wenigsten Führungskräfte diesen Herausforderungen bewusst sind, geschweige denn über die notwendigen Handlungskompetenzen verfügen oder gar motiviert sind, diese im Sinne der »Alternsführung« erfolgreich zu bewältigen. Viele glauben, die Aufgabe der Führungskräfte im Demografie-Management sei es, ihren älteren Mitarbeitern »gut zuzureden und das Händchen halten.« Aber eigentlich nicht einmal das, denn »Altern ist Privatsache«, so denken zumindest die meisten Führungskräfte. Ihrer Ansicht nach hat Altern nichts mit Führung zu tun. Außerdem kostet das »ganze Altern managen nur Geld und Zeit und bringt nichts.«

Altern hat bisher wenig oder keine Relevanz in der Führungsarbeit.

Doch Führungskräfte müssen das Altern ihrer Mitarbeiter managen lernen, sonst verlieren sie ihre Leute, und zwar im Sinne sinkender Kapazität und Produktivität. Trotzdem leisten Führungskräfte, insbesondere das mittlere Management, Widerstand dagegen – was aber eigentlich auch wieder verständlich ist. Denn auch Führungskräfte haben Angst vorm Altern. Außerdem verändert Demografie-Management ihre Arbeit am meisten, das glauben zumindest die meisten Führungskräfte und fürchten sich vor der »neuen Last« Demografie-Management. Dem Altern wird deshalb in der alltäglichen Führungspraxis bzw. in konkreten Führungssituationen kaum Bedeutung beigemessen, und schon gleich gar nicht dem eigenen Altern. Für Führungskräfte ist das Altern keine relevante Dimension in ihrer Führungsarbeit, geschweige denn eine Führungsaufgabe. Wenn sie das Altern als relevante Dimension berücksichtigen, dann meist nur in Führungssituationen mit Mitarbeitern, die um einiges älter sind, als sie selbst. Hierbei orientiert sich ihr Führungsverhalten nicht immer an den wirklichen Realitäten des Alterns, sondern mehr an ihren (meist unbewussten) negativen Einstellungen gegenüber älteren Mitarbeitern (▶ Kap. 5).

Deshalb werden Personalentscheidungen nach wie vor zu Lasten älterer Mitarbeiter getroffen. Auch sind die Bereitschaft und das Verhalten, ältere Mitarbeiter neu zu beschäftigen, unter Führungskräften wenig ausgeprägt. Auch die Weiterbildung älterer Mitarbeiter wird von vielen Führungskräften stiefmütterlich behandelt. In vielen Unternehmen werden sogar Mitarbeitergespräche nur bis zu einem Alter von 55 Jahren geführt. Zudem werden Ältere immer noch nicht entsprechend ihrer tatsächlichen Leistung beurteilt und eingesetzt. Doch genau die adäquate Nutzung ihrer fachlichen und persönlichen Kompetenzen ist für ältere Mitarbeiter ein Zeichen der Wertschätzung, die inzwischen nur noch jeder fünfte Mitarbeiter über 55 Jahren von seinem direkten Vorgesetzten erfährt. Außerdem gewinnen Unternehmen natürlich auch, wenn sie ihre älteren Mitarbeiter und Führungskräfte ihrer Leistung entsprechend beurteilen und einsetzen. Es mangelt an gelebter und erlebter Wertschätzung und Anerkennung, was zu mangelhaften Leistungen führt und sogar krank machen kann. Kränkung durch den Chef kann auch krank machen: ein Hauptgrund für hohe Krankenstände ist meistens das Führungsverhalten des unmittelbaren Vorgesetzten; beim Abteilungswechsel nehmen Chefs »ihren« Krankenstand sogar mit. Obwohl ältere Mitarbeiter (auch jenseits der 65) noch lern-, leistungs-, arbeitsfähig und vor allem -willig sind, arbeiten bzw. leisten sie deshalb meist »unter ihren Möglichkeiten«; im schlimmsten Falle arbeiten sie gar nicht (mehr), weil sie nicht mehr eingestellt werden oder frühzeitig in den Vorruhestand geschickt wurden. Insgesamt zeigen nur wenige Führungskräfte positiv-realistische Einstellungen bzw. Verhaltensweisen, die darauf hindeuten, dass sie ihr Führungsverhalten auf das Altern des geführten Mitarbeiters bzw. Teams abstimmen.

Und das, obwohl das Führungsverhalten nachweislich den größten Einfluss auf das Altern bzw. auf die Gesundheit, Qualifikation und Motivation bzw. die Arbeits-/Leistungsfähigkeit und -zufriedenheit der Mitarbeiter am Arbeitsplatz hat und zentrales Element des

Alterns-Vorurteile prägen Führungsverhalten.

Das Führungsverhalten hat größten Einfluss auf Mitarbeiterproduktivität.

erfolgreichen Demografie-Managements ist (▶ Overview »Erfolgreiches Altern am Arbeitsplatz: Eine Frage der Führung«).

Erfolgreiches Altern am Arbeitsplatz: Eine Frage der Führung
Mittlerweile gibt es keinen Zweifel mehr, dass Führung das erfolgreiche Altern fördern aber auch gefährden kann.

Denn je nachdem, wie sich eine Führungskraft gegenüber ihren Mitarbeitern verhält, kann sie dafür sorgen, dass diese entweder (1) erfolgreich altern und lange gesund, qualifiziert und motiviert bzw. arbeits-/leistungsfähig und -zufrieden bleiben, oder (2) weniger erfolgreich altern, und kränker, unqualifizierter und unmotivierter bzw. weniger arbeits-/leistungsfähig und unzufriedener werden.

Führungskräfte beeinflussen sogar maßgeblich, wie lange ihre Mitarbeiter im Unternehmen bzw. Arbeitsleben bleiben; sogar die vorzeitige Beendigung der Erwerbstätigkeit oder die Frühverrentung aus »gesundheitlichen« Gründen hat meist mehr mit dem Führungsverhalten des Vorgesetzten zu tun, als die meisten von uns denken.

Ohne sich dessen bewusst zu sein, haben Führungskräfte, positiv wie negativ, den wahrscheinlich größten Einfluss auf die Gesundheit, Qualifikation und Motivation ihrer Mitarbeiter, und damit auf deren Arbeits-/Leistungsfähigkeit und -zufriedenheit sowie Verbleib im Unternehmen bzw. Arbeitsleben.

Ihr Führungsverhalten ist als einziger langfristiger Erfolgsfaktor identifiziert worden, der die Arbeitsfähigkeit und -leistung (gerade bei älteren Mitarbeitern) erhalten und sogar erhöhen kann: insbesondere die Anerkennung durch den Vorgesetzten steigert die Arbeitsfähigkeit und -leistung seiner Mitarbeiter um das Vierfache. Außerdem sichern Führungskräfte auch die nachhaltige Umsetzung von Demografie-Management. Und schließlich ist es ihre Beziehung zu den Mitarbeitern, die bestimmt, ob die umgesetzten Demografie-Maßnahmen auch angewendet und beibehalten werden.

Führungskräfte bestimmen die Zukunftsfähigkeit des Unternehmens.

Wenn also Führungskräfte ihre dreifache Schlüsselfunktion bzw. ihre drei Alternsführungs-Aufgaben und fünf Alternsführungs-Rollen nicht positiv nutzen und auch die neuen Führungsherausforderungen in der alternden Arbeitswelt nicht bewältigen, dann hat das weitreichende Konsequenzen – nicht nur für die Zukunftsfähigkeit des Unternehmens und letztlich der Gesellschaft, sondern auch für die Zukunftsfähigkeit jedes einzelnen Mitarbeiters und der Führungskraft selbst.

Eigenes Altern als zusätzliche Herausforderung für Führungskräfte!

Erschwerend hinzukommt, dass nicht nur das Altern der Mitarbeiter, sondern auch das eigene Altern für die meisten Führungskräfte selbst eine Herausforderung darstellt, mit der sie täglich konfrontiert sind, und die es zu bewältigen gilt. Führungskräfte vergessen aber häufig, dass sie nicht nur für das Altern der Mitarbeiter (mit-)verantwortlich sind, sondern auch ihr eigenes Altern managen müssen, d. h. ihre eigenen Alterns-Risiken minimieren und ihre Alterns-Chancen maximieren müssen(▶ Kap. 3-5, sowie Overview: »Führungskräfte altern auch«).

Führungskräfte altern auch: Individuelle Herausforderungen
- Führungskräfte leben und arbeiten viel länger, als jede Generation zuvor (»90 statt 49« und »50+ statt 25« Jahre).
- Führungskräfte führen immer weniger Jüngere, immer mehr Ältere, Generationen und Frauen.
- Führungskräfte arbeiten mit veränderten Arbeits-, Karriere- und Hierarchiemodellen.
- Führungskräfte arbeiten immer flexibler, digitaler und beschleunigter.
- Führungskräfte werden immer mehr zu Lern-, Informations-, Wissens- und Kommunikationsarbeitern.
- Führungskräfte arbeiten immer mehr in Netzwerken, statt in Hierarchien und Abteilungen.
- Führungskräfte müssen ihr neues langes Leben und Arbeiten aktiv planen und gestalten – insbesondere die »dritte« berufliche Zukunft, den Übergang in den Ruhestand und die nachberufliche Tätigkeit, und dabei individuelle Bedürfnisse, Ziele und Perspektiven der verschiedenen Lebens-/Berufsphasen berücksichtigen.

Doch unzureichende Alternsführung liegt nicht immer nur an den einzelnen Führungskräften, die auch ihr Bestes geben. Das Problem liegt darin, dass die meisten Unternehmen das Altern noch nicht zu ihrer Chefsache gemacht haben. Auch in den jeweiligen Führungsleitlinien ist das Altern kaum verankert. Dies ist nicht verwunderlich, denn die Mehrheit der Unternehmen unterschätzen nach wie vor die Bedeutung der Alternsführung bzw. die dreifache Schlüsselfunktion, die konkreten Alternsführungs-Aufgaben und Alternsführungs-Rollen der Führungskräfte in alternden Betrieben. Und dass Führungskräfte auch selber altern, wird nur selten thematisiert. Die wenigsten Betriebe bilden ihre Führungskräfte für die Bewältigung der neuen Führungsherausforderungen aus: die dreifache Schlüsselfunktion bzw. die Alternsführungs-Aufgaben und Alternsführungs-Rollen der Führungskräfte im Demografie-Management sind nur selten Gegenstand von Weiterbildungsmaßnahmen. Die spezifische Entwicklung von Alternsführung ist in Unternehmen noch kaum ausgeprägt.

Erschwerend hinzukommt, dass vieles aufgrund der hohen zeitlichen Belastung von Führungskräften und ihrem alltäglichen Arbeitsdruck einfach untergeht. Führungskräfte haben schlichtweg keine

Altern nur selten Teil der Führungskräfteentwicklung!

Arbeitsdruck und Alternsangst versus Altern managen

7

Zeit und sind sich einfach nicht bewusst, welchen Einfluss sie als Vorgesetzte auf das (vermeintlich »private«) Altern ihrer Mitarbeiter und auf das eigene Altern eigentlich haben – je nachdem, wie sie sich selbst eben verhalten. Außerdem haben nicht nur Mitarbeiter Angst vorm Altern, sondern auch Führungskräfte. Sie beschäftigen sich deshalb genauso wenig gern mit dem Altern, geschweige denn mit dem eigenen Altern oder dem Altern ihrer Mitarbeiter. Zudem befürchten sie auch eine Überforderung durch die Doppelbelastung mit Tagesgeschäft und der Zusatzaufgabe Demografie-Management. Verstärkt wird dies durch die Angst vor den damit verbundenen neuen Anforderungen, welchen man möglicherweise nicht gewachsen ist. Es ist also verständlich, dass das Altern meist schnell wieder von den To-Do-Listen der »Chefs« verschwindet.

Alternsführung ist keine Zukunftsmusik mehr!

Das ist aber höchst problematisch: Schließlich ist Alternsführung keine Zukunftsmusik mehr, sondern drängende Anforderung in der heutigen Arbeitswelt – und muss deshalb unbedingt zum festen Bestandteil des Kompetenzportfolios einer jeden Führungskraft werden. Wie wir gesehen haben, braucht das Altern in Unternehmen bzw. am Arbeitsplatz Gestaltung, und zwar durch Führungskräfte. Doch diese Alterns-Gestaltung ist mit einer ganzen Reihe von neuen Anforderungen verbunden, die Führungskräfte nicht so ohne weiteres »aus dem Ärmel schütteln« können. Führungskräfte bewältigen die neuen Führungsherausforderungen in alternden Betrieben nicht einfach mit links.

Führungskräfte werden nicht mit ins Demografie-Management Boot geholt.

Trotzdem werden Führungskräfte in ihren Unternehmen nach wie vor nicht ausreichend sensibilisiert, qualifiziert und motiviert, um ihrer wichtigen Schlüsselfunktion bzw. ihren Alternsführungs-Aufgaben und Alternsführungs-Rollen gerecht werden zu können (▶ Kap. 3-5): Studien zeigen sogar eine rückläufige Tendenz in der Verbreitung des notwendigen Bewusstseins für die »Führungssache Altern« in den Reihen der Führungskräfte; dasselbe gilt für die Kompetenzen und auch die Einstellung bzw. Motivation, die für eine erfolgreiche Alternsführung erforderlich sind. Meist fehlt auch die Unterstützung des Top-Managements in dieser Sache, und Führungskräfte werden nicht – im Sinne einer Alterns-Führungskoalition – mit ins Boot geholt, um im »Demografie-/Alterns-Sturm« rechtzeitig die »Segel zu setzen«; und das, obwohl sie die erste und wichtigste Zielgruppe im Demografie-Management sind: denn wie wir gesehen haben, sind es die Führungskräfte, die die Rahmenbedingungen des Arbeitens, und damit auch des Alterns, schaffen und die nachhaltige Umsetzung von Demografie-Management sicherstellen; sie halten Demografie-Management am Leben und fördern das erfolgreiche Altern ihrer Mitarbeiter ebens,o wie ihr eigenes Altern.

Viele Unternehmen sind noch ohne Alternsführung.

Eines der größten Hindernisse bei der nachhaltigen Umsetzung und Verankerung von betrieblichem Demografie-Management hat also noch weite Verbreitung: die meisten Unternehmen sind noch ohne Alternsführung. Wenn Altern nicht zur Chefsache einer jeden Führungskraft wird, bleiben die notwendigen personalen und organisationalen Veränderungsprozesse im Demografie-Management ein Ding der Unmöglichkeit (Führungshindernis): Altern bleibt für die Unternehmensangehörigen eine Bedrohung und die resultierenden Ängste manifestieren sich als hartnäckige Widerstände. Demografie-orientierte Maßnahmen können nicht umgesetzt, geschweige denn angewendet und beibehalten werden. Die Risiken des Alterns wachsen und seine Chancen und Potenziale für den Einzelnen, Unternehmen und die Gesellschaft bleiben ungenutzt.

7.2   Altern ist Führungssache

Das eigene Altern und das Altern der Mitarbeiter erfolgreich zu führen, fordern und fördern ist eine Schlüsselqualifikation im Management des 21. Jahrhunderts. Denn die Arbeits- und Leistungsfähigkeit sowie -zufriedenheit (bzw. Gesundheit, Qualifikation und Motivation) jeder einzelnen Führungskraft und ihrer Mitarbeiter werden in unserer neuen alternden Arbeitswelt immer kostbarer. Auf Führungskräften lastet dabei eine doppelte Verantwortung: Sie müssen Manager in eigener Alterns-Sache sein und in der Alterns-Sache ihrer Mitarbeiter – für nachhaltigen persönlichen, unternehmerischen sowie gesellschaftlichen Erfolg im demografischen Wandel. Die Entwicklung der Alternsführung gilt deshalb als eine der wichtigsten Zukunftsaufgaben für Unternehmen im demografischen Wandel (5. Säule des erfolgreichen Demografie-Managements). Ähnlich, wie bei der Bildung von Alternsbewusstsein (▶ Kap. 3), der Entwicklung von Alternskompetenz (▶ Kap. 4), der Förderung von Alternsmotivation (▶ Kap. 5) und der Etablierung einer Alternskommunikation, ist diese Aufgabe auch wieder weit mehr, als nur der fünfte Schritt, ein Unternehmen und sein Personal »ready« zu machen für die nachhaltige Umsetzung von Demografie-Management. Auch ihre Tragweite geht wieder weit über die Überwindung des Führungshindernisses und den resultierenden Abbau der hartnäckigen Widerstände im Demografie-Management hinaus.

Die Zukunft unseres Alterns ist Führungssache: Wenn Führungskräfte ihr eigenes Altern und das Altern ihrer Mitarbeiter erfolgreich zu führen, fordern und fördern, dann wird Altern bzw. Älterwerden am Arbeitsplatz angstfreier, tabufreier, beruhigter und gelassener. Alternsführung – natürlich mit dem notwendigen Alternsbewusstsein (▶ Kap. 3), Alternskompetenzen (▶ Kap. 4) und einer positiv-realistischen Alterns-Einstellung bzw. -Motivation (▶ Kap. 5) – fördert die individuelle und betriebliche Bewältigung des Alterns; seine Risiken werden reduziert und seine Chancen können genutzt bzw. optimiert werden. Dies steigert Wettbewerbsfähigkeit, Wirtschaftlichkeit, Flexibilität und Zukunftssicherung.

Es werden deshalb die Unternehmen am zukunftsfähigsten sein, deren Führungskräfte ihre dreifache Schlüsselfunktion bzw. ihre drei Alternsführungs-Aufgaben und fünf Alternsführungs-Rollen im

Altern fördern ist zentrale Aufgabe im Demografie-Management!

Die Zukunft unseres Alterns ist Führungssache!

Wer Altern fördert, gewinnt!

Demografie-Management positiv nutzen und auch die neuen Führungsherausforderungen in der alternden Arbeitswelt bewältigen. Wer »Altern« bzw. »Altern managen« führt, gewinnt. Alternsführung ist die erfolgskritische Größe: Denn effektive Alternsführung initiiert und steuert die Veränderungsprozesse im Demografie-Management und sichert seine Umsetzung: Akzeptanz und Vertrauen steigen, und der passive oder gar aktive Widerstand der Unternehmensangehörigen sinkt; die notwendigen Veränderungsprozesse werden nachhaltig motiviert mitgetragen, mitgestaltet und vorangetrieben.

Alternsführung sichert Produktivität und Kapazität.

Gleichzeitig sichert sie Produktivität und Kapazität in einer neuen alternden Arbeitswelt, und zwar durch das Management der alternden Mitarbeiter und das Selbst-Management der alternden Führungskräfte. Alternsführung erhält bzw. steigert (direkt und indirekt) die psychische, körperliche und soziale Gesundheit, Qualifikation und Motivation, und damit die Arbeits- und Leistungsfähigkeit sowie -zufriedenheit der Mitarbeiter und Führungskräfte – und hält sie länger im Unternehmen und Arbeitsleben. Außerdem fördert sie die Zusammenarbeit und auch den Wissenstransfer zwischen Mitarbeitern unterschiedlichen Alters, Generation und Geschlechts, und damit die Produktivität von alters-, generationen-, geschlechtsgemischten Teams.

Erfolgreiches Altern am Arbeitsplatz durch Alternsführung!

Doch was bedeutet Alternsführung genau? Ebenso wie die Entwicklung des Alternsbewusstseins, der Alternskompetenz, Alternsmotivation und Alternskommunikation wäre auch die Alternsführung ohne die Psychologie völlig undenkbar: Führung ist Psychologie. Alternde Mitarbeiter und sich selbst führen heißt nichts anderes als die »Psychologie des Alterns« anwenden. Die »**Psychologie des Alterns**« sagt uns, wie man richtig führt, wenn es ums Altern und sein betriebliches Management geht. Denn schließlich geht es bei der Alternsführung darum, auf das Denken, Fühlen und Handeln der Unternehmensangehörigen positiv Einfluss zu nehmen. Von der Wortbedeutung her hat »führen« den gleichen Ursprung wie »fahren« und wird etymologisch aus dem germanischen »foran« abgeleitet: »etwas in Bewegung setzen« bzw. »jemandem den Weg zeigen, indem man mit ihm geht«; und genau das macht die Alternsführung in der Sache Altern. Ziel und Zweck ist, das Veränderungsvorhaben Demografie-Management erfolgreich umzusetzen und das erfolgreiche Altern am Arbeitsplatz zu verwirklichen.

Die 4 Grundsätze der Alternsführung

Alternsführung ist eine Antwort auf die vielfältigen Herausforderungen der neuen alternden Arbeitswelt und wie adäquat mit den immer älter werdenden Mitarbeitern (und ihren Alterns-Risiken und Alterns-Chancen) umzugehen ist, und wie diese zu führen sind. Dabei handelt es sich weder um einen einheitlichen Führungsstil noch um ein Allheilmittel für die Bewältigung der mit den alternden Belegschaften verbundenen Herausforderungen. Dafür ist unser neues Altern viel zu komplex, differenziert und individuell, wie wir gesehen haben. Noch dazu hat ja jede Führungskraft ihren eigenen individuellen Führungsstil sowie spezifische Arbeitswerte und Arbeitsweisen, die außerdem auch zur jeweiligen Unternehmenswelt und -philosophie passen müssen. Trotzdem lassen sich Grundsätze und effektive Verhaltensweisen formulieren, die eine Führungskraft bei der Mitarbeiterführung in der neuen alternden Arbeitswelt beherzigen und beherrschen sollte. Ziel der Alternsführung ist jedenfalls die langfristige Gesunderhaltung, Qualifizierung und Motivierung der Mitarbeiter im Unternehmen. Die richtigen Ansätze dazu bietet uns die »Psychologie des Alterns« (▶ Overview »Grundsätze der Alternsführung«).

Die vier Grundsätze der Alternsführung

Als »alternspsychologische Veränderungsmanager« initiieren, steuern und sichern Führungskräfte die nachhaltige Umsetzung von Demografie-Management.

Außerdem führen, fordern und fördern sie erfolgreiches Altern (Erhalt, Steigerung der Arbeits-/Leistungsfähigkeit, sowie -zufriedenheit ihrer Mitarbeiter, durch Erhalt, Steigerung deren Gesundheit, Qualifikation, Motivation).

Dabei denken, fühlen und handeln Führungskräfte (1) alternsorientiert, (2) individualisiert, (3) kooperativ und vorurteilsfrei und (4) wertschätzend:

1. Alternsorientiert führen
   Führungskräfte kennen, »er-kennen« und berücksichtigen bzw. orientieren sich an alternsspezifischen (und damit auch generationen- und geschlechtsspezifischen) Bedürfnissen, Motiven, Werten und Einstellungen; außerdem nutzen/fördern sie alternsspezifische Stärken und verhindern/kompensieren altersbedingte Schwächen.

2. Individualisiert führen
   Führungskräfte berücksichtigen bzw. orientieren sich an den Lebens- und Berufsphasen der Mitarbeiter, ihrer individuellen Berufsbiografie und Erfahrungen, ihren jeweiligen Lebensumständen, aber auch an der aktuellen Situation – und verbinden diese mit dem zu erreichenden Ziel bzw. mit einer Vision.

3. Kooperativ und vorurteilsfrei führen
   Führungskräfte führen ihre alternden Mitarbeiter bzw. Teams partnerschaftlich (partizipativ und unterstützend) und mit gegenseitigem Respekt. Im Führungsverhalten zeigen sie sich tolerant, fair und offen, und haben eine positiv-realistischen Einstellung:
   - zum eigenen Altern und zum Altern der anderen (Kollegen, Mitarbeiter, Vorgesetzte)
   - zu seiner individuellen, betrieblichen Meisterung und zum Demografie-Management
   - zur Alternsführung (inkl. dreifache Schlüsselfunktion bzw. Alternsführungs-Aufgaben und -Rollen)

4. Wertschätzend führen
   Führungskräfte leben Wertschätzung: sie vermitteln ernst gemeinte Anerkennung; die reicht vom einfachen »Dankeschön« (auch schon Kleinigkeiten wie Blickkontakt, Namensnennung) über ein Lob bis hin zum detaillierten Leistungsfeedback. Besonders wirkungsvoll ist die Förderung und Berücksichtigung der individuellen Kompetenzen, Bedürfnisse und Werte der Mitarbeiter. Gelebte, erlebte Wertschätzung der aktuellen, zukünftigen Kompetenzen aller Mitarbeiter (jeden Alters, auch vor allem kurz vor der Rente!) ist das zentrale Leistungs-/Gesundheitsfördermittel am Arbeitsplatz, und überlebensnot-wendig: Wertschätzung führt zu Wertschöpfung, denn »durch Anerkennung kann man in einem Menschen die besten Kräfte mobilisieren.« (Charles M. Schwab)

Führungskräfte haben 5 Alternsführungsrollen.

Alternsführung heißt auch, dass Führungskräfte in ihrer Führungsarbeit fünf spezifische Alternsführungs-Rollen annehmen; diese gelten nicht nur für das Initiieren, Steuern und Sichern der Umsetzung von Demografie-Management sondern auch für das Führen, Fordern und Fördern von erfolgreichem Altern. Dabei sind Führungskräfte (1) Alterns-Vorbilder, (2) Alterns-Gestalter, (3) Alterns-Integrationsfiguren, (4) Alterns-Unterstützer, aber auch (5) Alterns-Selbstmanager.

(1) Führungskräfte als Alterns-Vorbilder. Albert Schweitzer hat die Bedeutung der Vorbildfunktion einer Führungskraft auf den Punkt gebracht:

>> Ein Beispiel zu geben ist nicht die wichtigste Art, wie man andere beeinflusst. Es ist die einzige. <<

Führungskräfte gehen mit gutem Alterns-Beispiel voran.

Die Macht des Vorbilds wird häufig unterschätzt; jedoch ist sie eine wesentliche, wenn nicht sogar *die* Einflussgröße für das Verhalten der alternden Mitarbeiter. Denn letzten Endes zählt das bzw. wird das getan, was die Führungskraft übers Altern sagt, was sie selbst für ein erfolgreiches Altern tut, und wie sie Altern (vor-)lebt. Mitarbeiter schauen immer auf ihren Vorgesetzten und orientieren sich an seinen Worten bzw. viel mehr noch an seinem Verhalten. Ob sie es wollen oder nicht, Führungskräfte sind im Arbeitsalltag automatisch Alterns-Vorbild; deshalb sollten sie nicht nur entsprechend handeln, sondern die Einfluss- bzw. Gestaltungsmacht auch nutzen. Wenn z. B. Führungskräfte ihre Mitarbeiter zur Teilnahme an einem Alterns-Seminar animieren möchten, dann sollten sie, natürlich für alle sichtbar, selbst daran teilnehmen; mit gutem Beispiel voranzugehen ist nach wie vor eine ziemlich effektive Methode der Einflussnahme: es überzeugt die Mitarbeiter, legitimiert bzw. »erlaubt« ein bestimmtes Alterns-Verhalten und animiert »zum Nachmachen«. Besonders wirkungsvoll ist es, wenn das Top-Management das individuelle und betriebliche Management des Alterns nicht nur initiiert, sondern auch vorlebt und selbst Gebrauch von den, meist optionalen, Demografie-orientierten Maßnahmen macht. Genau dieses (Vor-)Leben ist es auch, das kulturelle Veränderungen in Gang setzt, aber mehr dazu im nächsten Kapitel.

(2) Führungskräfte als Alterns-Gestalter. Führungskräfte leben nicht nur das erfolgreiche Altern am Arbeitsplatz vor, sondern gestalten auch das erfolgreiche Altern ihrer Mitarbeiter. Im Unternehmenswandel Demografie-Management sind dafür die Unterstützung des Top-Managements und eine starke Koalition der Führungsebene besonders wichtig. Die Führungskräfte fungieren dann als Bindeglied zur Belegschaft: Bei der Umsetzung von Demografie-Management sorgen sie für Planung, Struktur und Organisation, aber auch für Kontrolle und Evaluation der notwendigen Veränderungsprozesse – und noch mehr: denn sie verteidigen auch die Umsetzung gegenüber Widerständen, indem sie die Mitarbeiter sensibilisieren, qualifizieren und motivieren und auch die notwendige Alternskommunikation und Alternskultur (mit-)gestalten. Auch danach sind es primär die Führungskräfte, die die Rahmenbedingungen des erfolgreichen Alterns ihrer Mitarbeiter gestalten. Sie integrieren Demografie-Management in ihre täglichen Arbeitsprozesse und Managementaufgaben, passen die Demografie-orientierten Maßnahmen auf ihren Bereich und ihre Mitarbeiter an und legen entsprechende Zielvereinbarungen fest. Außerdem sind Führungskräfte schon allein deshalb Alterns-Gestalter, weil sie die Arbeits-Gestalter ihrer Mitarbeiter sind: sie sind zuständig für die Arbeitsabläufe, die Zuteilung von Arbeitsaufgaben und die Arbeitsmenge. Und wir alle wissen: Arbeit kann nicht nur krank machen, sondern sich auch auf die Qualifikation und Motivation, und damit auf das Altern auswirken. Unsere Arbeit bestimmt, wie wir altern. Deshalb ist Alternsführung auch Alterns-Gestaltung im Sinne einer alternsförderlichen Arbeits-Gestaltung. Damit Arbeiten gesund erhält, qualifiziert und motiviert, gilt für Führungskräfte, insbesondere den Arbeitsplatz und Arbeitsinhalt sowie Arbeitszeit und Arbeitsflexibilität alternsförderlich zu gestalten; besonders wichtig ist dabei, jegliche Art von Über- und Unterforderung der Mitarbeiter zu vermeiden (jedoch ist Über-/Unterforderung individuell sehr unterschiedlich!). Erhalt und Steigerung der Arbeits-/Leistungsfähigkeit der Mitarbeiter durch eine entsprechende Arbeitsgestaltung, ist eine klare Führungsaufgabe. Dazu gehören natürlich auch die alternsförderliche Gestaltung der Kommunikation und sozialen Interaktion am Arbeitsplatz sowie das Ermöglichen von Partizipation, aber auch die Gestaltung der Zusammenarbeit untereinander.

(3) Führungskräfte als Alterns-Integrationsfiguren. Bei der Alternsführung geht es nicht nur darum, den verschiedenen Altersgruppen, Generationen und Geschlechtern, mitsamt ihren unterschiedlichen

Führungskräfte gestalten das Altern.

Bedürfnissen, Werten, Einstellungen sowie Stärken und Schwächen, gerecht zu werden, sondern auch um ihr Verhältnis zueinander und damit ihre Zusammenarbeit. Denn vor allem in alternsgemischten Teams gilt:

>> Menschen, die miteinander zu schaffen haben, machen einander zu schaffen << (Friedemann Schulz von Thun)

Die Integrations- bzw. Inklusionsarbeit der Führungskräfte besteht darin, den Zusammenhalt ihrer Mitarbeiter in alternsgemischten Teams zu stärken und die Produktivität der Gruppe zu erhöhen. Es geht um die Überwindung von Unterschieden – durch den Ausbau von Kooperation und den Abbau von Konfrontation; die vermeintlich »natürlichen« Konflikte alternsgemischter Teams sinken und die Effizienz und Qualität der Zusammenarbeit, das Teamklima sowie Motivation und Zufriedenheit unter den Mitgliedern steigt. Führungskräfte machen also auch alternsförderliche Teamentwicklung: sie übertragen der Gruppe eine gemeinsame Aufgabe bzw. setzen ihr ein klar formuliertes Ziel, wofür sie die Gruppe begeistern; entscheidend ist, jeden individuellen Beitrag (bzw. individuelle Kompetenz) zur Zielerreichung herauszustellen und deutlich zu machen:

- unsere unterschiedlichen Kompetenzen ergänzen sich und machen mehr

    >> Das Ganze ist mehr als die Summe seiner Teile << (Aristoteles)

- die Aufgabe kann nur gemeinsam bewältigt werden,
- keiner ist entbehrlich und
- jeder zählt.

Führungskräfte managen Generationen.

Das gemeinsame Interesse übertrumpft latente Konflikte und Vorurteile. Führungskräfte sind auch alternsförderliche Konflikt-Manager, denn offene Konflikte müssen natürlich direkt angesprochen und gelöst werden. Außerdem sorgen Führungskräfte für den Abbau bestehender Vorurteile (▶ Kap. 5), die Entwicklung gemeinsamer Werte und Überzeugungen (▶ Kap. 8) sowie für einen permanenten Erfahrungs- und Wissensaustausch zwischen den Mitarbeitern unterschiedlichen Alters, Generationen und Geschlechts. Für das Gelingen der immer häufiger werdenden Ausnahme »*Jung führt Alt*« ist gegenseitige Wertschätzung, Vertrauen und Kooperation, und natürlich Geduld auf beiden Seiten, das A und O.

(4) Führungskräfte als Alterns-Unterstützer.   Alternsführung heißt auch, dass Führungskräfte ihre Mitarbeiter auf dem Weg zum erfolgreichen Altern (▶ Kap. 4, 5) unterstützen:

>> (Alterns-)Führung ist an die Hand nehmen, ohne festzuhalten und loslassen, ohne fallen zu lassen. << (Wilma Thomalla)

Führungskräfte unterstützen in der Alterns-Sache.

Denn Demografie-Management und seine Maßnahmen fruchten auch nur dann, wenn Führungskräfte zum persönlichen Ansprechpartner,

Unterstützer und »*Rückendecker*« für ihre Mitarbeiter werden. Vorgesetzte sind nicht nur verantwortliche Organisatoren und Auftraggeber von Arbeitsaufgaben, sondern werden von ihren Mitarbeitern auch als »*Menschen*« in anderen (persönlichen) Angelegenheiten aufgesucht. Führungskräfte wirken durch ihr zwischenmenschliches Verhalten und ihre Art zu kommunizieren direkt auf ihre Mitarbeiter ein: sie hören zu, beraten, ermutigen, begleiten und unterstützen (was sich auch positiv auf die Gesundheit, Motivation und Zufriedenheit auswirkt). Da die »Alterns-Sache« eine »Vertrauens-Sache« ist, geht es auch um den Aufbau eines besonderen Vertrauensverhältnisses. Vertrauen führt! Schließlich entscheidet sich der Erfolg eines jeden Demografie-Management-Projekts mit dem Vertrauen, das die Mitarbeiter in ihren Vorgesetzten und die jeweiligen Maßnahmen haben. Für den Aufbau dieses Vertrauensverhältnisses braucht es viel Kommunikation und eine aktive Gesprächskultur, in der Mitarbeiter ihre Anliegen und Wünsche, aber auch Sorgen, Beschwerden und Tabuthemen mit ihrem Vorgesetzten sachlich und vertrauensvoll besprechen können: es muss viel und persönlich miteinander gesprochen werden. Mit dem sensiblen Thema des Alterns und seinen vielfältigen, persönlichen, beruflichen und privaten Aspekten muss dabei behutsam umgegangen werden. Das wahrscheinlich wichtigste Führungsinstrument bzw. Methode für Führungskräfte ist das Mitarbeiter- oder Entwicklungsgespräch (»*Alterns:-Gespräch*«), das konsequent und regelmäßig über die gesamte Erwerbslaufbahn geführt werden sollte.

(5) Führungskräfte als Alterns-Selbstmanager.   *Last but not least* sind Führungskräfte nicht nur Alterns-Manager ihrer Mitarbeiter, sondern auch Alterns-Manager in eigener Sache. Auf Führungskräften lastet eine doppelte Verantwortung; schließlich altern sie ja auch selber. Sie müssen nicht nur für ihre Mitarbeiter, sondern auch für sich selbst zusehen, dass sie länger gesund, qualifiziert und motiviert bzw. arbeits-/leistungsfähig und -zufrieden bleiben. Denn auch Führungskräfte selber leben und arbeiten viel länger, als jede Generation zuvor und müssen ihr neues langes Leben und Arbeiten aktiv planen und gestalten – insbesondere ihre »dritte« berufliche Zukunft, den Übergang in den Ruhestand und die nachberufliche Tätigkeit, und dabei ihre individuellen Bedürfnisse, Ziele und Perspektiven der verschiedenen Lebens-/Berufsphasen berücksichtigen. Ihre erfolgreiche Alternsmeisterung ist die Basis für eine erfolgreiche Alternsführung. Denn nur eine gesunde, qualifizierte und motivierte bzw. arbeits- und leistungsfähige und zufriedene Führungskraft kann auch gute altersförderliche Führungsarbeit leisten. Doch, so Peter Drucker trefflich

» nur wenige Menschen sehen ein, dass sie letztendlich nur eine einzige Person führen können und auch müssen. Diese Person sind sie selbst. **«**

Führungskräfte managen auch ihr eigenes Altern.

Gesund halten, Qualifizieren und Motivieren ist Chefsache!

Alternsführung heißt also auch, dass Führungskräfte über fünf verschiedene Führungsrollen auf das Altern im Unternehmen bzw. auf das Altern ihrer Mitarbeiter, ihres Teams einwirken. Als Alterns-Vorbilder, Alterns-Gestalter, Alterns-Integrationsfiguren, Alterns-Unterstützer, aber auch Alterns-Selbstmanager führen, fordern und fördern sie die Gesundheit, Qualifikation und Motivation, und damit die Arbeits-/Leistungsfähigkeit bzw. -zufriedenheit ihrer Mitarbeiter und bei sich selbst. Was das konkret bedeutet, zeigt das nachfolgende Overview »Gesundheitsförderung, Personalentwicklung, Mitarbeitermotivierung: Alles Chefsache«.

Gesundheitsförderung, Personalentwicklung, Mitarbeitermotivierung: Alles Chefsache

1. Gesundheitsförderung ist Chefsache
   So führen, fordern und fördern Führungskräfte (FK) die Gesundheit ihrer Mitarbeiter; ein Beispiel:
   - Alterns-Vorbild: FK nehmen selbst an betrieblichen Gesundheitsmaßnahmen teil und machen auch mal Pause
   - Alterns-Gestalter: FK schaffen ein möglichst belastungsfreies und gesundheitsförderliches Arbeitsumfeld
   - Alterns-Integrationsfigur: FK sorgen für ein gesundes Team-, Arbeitsklima (»Kränkung macht krank«)
   - Alterns-Unterstützer: FK informieren, motivieren zur Teilnahme an betrieblichen Gesundheitsmaßnahmen
   - Alterns-Selbstmanager: FK sorgen auch für ihre eigene Gesundheit und überfordern sich nicht dauerhaft
2. Personalentwicklung ist Chefsache
   So führen, fordern und fördern Führungskräfte (FK) die Qualifikation ihrer Mitarbeiter; ein Beispiel:
   - Alterns-Vorbild: FK nehmen selbst an betrieblichen Weiterbildungsmaßnahmen teil
   - Alterns-Gestalter: FK schaffen Lernanreize und bieten formelle/informelle Lernmöglichkeiten an
   - Alterns-Integrationsfigur: FK sorgen für eine positive Lernkultur, -klima sowie für Wissensaustausch im Team
   - Alterns-Unterstützer: FK ermutigen zur Weiterbildung und unterstützen das fachliche Weiterkommen
   - Alterns-Selbstmanager: FK sorgen auch für ihr eigenes lebenslanges Lernen und fachliches Weiterkommen
3. Mitarbeitermotivierung ist Chefsache
   So führen, fordern und fördern Führungskräfte (FK) die Motivation ihrer Mitarbeiter; ein Beispiel:
   - Alterns-Vorbild: FK setzen sich und dem Team Ziele, begeistern sich dafür und verfolgen diese nachhaltig
   - Alterns-Gestalter: FK ermöglichen Freiräume beim Arbeiten und motivieren durch Anerkennung, Feedback

- Alterns-Integrationsfigur: FK sorgen für Partizipation, motivieren und begeistern das Team für Ziele, Visionen
- Alterns-Unterstützer: FK unterstützen beim selbstbestimmten Setzen, Verfolgen von persönlichen Berufszielen
- Alterns-Selbstmanager: FK berücksichtigen, verfolgen auch ihre persönlichen Berufsziele und Lebensumstände

Wie in den Beschreibungen der fünf Alternsführungs-Rollen und auch in den Beispielen des vorherigen Overviews zu erkennen ist, gehört oftmals eigentlich gar nicht viel dazu, das erfolgreiche Altern der Mitarbeiter bzw. ihre Gesundheit, Qualifikation und Motivation (und damit Arbeits-/Leistungsfähigkeit, -zufriedenheit) der Mitarbeiter zu fördern. Trotzdem kommen mit der neuen alternden Arbeitswelt doch eine ganze Reihe neuer Anforderungen auf Führungskräfte zu, die sie, wie bereits gesagt, nicht so ohne weiteres »aus dem Ärmel schütteln« können. Für deren Bewältigung braucht es nämlich bestimmte Voraussetzungen seitens der Führungskraft, aber auch seitens des Unternehmens.

Erfolgreiches Altern fördern ist keine »*rocket science*«!

Die wahrscheinlich wichtigste Voraussetzung ist die Verankerung eines gemeinsamen, alternsförderlichen Führungsverständnisses im Unternehmen; denn erfolgreiche Alternsführung beginnt mit einem bestimmten Selbstverständnis bzw. Führungsverständnis einer jeden Führungskraft, das von allen Führungskräften im Unternehmen geteilt wird.

Neues Altern, neues Führungsverständnis!

Das Führungsverständnis der Alternsführung…

1. …baut auf den vier Alternsführungs-Grundsätzen auf: Alternsorientierung, Individualisierung, Kooperation ohne Vorurteile, Wertschätzung;
2. …umfasst außerdem die fünf Alternsführungs-Rollen der Führungskraft: Alterns-Vorbild, Alterns-Gestalter, Alterns-Integrationsfigur, Alterns-Unterstützer, Alterns-Selbstmanager;
3. …umfasst die dreifache Schlüsselfunktion bzw. drei Alternsführungs-Aufgaben: Initiieren, Steuern, Sichern der Umsetzung von Demografie-Management als »alternspsychologische Veränderungsmanager« sowie das Führen, Fordern und Fördern von erfolgreichem Altern (Erhalt, Steigerung der Arbeits-/Leistungsfähigkeit, -zufriedenheit durch den Erhalt, Steigerung deren Gesundheit, Qualifikation, Motivation);
4. …umfasst die dafür notwendigen Alternsführungs-Kompetenzen: führungsspezifische(s) Alternsbewusstsein, Alternswissen, Fähigkeiten zur Alternsmeisterung, Alternsmotivation sowie alternsförderliche(s) Führungsverhalten, Kommunikationsfähigkeit und soziale Kompetenzen;
5. …umfasst die dafür notwendigen Alternsführungs-Werkzeuge: insb. Bereitstellung der notwendigen betrieblichen Infrastruktur, alternsförderliche Führungsinstrumente, Maßnahmen des jeweiligen Demografie-Managements, Ressourcen.

Die nächste logische und entscheidende Frage, die wir uns jetzt stellen und beantworten müssen, ist: Wie wird dieses gemeinsame, alternsförderliche Führungsverständnis nun zur gelebten Praxis in einem Unternehmen?

7.3   Alternsführung entwickeln

Alternsführung macht zukunftsfähig!

Unternehmen brauchen Alternsführung, und zwar nicht nur für den Unternehmenswandel Demografie-Management, sondern überhaupt, um im 21. Jahrhundert zukunftsfähig zu bleiben. Alternsführung ist eine drängende Anforderung in unserer neuen, alternden Arbeitswelt – und muss deshalb unbedingt fester Bestandteil des Kompetenzportfolios einer jeden Führungskraft werden. Und nach der Lektüre der vorhergehenden beiden Abschnitte wissen Sie auch, was Alternsführung genau ist, warum Sie die Entwicklung der Alternsführung auf keinen Fall vernachlässigen sollten, und was dabei zu beachten ist. Doch zurück zu unserer Frage, was Unternehmen konkret tun können, um das alternsförderliche Führungsverständnis bzw. die Alternsführung in der betrieblichen Praxis »zum Leben zu erwecken« (Realisierung der 5. Säule des erfolgreichen Demografie-Managements).

Neues Führungsverständnis zur gelebten Praxis machen!

Im Prinzip geht es bei der Entwicklung der Alternsführung darum, die notwendigen Voraussetzungen auf Seiten der Führungskraft, aber auch auf Seiten des Unternehmens zu schaffen. Wenn wir uns die Inhalte des alternsförderlichen Führungsverständnisses noch einmal anschauen, dann wird schnell klar, dass es zwar einerseits um die organisationalen Rahmenbedingungen der Alternsführung geht (»Alternsführungs-Werkzeuge«, d. h. Bereitstellung der notwendigen betrieblichen Infrastruktur, alternsförderliche Führungsinstrumente, Maßnahmen des jeweiligen Demografie-Managements, Ressourcen). Schwerpunktmäßig geht es jedoch um eine spezifische Personalentwicklung für Führungskräfte, und zwar für alle Führungskräfte sämtlicher Ebenen und Funktionsbereiche in einem Unternehmen (»Kompetenzen«, d. h. für Alternsführung sensibilisieren, qualifizieren, motivieren).

Altern zur Top-Management Sache machen!

Zunächst zu den organisationalen Voraussetzungen bzw. Rahmenbedingungen der Alternsführung. Die Entwicklung der Alternsführung beginnt damit, dass ein Unternehmen Altern zur Chefsache macht: die Unterstützung des Top-Managements muss nicht nur für das gesamte Veränderungsvorhaben Demografie-Management gesichert werden, sondern auch speziell für die Entwicklung der Alternsführung. Schließlich ist auch das Top-Management Teil der »Zielgruppe Führungskräfte«, die ein neues Führungsverständnis entwickeln und zu ihrer gelebten Führungspraxis machen sollen.

Führungskräfte mit ins Demografie-Management Boot holen!

Dabei sollten die Führungskräfte (bzw. ihre Schlüsselpersonen oder »*opinion leader*«, die aufgrund ihrer Macht-/Vertrauensposition wichtige Ansprechpartner und Multiplikatoren sind) auch unbedingt mit ins Boot geholt werden: es geht um den Aufbau einer Alterns-Führungskoalition für die Initiierung und Steuerung des Unternehmenswandels Demografie-Management. Die (verbindliche!) Einbindung und Partizipation der Führungskräfte an den Veränderungsprozessen bzw. an der konkreten Arbeit und Aktivitäten im Demografie-Management gilt als kritischer Erfolgsfaktor. Trotzdem sollten sie nicht nur als »Leader«, sondern auch als Adressaten der Demografie-orientierten Maßnahmen ernst genommen werden; denn schließlich altern nicht nur Mitarbeiter, sondern auch die Führungskräfte selber.

Eine weitere organisationale Grundvoraussetzung für eine funktionierende Alternsführung ist, dass ihre vier Alternsführungs-Grundsätze, die fünf Alternsführungs-Rollen, die drei Schlüsselfunktionen bzw. Alternsführungs-Aufgaben sowie Alternsführungs-Kompetenzen und -Werkzeuge in das übergeordnete Demografie-Management des jeweiligen Unternehmens eingebunden sind. Schließlich müssen die Führungskräfte ihr Alternsführungs-»Soll« mit den vorhandenen – und auch dafür bereitgestellten – betrieblichen Infrastrukturen, Führungsinstrumenten, Demografie-orientierten Maßnahmen und Ressourcen auch erfüllen können. Sind seitens des Unternehmens die notwendigen Weichen gestellt, so können Führungskräfte die jeweiligen zur Verfügung gestellten Möglichkeiten nutzen und diese auf die eigenen Bereiche übertragen.

Alternsführung ins Unternehmen integrieren!

Damit Alternsführung auch nachhaltig entwickelt werden kann, brauchen Führungskräfte außerdem einen klaren Auftrag »von oben«, dass sie das Altern zum Teil ihrer Führungsarbeit machen sollen, und zwar im Sinne des alternsförderlichen Führungsverständnisses mit seinen Alternsführungs-Grundsätzen, -Rollen, -Funktionen bzw. -Aufgaben, -Kompetenzen und -Werkzeugen. Zusätzlich zu diesem Auftrag sollte auch die Alternsführung bzw. das alternsförderliche Führungsverständnis in den Führungsleitlinien des Unternehmens verankert werden. Entscheidend ist jedoch, dass es für die Umsetzung dieses Auftrages innerbetriebliches Feedback und Honorierung gibt. Zu empfehlen ist auch die Aufnahme zusätzlicher alternsorientierter Parameter bzw. Kennzahlen in die Management- bzw. Zielvereinbarungssysteme aller Führungskräfte (z. B. Fehlzeiten, Fluktuationsraten, Weiterbildungsquoten, Altersdiversitätsgrade ihrer Mitarbeiter). Natürlich können diese alternsorientierten Kennzahlen nie die ökonomische Kennzahl bei der jährlichen Führungskräfte-Beurteilung ersetzen (und sollten das auch gar nicht!). Jedoch werden sich alternsorientierte Kennzahlen ohnehin mittel- und langfristig in den ökonomischen Kennzahlen niederschlagen – Alternsführung und Demografie-Management ist schließlich ökonomische Notwendigkeit.

Auftrag von oben und *Incentives* für Alternsführung!

Wenn die organisationalen Rahmenbedingungen der Alternsführung stehen, dann können wir zum Hauptteil der Entwicklung der Alternsführung übergehen, nämlich zur spezifischen Personalentwicklung für Führungskräfte. Denn mit der neuen alternden Arbeitswelt kommen doch eine ganze Reihe neuer Anforderungen auf Führungskräfte zu, die sie, wie bereits gesagt, nicht so ohne weiteres »aus dem

Führungskräfte alternskompetent machen!

Ärmel schütteln« können. Für deren Bewältigung müssen Unternehmen ihre Führungskräfte adäquat ausbilden und ihre diesbezügliche Handlungskompetenz erhöhen.

Alternsführung in die Führungskräfteentwicklung integrieren!

Es geht also um die Entwicklung von Alternsführungs-Kompetenzen: Führungskräfte müssen für ihre neue Führungsarbeit entsprechend sensibilisiert, qualifiziert und motiviert werden, damit sie ihrer dreifachen Schlüsselfunktion bzw. Alternsführungs-Aufgaben und -Rollen gerecht werden können. Die »Alternsführungs-Ausbildung« sollte zum festen Bestandteil einer jeden betrieblichen Führungskräfteentwicklung werden und in die verbindlichen Führungsprogramme aller Ebenen integriert werden (▶ Overview »Alternsführungs-Ausbildung: Wie Sie Führungskräfte »alternsführungs-kompetent« machen«).

Alternsführungs-Ausbildung: Wie Sie Führungskräfte »alternsführungs-kompetent« machen

1. Erster Baustein: Alternsführungs-Sensibilisierung
   - Bildung eines führungsspezifischen Alternsbewusstseins für die neuen Führungsherausforderungen der neuen alternden Arbeitswelt sowie für die persönlichen Alternsherausforderungen (beruflich, privat)
2. Zweiter Baustein: Alternsführungs-Qualifizierung
   - Vermittlung: führungsspezifisches Alternswissen sowie Alternsführungs-Grundsätze, -Rollen, -Schlüsselfunktionen bzw. -Aufgaben; Informieren über Alternsführungs-Werkzeuge
   - Training: alternsförderliche(s) Führungsverhalten sowie Kommunikations-, Sozialkompetenz; auch: führungsspezifische Alternsmeisterung (Alterns-Empowerment, Progressives Altern)
3. Dritter Baustein: Alternsführungs-Motivierung
   - Förderung einer führungsspezifischen Alternsmotivation, d. h. einer positiv-realistischen Einstellung…
     - (1) zum eigenen Altern und zum Altern der anderen (Kollegen, Mitarbeiter, Vorgesetzte)
     - (2) zu seiner individuellen, betrieblichen Meisterung und zum Demografie-Managemen
     - (3) zur Alternsführung (inkl. Alternsführungs-Grundsätze, -Rollen, -Schlüsselfunktionen/-Aufgaben)

Bei der Alternsführungs-Entwicklung spezifisch vorgehen!

Bei der Durchführung der verschiedenen Bausteine der »Alternsführungs-Ausbildung« ist wichtig zu beachten, dass sich die Alternsführung nicht nur zwischen Branchen und Unternehmen, sondern auch zwischen einzelnen Organisationsebenen und Funktionsbereichen bzw. Abteilungen und Standorten unterscheidet. Noch dazu hat ja jede Führungskraft ihren eigenen individuellen Führungsstil sowie spezifische Arbeitswerte und Arbeitsweisen, die außerdem auch zur jeweiligen Unternehmenswelt und -philosophie passen müssen. Bei der »Alternsführungs-Ausbildung« ist deshalb immer ein spezifisches Vorgehen zu konzipieren. Zudem ist es unerlässlich, die Maßnahmen an den jeweiligen Branchen-/Unternehmenskontext bzw. an die Zielgruppe mit betriebs-, bereichs- bzw. gruppenspezifischen Informationen anzupassen. Obwohl die »Alternsführungs-Ausbildung« letztlich nichts anderes ist als eine weitere Maßnahme in der Führungskräfteentwicklung, gibt es trotzdem bei der Durchführung eine Besonderheit, die es unbedingt zu berücksichtigen gilt (▶ Overview »Alternsführung entwickeln: Was Sie dabei besonders beachten sollten«).

Alternsführung entwickeln: Was Sie dabei besonders beachten sollten

Auch Führungskräfte leisten Widerstand – weil auch sie Angst haben: vorm Altern und vor der »neuen Last« Demografie-Management

Die meisten Führungskräfte sind nach wie vor der Ansicht, »Altern ist Privatsache«: ihr eigenes Altern (vor allem am Arbeitsplatz) und viel mehr noch das Altern ihrer Mitarbeiter. Altern ist für sie keine Führungssache; deshalb ist es auch nicht ihre Aufgabe, ihren älteren Mitarbeitern »gut zuzureden und das Händchen zu halten.« Außerdem kostet das »ganze Altern managen nur Geld und Zeit und bringt nichts.«

Auch Führungskräfte leisten Widerstand – nicht zuletzt deshalb, weil auch sie Angst vorm Altern haben. Außerdem verändert Demografie-Management ihre Arbeit am meisten: Führungskräfte befürchten auch eine Überforderung durch die Doppelbelastung mit Tagesgeschäft und der Zusatzaufgabe Demografie-Management bzw. Alternsführung.

Wie Sie die resultierenden »Anfassungsschwierigkeiten« überwinden

Die resultierenden Anfassungsschwierigkeiten müssen bei der Gestaltung der »Alternsführungs-Ausbildung« unbedingt berücksichtigt werden.

1. Besonders wichtig ist es zu vermitteln, dass »Altern« bzw. Alternsführung keine Zusatzbelastung bedeutet, sondern automatisch Teil ihrer alltäglichen Führungsarbeit wird und diese sogar effizienter macht. Außerdem sollten Führungskräfte unbedingt wissen, dass Alternsführung keine »*rocket science*« ist – denn meistens gehört gar nicht so sehr viel dazu, das erfolgreiche Altern der Mitarbeiter bzw. ihre Gesundheit, Qualifikation und Motivation (und damit Arbeits-/Leistungsfähigkeit, -zufriedenheit) der Mitarbeiter zu fördern.

2. Auch bei Führungskräften ist besondere Sensibilität im Umgang mit dem angst- und tabubesetzten Altern gefragt. Entscheidend ist eine besonders vertrauensvolle Atmosphäre sowie Offenheit und Transparenz. Auch darf es bei der

didaktischen Gestaltung keinesfalls an Lockerheit und Spaß fehlen, wenn die Führungskräfte Alternsführung lernen, ausprobieren und anwenden.

3. Ganz wichtig ist auch, jeden Teilnehmer sowohl in seiner professionellen Rolle anzusprechen aber auch als Privatperson. Die Vermittlungs- und Trainingsinhalte sollten für jeden Teilnehmer professionell und persönlich relevant gemacht werden: der Nutzen der »Alternsführungs-Ausbildung« für die Bewältigung der neuen Führungsherausforderungen im verantworteten Tagesgeschäft muss unmissverständlich klar sein; dasselbe gilt für die persönlichen beruflichen, privaten Alterns-Herausforderungen.

4. Deshalb ist es unerlässlich, die Ausbildungsmaßnahme an die Bedürfnisse der jeweiligen Teilnehmer maßgeschneidert anzupassen. Dazu empfiehlt sich vorab oder zu Beginn der Schulung bzw. des Trainings den spezifischen Schulungs- bzw. Trainingsbedarf zu ermitteln. Eine solche Bedarfsanalyse kann entweder in Form einer klassischen Befragung oder aber als interaktives »Alternsführungs-Quiz« durchgeführt werden. Beide Verfahren, aber insbesondere natürlich die spielerische Quiz-Variante, sind gleichzeitig auch ein guter Einstieg in die Schulung bzw. ins Training: sie lockern die Atmosphäre auf, binden die Teilnehmer in die inhaltliche Gestaltung mit ein, erhöhen die Aufmerksamkeit und die Motivation, sich aktiv und gemeinsam mit dem eigenen Altern und dem Altern im Unternehmen auseinanderzusetzen.

Aufgrund der methodischen und inhaltlichen Anforderungen der »Alternsführungs-Ausbildung« empfiehlt es sich, für die Planung und Durchführung externe psychologische Alternsexpertise hinzuzuziehen.

Qualifizierungsvorhaben ‚Alternsführungs-Kompetenz' vermarkten!

Der allererste Schritt der »Alternsführungs-Ausbildung« ist die Einbindung der Führungskräfte und die interne Öffentlichkeitsarbeit. Auf keinen Fall dürfen Führungskräfte vor vollendete Tatsachen gestellt werden. Es ist deshalb unerlässlich, das Qualifizierungsvorhaben im Vorfeld bei den Führungskräften anzukündigen und zu vermarkten. Es gilt, alle Führungskräfte sämtlicher Ebenen und Funktionsbereiche über das Vorhaben zu informieren, und zwar mittels bereits vorhandener betriebsinterner Kommunikationskanäle (z. B. Newsletter, Mitarbeiter-/Führungskräftezeitung, Intranet, Meetings, Teambesprechungen, Betriebsversammlungen). Die Informationen sollten folgende drei Fragen beantworten, die sich jede Führungskraft stellt, bevor sie bei dem Qualifizierungsvorhaben teilnimmt (▶ Overview »Vermarktung des Qualifizierungsvorhabens ‚Alternsführungs-Kompetenz' im Unternehmen: Welche Fragen Sie beantworten sollten«).

Vermarktung des Qualifizierungsvorhabens ,Alternsführungs-Kompetenz' im Unternehmen: Welche Fragen Sie beantworten sollten

1. *Was* ist Alternsführungs-Kompetenz überhaupt?
   – Bewusstsein: Führungsspezifisches Alternsbewusstsein
   – Wissen: Führungsspezifisches Alternswissen, Wissen über Alternsführungs-Grundsätze, -Rollen, -Schlüsselfunktionen bzw. -Aufgaben sowie über Alternsführungs-Werkzeuge
   – Können: Fähigkeiten für führungsspezifische Alternsmeisterung, alternsförderliches Führungsverhalten, Kommunikations-, Sozialkompetenz
   – Wollen: Alternsführungs-Motivation
2. *Warum* brauche gerade ich Alternsführungs-Kompetenz?
   – Das Lernen von Alternsführungs-Kompetenz ist zentrale Führungsanforderung und -aufgabe aller Führungskräfte sämtlicher Funktionsbereiche und Organisationsebenen; sie macht jede Führungskraft und alle ihre Mitarbeiter (über-)lebens- und zukunftsfähig,…
   – Denn: Alternsführungs-Kompetenz qualifiziert jede Führungskraft (in jedem Alter!) für die erfolgreiche Bewältigung der neuen Führungsherausforderungen der neuen alternden Arbeitswelt sowie der persönlichen Alterns-Herausforderungen im 21. Jahrhundert,…
   – Und: fördert den lebenslangen Erhalt der körperlichen, psychischen und sozialen Gesundheit, Qualifikation und Motivation der Mitarbeiter (und bei sich selbst!), und damit auch Arbeits-/Leistungsfähigkeit, -motivation sowie Zufriedenheit, Lebensqualität und Wohlstand.
3. *Wie* kann ich Alternsführungs-Kompetenz im Unternehmen lernen?
   – Das Unternehmen sorgt dafür bzw. unterstützt dabei, dass alle Führungskräfte eine »Alternsführungs-Ausbildung« erhalten; Alternsführungs-Kompetenz wird unternehmensweit systematisch vermittelt und gezielt geschult bzw. trainiert. Über Zweck, Inhalte und Ablauf der Qualifizierungsmaßnahmen wird ausreichend informiert und es werden alle Fragen beantwortet.

Der erste Baustein der »Alternsführungs-Ausbildung« ist eine groß angelegte Sensibilisierungsmaßnahme für alle Führungskräfte sämtlicher Ebenen und Funktionsbereiche. Schließlich beginnt erfolgreiche Alternsführung damit, dass Führungskräfte ein alternsförderliches Führungsverständnis entwickeln, das von allen Führungskräften im Unternehmen geteilt wird. Die dafür notwendige Alternsführungs-Sensibilisierung sollte auch relativ früh im Verlauf eines Demografie-Management Projekts durchgeführt werden, und zwar sobald die

Führungskräfte fürs Altern (managen) sensibilisieren!

7

Projektverantwortlichen die wesentlichen Rahmenbedingungen und Meilensteine für die Umsetzung der Demografie-orientierten Maßnahmen im jeweiligen Demografie-Management Projekt geklärt und festgelegt haben. Bei der Durchführung der Alternsführungs-Sensibilisierung können Sie genauso vorgehen wie bei der Alternsbewusstseins-Bildung (▶ Kap. 3, »Alterns-Awareness-Kampagne«, »Alterns-Awareness-Dialog«, »Alterns-Awareness-Workshop«). Für die Bildung eines gemeinsamen »führungsspezifischen« Alternsbewusstseins unter allen Führungskräften gelten die gleichen Methoden und Handlungsempfehlungen, die Sie auch berücksichtigen und anwenden sollten. Selbst wenn die Zielgruppe dieser Sensibilisierungsmaßnahme viel spezifischer und kleiner ist (nur die Führungskräfte eines Unternehmens), gelten die gleichen Prinzipien wie bei der unternehmensweiten Sensibilisierung aller Unternehmensangehörigen. Der einzige Unterschied sind zusätzliche führungsspezifische Inhalte (▶ Overview »Wofür müssen Führungskräfte sensibilisiert werden? Die wichtigsten Inhalte«).

Wofür müssen Führungskräfte zusätzlich sensibilisiert werden? Die wichtigsten Inhalte
Es geht primär darum, Führungskräften bewusst zu machen…

1. …mit welchen neuen Führungsherausforderungen sie in der neuen alternden Arbeitswelt konfrontiert sind, und mit welchen neuen persönlichen (beruflichen, privaten) Alterns-Herausforderungen sie konfrontiert sind.
2. …dass sie als Vorgesetzte mit ihrem Führungsverhalten den größten Einfluss haben:
   – auf das Altern ihrer Mitarbeiter (und auf ihr eigenes Altern)
   – auf deren Gesundheit, Qualifikation und Motivation (und ihre eigene)
   – auf deren Arbeits-/Leistungsfähigkeit und -zufriedenheit (und ihre eigene)
   – und damit auf die Produktivität und Kapazität ihres Verantwortungsbereichs
   – und damit auf die Zukunftsfähigkeit des gesamten Unternehmens und, letztlich, der Gesellschaft
3. …dass Alternsführung dringlich, notwendig und gewinnbringend ist (für jeden im Unternehmen), um die neuen Führungsherausforderungen zu bewältigen, und dabei die Alterns-Risiken zu minimieren und die Alterns-Chancen zu maximieren: Gemeinsam das Altern zur Chefsache machen!
4. …welche zentralen Schlüsselfunktionen und Rollen sie im Demografie-Management und für die Zukunft der Mitarbeiter und des Unternehmens spielen, und welche Verantwortung sie deshalb tragen.

Beim zweiten und dritten Baustein der »Alternsführungs-Ausbildung« geht es dann darum, die alternsführungs-sensibilisierten Führungskräfte zu qualifizieren und zu motivieren. Diese Bausteine können entweder als separate Führungskräfteseminare, -trainings und -workshops durchgeführt oder in bestehende Führungsausbildungen eingebettet werden. Zuerst zur Alternsführungs-Qualifizierung: hier wird Führungskräften das notwendige Alternsführungs-Wissen und -Können vermittelt und trainiert. Bei der Durchführung dieses Bausteins können Sie auch wieder genauso vorgehen wie bei der Alternskompetenz-Entwicklung (▶ Kap. 4, »Alterns-Vermittlung«, »Alterns-Schulung«, »Alterns-Training«), und zwar mit den gleichen Prinzipien, Methoden und Handlungsempfehlungen. Der einzige Unterschied ist die führungsspezifische Anpassung der Inhalte (▶ Overview »Führungsspezifisches Alternswissen: Was jede Führungskraft unbedingt übers Altern wissen sollte«).

Führungskräfte fürs Altern (managen) qualifizieren!

> **Führungsspezifisches Alternswissen: Was alle Führungskräfte (jeden Alters!) unbedingt übers Altern wissen bzw. können sollten, nämlich…**
>
> 1. …was Altern eigentlich ist, was sich genau verändert, wie und warum (Alterns-Risiken, -Chancen);
>   – …welche Auswirkungen diese Veränderungen haben auf das Berufs- und Privatleben der Mitarbeiter (und auch auf das eigene!) sowie auf den eigenen Verantwortungsbereich und das Unternehmen;
>   - ▶ Kap. 4, Textbox: »Was ist Altern? Die sechs Schlüsselerkenntnisse der ‚Psychologie des Alterns‘«
>   - ▶ Kap. 4, Textbox: »Altern – doch nicht nur Abbau?«
>   - ▶ Kap. 4, Textbox: »Alterndes Unternehmenspersonal: Was verändert sich wirklich und wie?«
> 2. …wie sie die neuen (Führungs-)Herausforderungen des Alterns bewältigen
>   – …welche Handlungsfelder es gibt…
>   - …als Führungskraft im Rahmen der Alternsführung: insb. Gesundheitsförderung; Personal-/Teamentwicklung; Personalgewinnung, -bindung, -engagement; Talent-Management; Arbeitsgestaltung; Kommunikation; Kultur
>   - …als Privatperson: individueller Erhalt, Förderung von (psycho-bio-sozialer) Gesundheit, Qualifikation, Motivation, und dadurch Erhalt, Förderung Arbeits-, Leistungsfähigkeit, -zufriedenheit
>   – …was sie konkret tun können, um die Alterns-Risiken zu minimieren und die Chancen zu maximieren
>   - ▶ Overview »Alternsführung im Demografie-Management«
>   - ▶ Overview »Die vier Grundsätze der Alternsführung«

- ▶ Alternsführungs-Rollen: Alterns-Vorbild, -Gestalter, -Integrationsfigur, -Unterstützer, -Selbstmanager
- ▶ Overview »Gesundheitsförderung, Personalentwicklung, Mitarbeitermotivierung: Alles Chefsache«
- ▶ Führungsverständnis der Alternsführung
- ▶ Kap. 4, Textbox: »Alternsmeisterung: Erfolgreich altern mit der ‚Psychologie des Alterns'«
3. …welche konkreten Alternsführungs-Werkzeuge ihnen im Unternehmen zur Verfügung stehen
   - (i. S. von Unterstützungs-/Gestaltungsmöglichkeiten: Infrastruktur, alternsförderliche Führungsinstrumente, konkrete Maßnahmen des jeweiligen Demografie-Managements)
   - …wofür diese gut sind (Nutzen), und wie man diese anwendet
   - …dass hierfür Ressourcen bereitgestellt und Verantwortlichkeiten festgelegt werden.

Führungskräfte lernen, wie alternde Mitarbeiter »ticken«.

In erster Linie müssen Führungskräfte geschult werden, wie sich die Bedürfnisse, Werte, Einstellungen sowie Fähigkeiten und Verhalten ihrer Mitarbeiter über die Erwerbslaufbahn verändern, und wie sie damit umgehen – und zwar nicht zur re-aktiv, sondern auch aktiv: Nur so können Führungskräfte ihre Mitarbeiter ihren jeweiligen Stärken und Schwächen entsprechend einsetzen und sie adäquat führen, fordern und fördern. Schließlich denkt, fühlt und handelt jedes Alter anders, und dies unterscheidet sich auch noch zwischen den Generationen und Geschlechtern. Entscheidend ist, dass Führungskräfte die alterns-, generationen- und geschlechtsspezifischen (körperlichen, psychischen, sozialen) Charakteristika ihrer Mitarbeiter nicht nur kennen, sondern sie auch er-kennen und mit ihnen umgehen lernen. Nur wenn Führungskräfte wissen, wie ihre Mitarbeiter »ticken«, »funktionieren« (was können meine Mitarbeiter? Was wollen sie? Was treibt sie an? Welche Ziele verfolgen sie? Welche Lebensumstände haben sie? Was belastet sie?), und geschult werden, ihr Führungsverhalten anzupassen, dann werden Mitarbeiter effektiv motiviert, qualifiziert und gesund erhalten. Dazu brauchen Führungskräfte natürlich auch das entsprechende Handlungswissen, was im Rahmen ihrer Führungsarbeit dafür in den verschiedenen Handlungsfeldern konkret zu tun ist und wie Alternsführungs-Werkzeuge genutzt werden können.

Alterns-kritische Führungssituationen trainieren!

Damit aus dem Handlungswissen der Führungskräfte auch gelebte Führungspraxis wird, sollte das vermittelte Alternsführungs-Wissen auch angewendet und trainiert werden. Führungskräftetrainings zur Einübung von alternsförderlichem Führungsverhalten und der erforderlichen kommunikativen und sozialen Kompetenzen sind für den Praxistransfer unerlässlich. »Alternsführungs-Trainings« zeigen Führungskräften ihre alternsförderlichen Handlungs- und

Gestaltungsmöglichkeiten auf, die anhand von konkreten Praxisbeispielen und kritischen Führungssituationen ausprobiert und eingeübt werden – und zwar im angewandten Umgang mit Mitarbeitern unterschiedlichen Alters (»Jung führt Alt oder Jung«, »Alt führt Jung oder Alt«), unterschiedlicher Generationen (Wirtschaftswundergeneration, Babyboomer, Generationen X, Y, Z) und unterschiedlichen Geschlechts (»Frau führt Mann oder Frau«, »Mann führt Frau oder Mann«). Gemeinsam in der Gruppe werden altersrelevante Problemsituationen im Führungsalltag identifiziert, mögliche Verhaltensreaktionen diskutiert und Lösungen erarbeitet; anschließende alternsführungsspezifische Verhaltens- und Kommunikationsübungen helfen, das Gelernte im Handlungsrepertoire jeder Führungskraft zu verankern. »Alternsführungs-Trainings« geben Führungskräften außerdem auch praxisnahe Handlungsempfehlungen für die individuelle Umsetzung der Alternsführungs-Grundsätze, -Rollen und -Funktionen im eigenen Zuständigkeitsbereich. Entscheidend für den Transfer der Trainingsinhalte in die tägliche Führungsarbeit ist die Entwicklung ganz konkreter Handlungspläne und Strategien für die eigenen Mitarbeiter bzw. Teams. Professionelle »Alternsführungs-Trainings« beinhalten auch das Training der »eigenen« Alternsmeisterung. Schließlich sind Führungskräfte nicht nur für das Altern ihrer Mitarbeiter verantwortlich, sondern auch für ihr eigens Altern – und auch das muss, wie wir gesehen haben, erst gelernt werden (▶ 4, Alternskompetenz entwickeln).

Die Alternsführungs-Motivierung komplettiert dann als dritter und letzter Baustein die »Alternsführungs-Ausbildung«. Die Förderung einer führungsspezifischen Alternsmotivation ist unerlässlich: denn die Sensibilisierungs- und Qualifizierungsmaßnahmen alleine machen noch lange keine tatsächlich gelebte Alternsführungs-Praxis in einem Unternehmen. Führungskräfte müssen auch alternsförderlich führen *wollen*.

Führungskräfte fürs Altern (managen) motivieren!

Außerdem brauchen Führungskräfte – noch mehr wie alle anderen Personalgruppen (▶ Kap. 5) – eine positiv-realistische Einstellung (1) zum eigenen Altern und zum Altern der anderen (Kollegen, Mitarbeiter, Vorgesetzte), (2) zu seiner individuellen, betrieblichen Meisterung und zum Demografie-Management, sowie (3) zur Alternsführung (inkl. Alternsführungs-Grundsätze, -Rollen, -Schlüsselfunktionen/-Aufgaben). Bei der Durchführung dieses Bausteins können Sie genauso vorgehen wie bei der Förderung der Alternsmotivation (▶ Kap. 5, »Alterns-Aufklärungskampagne«, »Alterns-Workshops«), und zwar mit den gleichen Prinzipien, Methoden und Handlungsempfehlungen. Als besonders effektiv hat sich dabei die Selbstreflexion über das eigene Altern erwiesen; denn dies erzeugt bei Führungskräften ein echtes und persönliches Interesse am Altern ihrer Mitarbeiter – und damit eine nachhaltige persönliche Motivation, ihr Team alternsförderlich zu führen bzw. Altern zu fordern und zu fördern. Selbstreflexion übers eigene Altern gilt als *der* wichtigste Schritt als

Alterns-Einstellungen der Führungskräfte ändern!

7

Führungskräfte beim eigenen Altern begleiten!

Entwicklung der Alternsführung überprüfen!

***Ready to age!* Ihr Unternehmen führt bzw. fördert jetzt das Altern!**

Führungskraft, um alternden und vor allem älteren Mitarbeitern gerecht zu werden.

Da Führungskräfte durch das eigene Altern und das Altern ihrer Mitarbeiter doppelt herausgefordert sind, empfiehlt sich, zusätzlich zur »Alternsführungs-Ausbildung«, der Einsatz professioneller »Alterns-Begleitung«. Sie unterstützt bei der individuellen Zielsetzung und Planung der Alternsgestaltung als Vorgesetzter und als »Betroffener« – und zwar bedürfnis- und lebensphasenorientiert. Dies ist besonders wichtig, wenn es um die Gestaltung bzw. Bewältigung sehr persönlicher, beruflicher alterskritischer Anforderungen, die im Gruppensetting nicht bearbeitet werden können/sollen (▶ Kap. 4, Alternskompetenz entwickeln; ▶ Kap. 5, Alternsmotivation fördern).

Natürlich sollte die Entwicklung der Alternsführung auch überprüft werden. Die Befragung der Mitarbeiter in »Alternsführungs-Interviews« oder mit »Alternsführungs-Fragebögen« über das Führungsverhalten ihres Vorgesetzten gibt Aufschluss darüber, ob die gelernte Alternsführung auch gelebt wird. Im Sinne einer 360°-Beurteilung sollten jedoch auch die Kollegen und Vorgesetzten einer Führungskraft befragt werden. Wichtige Hinweise liefert auch die Selbstbeurteilung der Führungskraft. Die Ergebnisrückmeldung sollte differenziert, aussagekräftig und anonym erfolgen. Die (selbst-)kritische und intensive Auseinandersetzung der Führungskräfte mit den Ergebnissen steigern die Qualität der Alternsführung enorm.

Mit der Entwicklung der Alternsführung ist ein Unternehmen nun fast »*ready*« für die nachhaltige Umsetzung von Demografie-Management: es ist ausreichend alterns-bewusst (▶ Kap. 3), alterns-kompetent (▶ Kap. 4) und alterns-motiviert (▶ Kap. 5); außerdem gibt es jetzt nicht nur eine alternsförderliche Unternehmenskommunikation, sondern auch eine alternsförderliche Führungspraxis: Führungskräfte initiieren, steuern und sichern als »alternspsychologische Veränderungsmanager« die notwendigen Veränderungsprozesse und führen, fordern und fördern das Altern ihrer Mitarbeiter (wie auch das eigene Altern) am Arbeitsplatz. Sie bewältigen die zentrale und zugleich schwierigste Management-Aufgabe der Zukunft, nämlich »den Laden zu führen, wenn die Leute erst mit 75 in Rente gehen.« Um wieder in unserem Bilde zu sprechen: das Unternehmen bzw. die Unternehmensangehörigen haben nun auch die richtige Führung, um im »Demografie-/Alterns-Sturm« rechtzeitig die »Segel zu setzen«.

Kultivieren! Altern muss gelebt werden (Säule 6)

8

» Altern ist heute primär soziales Schicksal und erst sekundär organische Veränderung. (Hans Thomae) «

Dieses Kapitel widmet sich nun der sechsten und letzten Säule des erfolgreichen Demografie-Managements: die Verankerung einer alternsförderlichen Unternehmenskultur, und zwar einer positiv-realistischen Alternskultur. Inzwischen haben wir die Unternehmensangehörigen fürs Demografie-Management sensibilisiert (Säule 1: Alternsbewusstsein, ▶ Kap. 3), qualifiziert (Säule 2: Alternskompetenz, ▶ Kap. 4) und motiviert (Säule 3: Alternsmotivation, ▶ Kap. 5). Das notwendige »Bewusstsein«, »Wissen, Können« und auch das »Wollen« sind sichergestellt; wir haben die häufigsten personalen Hindernisse im Demografie-Management überwunden. Deshalb beschäftigen wir uns weiter mit der Überwindung der häufigsten organisationalen Hindernisse, wo es primär um das »Dürfen, Sollen« geht: denn Altern und sein betriebliches Management müssen auch vom Unternehmen »erlaubt« bzw. gefordert und gefördert werden, und zwar durch entsprechende Kommunikation, Führung und Kultur. In den letzten beiden Kapiteln haben wir die häufigen »Kommunikations- und Führungshindernisse« überwunden (Säule 4: Alternskommunikation, ▶ Kap. 6; Säule 5: Alternsführung, ▶ Kap. 7). Deshalb machen wir in diesem Kapitel nun den letzten Schritt in unserem Vorhaben, ein Unternehmen und sein Personal »*ready*« zu machen für die nachhaltige Umsetzung von Demografie-Management: die Verankerung einer alternsförderlichen Unternehmenskultur (Alternskultur). Dies ist die sechste Säule des erfolgreichen Demografie-Managements, die das in der Praxis ebenso weit verbreitete, organisationale »Kulturhindernis« im Unternehmenswandel Demografie-Management überwindet. Ängste und Widerstände werden reduziert, Akzeptanz und Vertrauen aufgebaut. Basierend auf der »Psychologie des Alterns« hilft Ihnen das Kapitel zu verstehen, was mit dem organisationalen Erfolgsfaktor »Alternskultur« gemeint ist (*Know-What*), und warum dieser so wichtig ist für die Umsetzung von Demografie-Management (*Know-Why*). Doch auch hier beschäftigen wir uns nicht nur damit, was idealerweise sein sollte, sondern auch damit, wie Sie diesen organisationalen Erfolgsfaktor konkret im Unternehmen realisieren können. Das Kapitel unterstützt Sie mit praxisnahem Wissen und konkreten Handlungsempfehlungen, damit Sie die Verankerung der Alternskultur in der betrieblichen Praxis erfolgreich meistern und Altern kultiviert bzw. gelebt werden kann (*Know-How*).

8.1   Altern? Darf ich nicht!

Alternsführung ist notwendig, aber nicht hinreichend für erfolgreiches Demografie-Management.

In den letzten beiden Kapiteln haben wir gesehen: Menschen verändern sich nur dann, wenn sie wahrnehmen, dass sie dies in ihrem Umfeld auch *dürfen bzw. sollen.* Denn ein bestimmtes Tun und Handeln muss nicht nur bewusst, gekonnt und gewollt, sondern auch »erlaubt«

bzw. gefordert und gefördert werden. Im Unternehmenswandel Demografie-Management hängt deshalb das, was wir in Bezug auf unser Altern tun (individuelle, betriebliche Alternsmeisterung), zu einem großen Teil vom Umfeld »Unternehmen« ab, d. h. von seiner Kommunikation, seiner Führung, seiner Kultur. Zwar sind wir mit der Etablierung der Alternskommunikation und der Alternsführung schon einen großen Schritt weiter: Altern und sein betriebliches Management wird erlaubt, es wird darüber informiert und geredet, und, noch viel wichtiger, es wird auch geführt, gefordert und gefördert. Die organisationalen Kommunikations- und Führungshindernisse sind damit überwunden – was auch notwendig ist für die erfolgreiche Umsetzung, Anwendung und Beibehaltung von Demografie-Management, nur noch nicht hinreichend. Ein alterns-sensibilisiertes, alterns-qualifiziertes und alterns-motiviertes Personal in einem »alterns-kommunizierendem« und »alterns-führendem« Unternehmen ist immer noch nicht »*ready*« für den Unternehmenswandel Demografie-Management. Ein zentrales Element fehlt noch für die Alterns-*Readiness*, nämlich die Alternskultur.

Denn Altern (managen) »dürfen bzw. sollen« ist nicht nur eine Frage der Kommunikation und Führung, sondern auch eine Frage der Kultur eines Unternehmens. Eine tatsächliche Veränderung in der betrieblichen Realität des Alterns erfordert einen nachhaltigen Wandel der Unternehmenskultur. Denn es gibt keinen Unternehmenswandel ohne Kulturwandel, und schon gleich gar nicht, wenn wir es mit dem Unternehmenswandel Demografie-Management zu tun haben. Ein Kulturwandel in Bezug auf das Altern bedeutet für viele Unternehmen einen großen Schritt, der jedoch unumgänglich ist, um erfolgreich mit den individuellen und betrieblichen Herausforderungen des Alterns in der Arbeitswelt umzugehen. Damit Demografie-orientierte Maßnahmen erfolgreich umgesetzt, angewendet und beibehalten werden, müssen sie fest in die Unternehmenskultur eingebettet und selbstverständlicher Bestandteil des betrieblichen Alltags werden. Entscheidend ist, dass die Kultur und das umzusetzende Demografie-Management eines Unternehmens zueinander passen; es braucht einen besonderen »Fit«. Ansonsten werden sich die Demografie-orientierten personalen und organisationalen Veränderungen wieder zurückbilden, und alles ist wieder beim Alten.

> Altern (managen) muss schließlich auch kultiviert und gelebt werden!

Die Nachhaltigkeit der Umsetzung, Anwendung und Beibehaltung von betrieblichem Demografie-Management ist letztlich Kultursache. Demografie-Management, und damit die Wettbewerbs- und Zukunftsfähigkeit eines Unternehmens, steht und fällt mit der betrieblichen Alternskultur; Demografie-Management ohne Alternskultur ist undenkbar und letztlich unmöglich. Denn was die Unternehmensangehörigen in Bezug auf das Altern denken, fühlen und vor allem tun, hängt primär ab von der Alternskultur eines Unternehmens (▸ Overview »Betriebliche Alternskultur im Unternehmenswandel Demografie-Management«).

> Demografie-Management steht und fällt mit der Alternskultur.

Betriebliche Alternskultur im Unternehmenswandel Demografie-Management

Die betriebliche Alternskultur ist ein sehr komplexes Konstrukt. Sie umfasst die in einem Unternehmen geteilten altersbezogenen Einstellungen, die Altersbilder sowie die alternsbezogenen Werte und Verhaltensnormen, die meist geprägt sind vom Defizit-/Risiko-Modell des Alterns (idealerweise jedoch geprägt vom Kompetenz-/Chancen-Modell des Alterns; ▶ Kap. 5, »Altern ist Einstellungssache«).

Diese bestimmen »unsichtbar« und »hinter den Kulissen« das kollektive Denken bzw. Wahrnehmen, Fühlen und Verhalten der Unternehmensangehörigen in Bezug auf das Altern – und damit den Erfolg und die Nachhaltigkeit von betrieblichem Demografie-Management:

1. **Kollektive Alterns-Einstellungen:** Gesamtheit der individuellen, betrieblichen Einstellungen zum eigenen Altern und zum Altern der anderen (Kollegen, Mitarbeiter, Vorgesetzte), zu seiner individuellen, betrieblichen Meisterung sowie zu den einzelnen Demografie-orientierten Maßnahmen des jeweiligen Demografie-Managements im Unternehmen
2. **Altersbilder im Unternehmen:** Gesamtheit der individuellen und betrieblichen Einstellungen zum Alter, zum Altern und zu älteren Mitarbeitern bzw. Führungskräften ergeben die sog. Altersbilder des Einzelnen und des Unternehmens
3. **Alterns-Werte und -Verhaltensnormen:** Gemeinsame Werte und Verhaltensnormen in Bezug auf das Altern, die auf sozialer Übereinkunft beruhen und/oder auch im Unternehmensleitbild, in Betriebsvereinbarungen und Führungsgrundsätzen festgelegt wurden (informelle, formelle Alterns-»Spielregeln« bzw. -Verhaltensregeln/-richtlinien, z. B. für den betrieblichen Umgang mit den verschiedenen Altersgruppen und Generationen)
4. **Alterns-Denk-, Fühl-, Verhaltensweisen:** Manifestierte bzw. gelebte (sichtbare und unsichtbare) kollektive Alterns-Einstellungen, Altersbilder sowie Alterns-Werte und -Verhaltensnormen, die sich im Unternehmen etabliert haben (z. B. wie ältere Mitarbeiter wahrgenommen werden bzw. was über sie gedacht und gesagt wird, was ihnen gegenüber empfunden wird und wie mit ihnen im Unternehmen umgegangen wird)

Die Alternskultur (Defizit-/Risikokultur des Alterns vs. Kompetenz-/Chancenkultur des Alterns) ist selbstverständlicher, jedoch meist unbewusster Teil eines jeden Unternehmensangehörigen und kann deshalb nur schwer in Frage gestellt, diskutiert und verändert werden. Fast automatisch wird sie an neu hinzukommende Mitarbeiter und Führungskräfte weitergegeben; außerdem wird neues Personal ohnehin schon passend zur Kultur ausgewählt und auch dementsprechend kulturkonform geschult.

Die Psychologie des Alterns spricht deshalb nicht nur vom »ABC der Alterns-Einstellungen« (▸ Kap. 5), sondern auch vom »ABC der Alternskulturen.« Die Alternskultur eines Unternehmens manifestiert sich:

1. **a**ffektiv, d. h. in den alternsbezogenen Gefühlen der Unternehmensangehörigen (was gegenüber dem eigenen Altern und dem Altern der anderen sowie gegenüber den verschiedenen Altersgruppen und Generationen im Unternehmen empfunden wird)
2. **b**ehavioral, d. h. in den alternsbezogenen Verhaltensweisen der Unternehmensangehörigen (wie mit dem eigenen Altern und dem Altern der anderen sowie mit den verschiedenen Altersgruppen und Generationen im Unternehmen umgegangen wird)
3. **(c)**kognitiv, d. h. in den alternsbezogenen Kognitionen der Unternehmensangehörigen (wie das eigene Altern und das Altern der anderen sowie die verschiedenen Altersgruppen und Generationen im Unternehmen wahrgenommen werden und wie darüber gedacht wird)

Das ABC der Alternskulturen!

Altern und seine betriebliche Meisterung – und damit der Erfolg von Demografie-Management – ist nicht nur eine Frage der individuellen Alterns-Einstellungen eines Unternehmensangehörigen (▸ Kap. 5), sondern vielmehr eine Frage der Alternskultur des gesamten Unternehmens. Je nachdem, welche kollektiven Alterns-Einstellungen, Altersbilder sowie Alterns-Werte und -Verhaltensnormen gelebt werden (nach Defizit-/Risiko-Modell oder Kompetenz-/Chancen-Modell des Alterns), fällt die Bewältigung des Alterns in der Arbeitswelt mehr oder weniger erfolgreich aus. Wir können nur so gut altern bzw. individuelle und betriebliche Alternsmeisterung betreiben (▸ Kap. 4), wie es die Kultur eines Unternehmens zulässt. Altern ist nicht nur individuell, sondern auch kulturell bedingt, und damit »soziales Schicksal«, wie Hans Thomae, Pionier der jüngeren Alternsforschung, trefflich feststellte.

Bereits Cicero wusste, dass es nicht nur an der Einstellung des Einzelnen hängt, ob das Alter(n) zum Problem wird, sondern auch an der Kultur; sie bestimmt das Alternserleben und damit auch den Alternsprozess selbst:

Die personale Alternsmeisterung ist nur so gut wie die organisationale Alternsmeisterung!

» Was gibt es Angenehmeres als ein Greisenalter, das umgeben ist von einer Jugend, die von ihm lernen möchte. **«**

Ganz anders sieht es aus, wenn im Unternehmen eine Alternskultur herrscht, die nicht auf dem Kompetenz-/Chancen-Modell des Alterns basiert, sondern auf dem Defizit-/Risiko-Modell das Alterns: dann wird nämlich den Älteren im Betrieb mit Mitleid oder gar mit Verachtung, Vorurteilen und Diskriminierung begegnet werden. In diesem Fall wird Altern alles andere als »angenehm«. Auch unsere Ängste und Tabus rund ums Altern sind deshalb kulturgemacht. Altern an sich macht noch keine Angst und ist auch nicht notwendigerweise

Widerstände im Demografie-Management sind kulturgemacht.

ein Tabu. Erst eine negative Alternskultur nach dem Defizit-/Risiko-Modell des Alterns besetzt das Altern bzw. Älterwerden mit Ängsten und Tabus. Und erst dann tun sich die Unternehmensangehörigen schwer mit dem Altern und seiner betrieblichen Meisterung, wehren sich dagegen und leisten Widerstand gegen die Umsetzung von Demografie-Management.

Die Macht der betrieblichen Alternskultur

Die Macht der Alternskultur wirkt primär über den bereits erwähnten Mechanismus der »selbsterfüllenden Prophezeiung«: Wenn die kollektive Überzeugung in den Alterns-Einstellungen, Altersbildern sowie Alterns -Werten und -Verhaltensnormen herrscht, dass Altern zwangsläufig körperliche, psychische, soziale Defizite und Verluste sowie Risiken mit sich bringt (Defizit-/Risiko-Kultur des Alterns), umso wahrscheinlicher tritt dies auch tatsächlich ein – und zwar für jeden einzelnen Unternehmensangehörigen. Denn jeder denkt, fühlt und handelt »alternskultur-konform«, und zwar sich selbst und anderen gegenüber. Eine positiv-realistische Alternsmeisterung bleibt aus (denn diese bräuchte eine Kompetenz-/Chancen-Kultur des Alterns), und die vermeintlich zwangsläufigen Defizite und Verluste des Alterns werden Wirklichkeit. In negativen betrieblichen Alternskulturen leben und altern die Unternehmensangehörigen deshalb unter ihren Möglichkeiten: so sinkt z. B. die Leistungsfähigkeit älterer Mitarbeiter bzw. Führungskräfte oftmals nur deshalb, weil man ihnen im Unternehmen so begegnet, und sie sich (meist unbewusst) nach und nach daran anpassen, und nicht, weil ihre Leistungsfähigkeit tatsächlich abnimmt. Auch fühlen sich die meisten Mitarbeiter bzw. Führungskräfte im Unternehmen nur deshalb alt, weil sich andere ihnen gegenüber so verhalten, und nicht, weil sie sich selbst tatsächlich alt fühlen. Zwischen den Alterns-Selbstbildern und den meist negativen, vorurteilsbehafteten und unzutreffenden Alterns-Fremdbildern herrscht nicht selten eine große Diskrepanz. Die Alternskultur eines Unternehmens beeinflusst jedoch nicht nur die Leistungsfähigkeit seiner Mitarbeiter und Führungskräfte, sondern viel mehr (▶ Overview »Betriebliche Alternskultur und ihre Auswirkungen im Unternehmen«).

Betriebliche Alternskultur und ihre Auswirkungen im Unternehmen

Je nachdem, welches Altern kultiviert bzw. welche Alternskultur in einem Unternehmen gelebt wird (negative Alternskultur nach dem Defizit-/Risiko-Modell des Alterns oder positive Alternskultur nach dem Kompetenz-/Chancen-Modell des Alterns) – basierend auf negativen oder positiven kollektive Alterns-Einstellungen, Altersbildern, Alterns-Werte und -Verhaltensnormen sowie Alterns-Denk-, Fühl-, Verhaltensweisen (▶ Kap. 5, »Altern? Will ich nicht!«) –, hat dies mehr oder weniger positive bzw. negative Auswirkungen auf die:

- individuelle, betriebliche Alternsmeisterung bzw. auf den Erfolg, Nachhaltigkeit von Demografie-Management
- körperliche, psychische, soziale Gesundheit des Unternehmenspersonals
- Arbeits- und Leistungsfähigkeit und -zufriedenheit des Unternehmenspersonals
- Gewinnung, Bindung, Engagement und Qualifikation des Unternehmenspersonals
- Zusammenarbeit unter Mitarbeitern, Führungskräften unterschiedlichen Alters, unterschiedlicher Generation

Betriebswirtschaftlich betrachtet, ergeben sich also aus der jeweiligen Alternskultur nachhaltige Vorteile oder Nachteile für die Produktivität sowie Wettbewerbs-, Innovations- und Zukunftsfähigkeit eines Unternehmens.

Die Zukunft unseres Alterns in der Arbeitswelt, und damit die Zukunft eines jeden Unternehmens, ist also Kultursache. Betriebliche Alternskulturen können ganz unterschiedlich ausgeprägt sein. Schließlich ist die Alternskultur eines Unternehmens von verschiedenen unternehmensinternen und externen Faktoren beeinflusst. Betriebliche Alternskulturen sind landes-, branchen-, unternehmens-, bereichs-, abteilungs- und standortspezifisch – und natürlich geprägt von den einzelnen Unternehmensangehörigen:

Jedes Unternehmen altert anders!

1. **Alternskultur des Landes**: »Jedes Land altert anders«, z. B. Stellenwert der verschieden Altersgruppen in der Gesellschaft
2. **Alternskultur der Branche**: »Jede Branche altert anders«, z. B. Stellenwert der verschiedenen Altersgruppen für Branchenerfolg
3. **Unternehmensgeschichte, -strategie, -organisation**: »Jedes Unternehmen altert anders«, z. B. früherer Abbau von Arbeitsplätzen älterer Arbeitnehmer, Frühverrentungsprogramme, Vorruhestandsregelungen; Stellenwert des Alterns in der strategischen Ausrichtung
4. **Alternskultur des/r Bereichs, Abteilung, Standorts**: »Jeder Unternehmensbereich altert anders«, z. B. Stellenwert der verschiedenen Altersgruppen für den Bereichs-, Abteilungs-, Standorterfolg
5. **individuelle, alternsbezogene Faktoren der Mitarbeiter und Führungskräfte**: »Jeder altert anders«, z. B. individuelle Alterns-Einstellungen; alternsorientiertes Führungsverhalten

Das Spektrum der betrieblichen Alternskulturen ist deshalb groß. Wenn Alternskulturen besonders ausgeprägt und nicht realitätsgerecht sind, dann haben wir es mit Alterns-Vorurteilskulturen zu tun. Diese basieren meistens auf negativen kollektiven Alterns-Einstellungen, Altersbildern sowie Alterns-Werten und -Verhaltensnormen

Alterns-Vorurteilskulturen

nach dem Defizit-/Risiko-Modell des Alterns und wirken sich äußerst negativ aus auf das Denken (z. B. negative Wahrnehmung, Meinung von der Leistungsfähigkeit jüngerer, älterer Mitarbeiter), Fühlen (z. B. Abneigung gegenüber jüngeren, älteren Mitarbeitern) und Handeln (z. B. negative oder positive Diskriminierung jüngerer, älterer Mitarbeiter) in einem Unternehmen, einschließlich der oben beschriebenen negativen Konsequenzen. Eine alternserlaubende, -fordernde und -fördernde Alternskultur hingegen baut auf positiv-realistischen kollektiven Alterns-Einstellungen, Altersbildern sowie Alterns-Werten und -Verhaltensnormen nach dem Kompetenz-/Chancen-Modell des Alterns auf. Sie ist *die* übergreifende Rahmenvoraussetzung für erfolgreiches Altern in der Arbeitswelt. Unternehmen mit einer solchen positiv-realistischen Alternskultur betreiben ihr Demografie-Management schon seit vielen Jahren erfolgreich, gewinnbringend und nachhaltig.

Unternehmen kultivieren meist das Defizit-/Risikomodell des Alterns.

Trotzdem kultivieren immer noch viel zu viele Unternehmen das Defizit-/Risikomodell des Alterns und leben eine negative Alternskultur, die geprägt ist von einem ausgesprochenen »Jugendwahn« (negative Altersdiskriminierung: Benachteiligungen allein aufgrund des Alters). In diesen jugendzentrierten Alternskulturen haben die vermeintlich nur zur Last fallenden, fürsorge- und hilfsbedürftigen Älteren keinen Platz; für den Unternehmenserfolg zählen nur jüngere Mitarbeiter und Führungskräfte. Obwohl dies der betriebswirtschaftlichen und gesellschaftlichen Realität schon lange widerspricht, halten sich die Jugendkulturen hartnäckig – genauso wie die Vorruhestandskulturen: der frühzeitige Ausstieg aus dem Arbeitsleben dominiert noch immer das Denken, Fühlen und Handeln in vielen Betrieben; und zwar nicht nur unternehmensseitig, sondern auch personalseitig.

Jugendwahn und Senioritätsprinzip dominieren die Alternskulturen.

Verwunderlich ist das nicht. Schließlich war die gängige Personalpraxis bzw. »Alternskultur« bis vor wenigen Jahren geprägt von Frühverrentungsprogrammen, Vorruhestandsregelungen und rationalisierungsbedingtem Abbau von Arbeitsplätzen gerade älterer Arbeitnehmer. Dies hat nicht nur die Erwerbsbeteiligung Älterer drastisch reduziert, sondern auch die ohnehin weitverbreiteten Alterns-Vorurteile persistent und veränderungsresistent gemacht. Vor allem im Arbeitsleben haben Ältere nach wie vor einen enorm schlechten Ruf – und das, obwohl sie besser qualifiziert und leistungsfähiger sind, als jede Generation vor ihnen und die Vorurteile gegenüber älteren Erwerbstätigen schon längst empirisch vielfach widerlegt wurden. Doch auch Jüngere werden zu Vorurteils-Opfern, denn nicht wenige Unternehmen sind in ihrer Alternskultur nach wie vor vom »Senioritätsprinzip« geprägt (positive Altersdiskriminierung: Begünstigungen, Privilegien allein aufgrund des Alters). Ebenso wenig realitätsgerecht sind in diesen Kulturen die Chefsessel nur für Ältere reserviert; die vermeintlich unzuverlässigen, faulen und verantwortungsscheuen Jüngeren bekommen kaum eine Chance, sich ins Unternehmen einzubringen. In den meisten Alternskulturen scheint es also nur eine relativ kurze Phase in der Erwerbslaufbahn zu geben, in der Mitarbeiter und Führungskräfte das »richtige« Alter haben, d. h. weder »zu jung« noch »zu alt« sind, für eine adäquate Teilhabe am Arbeits- und Berufsleben. Dies ist darauf zurückzuführen, dass es wohl kaum ein Thema gibt, das mit so vielen individuellen und kollektiven Vorurteilen besetzt ist, wie das Altern. Besonders ausgeprägt und hartnäckig halten sich die Alterns-Vorurteile in den Unternehmenswelten bzw. -kulturen, wo sie so normal und alltäglich sind, dass die meisten glauben, sie sind tatsächlich richtig (▸ Kap. 5, »Altern? Will ich nicht!«, ▸ Overviews: »Die häufigsten Vorurteile über das Altern«, »Die häufigsten Vorurteile übers Altern im Arbeitsleben«).

Was diese negativen, vorurteilsbehafteten und altersdiskriminierenden Alternskulturen so gefährlich macht, sind ihre dramatischen Auswirkungen auf das Miteinander der verschiedenen Altersgruppen und Generationen am Arbeitsplatz sowie auf die Personalpraxis und -führung im Unternehmen: Solche Alternskulturen beeinträchtigen nicht nur den gegenseitigen Umgang, die Zusammenarbeit und das Voneinander-Lernen in alters- und generationengemischten Teams. Viel schlimmer noch: sie verursachen Altersdiskriminierung und *ageism* (Altersfeindlichkeit), die sich trotz länder- und EU-weiten Gleichbehandlungs-, Gleichstellungs- bzw. Gleichberechtigungsrichtlinien und -gesetzen hartnäckig halten – und zwar besonders ausgeprägt in der Führungskultur (▸ Kap. 7). Und das alles zusammengenommen wirkt sich extrem negativ auf die Arbeits- und Leistungsfähigkeit sowie die Motivation, Zufriedenheit und sogar Gesundheit des Unternehmenspersonals aus (▸ Kap. 5, »Altern? Will ich nicht!«, ▸ Overview »Häufige Folgen der Vorurteile übers Altern im Arbeitsleben«). Schließlich gefährden negative, vorurteilsbehaftete und altersdiskriminierende Alternskulturen auch den Unternehmenswandel Demografie-Management. Denn es besteht alles andere, als eine positive kollektive Einstellung zu Demografie-Management als individuelle und betriebliche Gestaltungsmöglichkeit des Alterns mit positiven Konsequenzen für den Einzelnen, das Unternehmen und die Gesellschaft (▸ Kap. 5, »Altern? Will ich nicht!«, ▸ Overview »Häufige Vorurteile über Demografie-Management«). Dies verhindert, dass die Demografie-orientierten Maßnahmen tatsächlich umgesetzt, angewendet und beibehalten werden. Nicht zuletzt deshalb gilt eine **negative betriebliche Alternskultur** als eines der größten Hindernisse bei der Umsetzung von Demografie-Management (Kulturhindernis).

Negative Alternskulturen machen erfolgreiches Altern am Arbeitsplatz nahezu unmöglich. Sie erschweren sowohl die individuelle als auch die betriebliche Meisterung des Alterns. Denn in einem Unternehmen, in dem sich negative kollektive Alterns-Einstellungen, Altersbilder sowie Alterns-Werte und -Verhaltensnormen als negatives Alterns-Denken, -Fühlen und -Handeln etabliert haben, bleibt Altern eine Bedrohung, gegen die man nichts zu tun kann und die Angst macht. Anstatt sich konstruktiv mit dem eigenen Altern und dem Altern der anderen im Arbeitsleben auseinanderzusetzen und

Negative Alternskulturen sind gefährlich.

es zu gestalten, wird Altern verdrängt; Altern ist tabu. Unternehmen werden zu »*Forever young*«- und »*Anti-Aging*«-Betrieben, in denen es keinen Platz gibt für das Altern bzw. Älterwerden. Die Jugend wird idealisiert und das Alter(n) verteufelt. George Soros hat diese Dramatik vor Jahren schon auf den Punkt gebracht:

>> Älterwerden gilt als Peinlichkeit und Sterben als Scheitern. <<

Altern hat in den meisten Unternehmen keinen Platz.

Obwohl jeder altert, älter wird und einmal alt sein wird, dominieren negative betriebliche Alternskulturen weiterhin unsere Arbeitswelt. Paradoxerweise kultiviert und lebt jeder fleißig mit – und wird eines Tages selbst Leidtragender dieser Alternskultur sein; es ist nur eine Frage der Zeit. Somit ist es nur allzu verständlich, dass in Unternehmen mit negativen Alternskulturen hartnäckige Widerstände gegen den betrieblichen Umgang mit dem Altern, und damit gegen das Veränderungsvorhaben Demografie-Management, entstehen. Dies ist höchst problematisch, denn die Risiken des Alterns wachsen und seine Chancen und Potenziale bleiben ungenutzt, nicht nur für das Unternehmen, sondern auch für den Einzelnen und die Gesellschaft.

8.2   Altern ist Kultursache

Altern kultivieren ist zentrale Aufgabe im Demografie-Management!

Die Verankerung einer alternserlaubenden, -fordernden und -fördernden Alternskultur gilt deshalb als eine der wichtigsten Zukunftsaufgaben für Unternehmen im demografischen Wandel (6. Säule des erfolgreichen Demografie-Managements). Ähnlich wie bei der Alternsbewusstseins-Bildung (► Kap. 3), der Alternskompetenz-Entwicklung (► Kap. 4), der Alternsmotivations-Förderung (► Kap. 5), der Etablierung einer Alternskommunikation (► Kap. 6) und der Entwicklung von Alternsführung (► Kap. 7) ist diese Aufgabe auch wieder weit mehr, als nur der sechste und letzte Schritt, ein Unternehmen und sein Personal »*ready*« zu machen für die nachhaltige Umsetzung von Demografie-Management. Auch ihre Tragweite geht wieder weit über die Überwindung des Kulturhindernisses und den resultierenden Abbau der hartnäckigen Widerstände im Demografie-Management hinaus.

Unternehmen brauchen eine neue Kultur des Alterns!

Unternehmen brauchen eine neue Kultur des Alterns. Denn sie können sich negative Alternskulturen basierend auf bzw. negative kollektive Alterns-Einstellungen, Altersbilder, Alterns-Werte und -Verhaltensnormen, die als negative Alterns-Denk-, Fühl- und Verhaltensweisen gelebt werden, nicht mehr länger leisten. Denn sie verhindern, im Sinne der erfolgreichen Alternsmeisterung, die Chancen des Alterns zu nutzen und seine Risiken zu minimieren. Alternde und ältere Mitarbeiter bzw. Führungskräfte nicht zu fordern und zu fördern wird weltweit zum Standortnachteil – ökonomisch, aber auch individuell und gesellschaftlich. Es werden die Unternehmen am erfolgreichsten sein, die ein positiv-realistisches Altern kultivieren. Denn eine gelebte positiv-realistische Alternskultur steigert nicht nur die Produktivität, sondern auch die Wettbewerbs-, Innovations- und Zukunftsfähigkeit eines Unternehmens. Deshalb wird die Veränderung der negativen kollektiven Alterns-Einstellungen, Altersbilder, Alterns-Werte und -Verhaltensnormen, und damit der negativen Alterns-Denk-, Fühl- und Verhaltensweisen in den Betrieben zum Überlebensimperativ in der Wirtschaft.

Wenn sich Unternehmen eine positiv-realistische Kultur des Alterns leben, dann haben sie schon ihr halbes Altern bzw. das Altern ihrer Mitarbeiter und Führungskräfte gemeistert, und noch viel mehr. In einer positiv-realistischen Alternskultur denken, fühlen und handeln alle Unternehmensangehörigen fast schon automatisch »alternsmeisterlich«; das individuelle und betriebliche Altern bzw. Älterwerden wird angstfreier, tabufreier, beruhigter und gelassener. Unternehmen mit positiv-realistischen Alternskulturen können die Anforderungen des neuen Alterns erfolgreich bewältigen: sie minimieren dadurch seine Risiken und nutzen seine Chancen. Im Unternehmenswandel Demografie-Management steigern solche Alternskulturen Akzeptanz und Vertrauen im Hinblick auf Altern und sein individuelles und betriebliches Management. Der passive oder gar aktive Widerstand der Unternehmensangehörigen sinkt, und die notwendigen Veränderungsprozesse werden nachhaltig motiviert mitgetragen, mitgestaltet und vorangetrieben.

Alternsfordernde und -fördernde Unternehmenskulturen erhalten auch, direkt und indirekt, die (körperliche, psychische, soziale) Gesundheit, Qualifikation, Motivation, und damit die Arbeits- und Leistungsfähigkeit sowie -zufriedenheit ihres Personals. Mitarbeiter und Führungskräfte können dadurch nicht nur besser gewonnen sondern auch langfristig ans Unternehmen gebunden werden; auch der frühzeitige Erwerbsaustritt Älterer wird so meist verhindert. Außerdem fördern positiv-realistische Alternskulturen auch die Zusammenarbeit und den Wissenstransfer zwischen den verschiedenen Alternsgruppen und Generationen. Zudem wirken sie sich positiv aus auf alle Bereiche des Personalmanagements: bei der Personalauswahl, -beurteilung, bei Personalentscheidungen und auch bei der Personalentwicklung werden Benachteiligung Älterer bzw. Jüngerer reduziert; die Anerkennung und Wertschätzung ihrer Leistungen steigen. Auch Führungskräfte ändern ihr Verhalten gegenüber ihren alternden und älteren Mitarbeitern, die sie nun nicht mehr vorurteilsbehaftet, sondern leistungsgemäß fordern, fördern, unterstützen und anerkennen (▶ Kap. 7, »Altern ist Führungssache«). Dies erhält und steigert die Arbeitsfähigkeit und -leistung, Qualifikation (durch gesteigerte Weiterbildungsbereitschaft und -beteiligung), Motivation, Gesundheit und Zufriedenheit gerade der älteren Arbeitnehmer, und hält sie auch länger im Unternehmen.

Entscheidend im Unternehmenswandel Demografie-Management ist deshalb ein Kulturwandel, und zwar ein Wandel der Alternskultur: Die übergreifende Rahmenvoraussetzung für erfolgreiches Altern in der Arbeitswelt ist die Verankerung einer positiv-realistischen bzw. alternserlaubenden, -fordernden und -fördernden Alternskultur.

Mit einer realitätsgerechten Alternskultur ist das Altern schon halb gemeistert.

Positiv-realistische Alternskulturen fördern Produktivität und Kapazität.

Der Unternehmenswandel Demografie-Management braucht einen Alternskultur-Wandel!

Es geht also um die Änderung negativer kollektiver Alterns-Einstellungen (Alterns-Vorurteile), negativer Altersbilder sowie negativer Alterns-Werte und -Verhaltensnormen, die im Unternehmen in Form von negativen Alternsdenk-, Fühl- und Verhaltensweisen gelebt und kultiviert werden (▶ Overview »Wandel der Alternskultur im Unternehmenswandel Demografie-Management«).

Wandel der Alternskultur im Unternehmenswandel Demografie-Management

Ziel ist die Entwicklung und Verankerung einer betrieblichen Alternskultur, die geprägt ist vom Kompetenz-/Chancen-Modell des Alterns.

Diese positiv-realistische Alternskultur basiert auf:

1. positiv-realistischen, kollektiven Alterns-Einstellungen,
   - zum eigenen Altern und zum Altern der anderen (Kollegen, Mitarbeiter, Vorgesetzte),
   - zur individuellen und betrieblichen Meisterung des Alterns,
   - zu den einzelnen Demografie-orientierten Maßnahmen des jeweiligen Demografie-Managements
2. sowie auf positiv-realistischen Altersbildern:
   - Gesamtheit der individuellen und betrieblichen Einstellungen zum Alter, zum Altern und zu älteren Mitarbeitern und Führungskräften, die nicht nur auf die möglichen Defizite, Risiken und Schwächen des Alterns fokussieren, sondern auch die Stärken, Chancen und Potenziale des Alterns beinhalten
3. und auf positiv-realistischen Alterns-Werten und –Verhaltensnormen:
   - gemeinsame Werte und Verhaltensnormen in Bezug auf das Altern, die sich nicht nur an den Defiziten, Risiken und Schwächen des Alterns orientieren, sondern auch an seinen Stärken, Chancen und Potenzialen; diese beruhen auf sozialer Übereinkunft und wurden auch im Unternehmensleitbild und in Betriebsvereinbarungen, Führungsgrundsätzen festgelegt (informelle, formelle positiv-realistische Alterns-»Spielregeln« bzw. -Verhaltensregeln/-richtlinien)
4. die als positiv-realistische Alterns-Denk-, Fühl-, Verhaltensweisen gelebt werden:
   - z. B. »Jedes Alter zählt«: Wahrnehmung und Wertschätzung der Arbeitsleistung jeder Altersgruppe als wertvollen Beitrag zum Unternehmenserfolg

---

Alternskulturen sind sozial konstruiert und veränderbar.

Doch was bedeutet das genau? Ebenso wie die Entwicklung des Alternsbewusstseins, der Alternskompetenz, Alternsmotivation,

Alternskommunikation und der Alternsführung, wäre auch die Entwicklung und Verankerung der Alternskultur ohne die Psychologie völlig undenkbar. Denn die Kultur und Psyche sind untrennbar miteinander verbunden: die Alternskultur ist Teil eines jeden Unternehmensangehörigen. Außerdem sagt uns die »Psychologie des Alterns«, dass nicht nur die individuellen, sondern auch die im Unternehmen geteilten Alterns-Einstellungen (Vorurteile), Altersbilder sowie Alterns-Werte und -Verhaltensnormen (und damit auch das resultierende kollektive Alternsdenken, -fühlen und -handeln im Unternehmen) veränderbar und gestaltbar sind. **Deshalb sind auch betriebliche Alternskulturen nicht in Stein gemeißelt** oder gar naturgegeben; sie sind von Menschen gemacht, d. h. von den Mitarbeitern und Führungskräften bzw. allen Angehörigen eines Unternehmens. Alternskulturen lassen sich ändern, wenn auch nicht von heute auf morgen. Schließlich stehen sie auch unter dem Einfluss der Alternskultur des Landes und der Branche eines Unternehmens sowie seiner einzelnen Unternehmensbereiche, Abteilungen und Standorte; prägend sind natürlich auch die Geschichte, Strategie und Organisation eines Unternehmens, ebenso wie die einzelnen Mitarbeiter und Führungskräfte selbst.

Die »Psychologie des Alterns« hilft, negative Alternskulturen zu ändern, und sie sagt Unternehmen auch, welche Kultur es für ein erfolgreiches Altern am Arbeitsplatz braucht. Entscheidend dafür ist, dass sich Unternehmen ihrer Alternskultur bewusst werden, die sich im Laufe ihrer Geschichte entwickelt hat – denn sie bestimmt »unsichtbar« und »hinter den Kulissen« das kollektive Denken, Fühlen und Handeln der Unternehmensangehörigen in Bezug auf das Altern. Es gilt, mit den weit verbreiteten Alterns-Vorurteilen aufzuräumen und negative Alternskulturen an die Wirklichkeit des Alterns anzupassen (▶ Kap. 4, »Altern ist Kompetenzsache«; ▶ Kap. 5, Overviews »Altern: Was wirklich stimmt, und warum Altern sogar besser ist, als sein Ruf«; »Warum ältere Arbeitnehmer sogar besser sind, als ihr Ruf«; »Warum Demografie-Management sogar besser ist, als sein Ruf«). Dabei geht es weniger um die Entwicklung einer bestimmten Alternskultur, als vielmehr um die Verankerung eines positiv-realistischen, differenzierten und unvoreingenommenen kollektiven Umgangs mit dem Altern, das wir ja schon als höchst differenzierten Veränderungsprozess kennengelernt haben. Hierfür bietet die »Psychologie des Alterns« die notwendigen Ansätze bzw. die sieben Grundsätze einer positiv-realistischen Alternskultur. Eine positiv-realistische Alternskultur, basierend auf dem Kompetenz-/Chancen-Modell des Alterns, ist *partizipativ* (mehr dazu im nächsten Abschnitt) und orientiert sich (1) an der Realität des Alterns, (2) am Individuum, (3) an Wertschätzung, (4) an der Verantwortung des Alterns, (5) an Alterns-Inklusion, (6) an Unterstützung und Kommunikation, sowie (7) am (arbeits-)lebenslangen Lernen und Gesundbleiben.

Die 7 Grundsätze einer positiv-realistischen Alternskultur

8.2.1   Orientierung an der Realität des Alterns (»Jedes Alter hat Stärken *und* Schwächen«)

Eine positiv-realistische Alternskultur macht nicht nur »Fürsorge« für vermeintlich unterstützungsbedürftige alternde bzw. ältere Mitarbeiter und Führungskräfte, sondern orientiert sich an ihren Stärken und Potenzialen sowie überhaupt an den Chancen und Gestaltungsmöglichkeiten des Alterns. Außerdem kennt, er-kennt und berücksichtigt sie die alternsspezifischen (und damit auch generationen- und geschlechtsspezifischen) Bedürfnisse und Erwartungen sowie Motive, Werte und Einstellungen der Unternehmensangehörigen. Alternsspezifische Stärken, Potenziale und Chancen werden genutzt und gefördert; alternsbedingte Schwächen, Risiken und Defizite werden verhindert und kompensiert. Dementsprechend werden auch Vorurteile sowie negative und positive Altersdiskriminierungen (*ageism*) vermieden und bekämpft; die Personal-, Arbeits- und Handlungspraxis ist (alterns-)vorurteils- und diskriminationsfrei und somit alterns-fair. Die neue Realität des Alterns erfordert auch die Entwicklung einer neuen Kultur des längeren Arbeitens und, damit einhergehend, auch des längeren Lernens und Freizeitmachens (▶ Punkt 7; sowie ▶ Kap. 4, »Altern ist Kompetenzsache«).

8.2.2   Orientierung am Individuum (»Jeder altert anders«)

Im Fokus einer positiv-realistischen Alternskultur steht immer eine individuelle Betrachtung der alternden bzw. jüngeren und älteren Mitarbeiter bzw. Führungskräfte; sie stellt den Menschen konsequent in den Mittelpunkt. In einer solchen Kultur werden die individuellen Lebens- und Berufsphasen, Berufsbiografien sowie Lebensumstände in sämtlichen Unternehmensprozessen berücksichtigt (d. h. in allen Bereichen des Personalmanagements, der Führung und Arbeitsorganisation, etc.) und mit dem zu erreichenden Ziel bzw. der Vision des Unternehmens verknüpft. Es geht immer um den einzelnen Menschen und darum, seine Arbeits- und Leistungsfähigkeit sowie -zufriedenheit zu erhalten und zu fördern, aber auch um neue Chancen zu eröffnen, seine Potenziale gemäß seinen Bedürfnissen zu entfalten. Im Sinne von Diversity Management geht es auch um die gewinnbringende Berücksichtigung und Nutzung der Vielfalt und Heterogenität der Unternehmensangehörigen im Hinblick auf das Alter(n) (insb. unterschiedliche Berufs- und Lebenserfahrungen, Sichtweisen, Kompetenzen, etc.).

8.2.3   Orientierung an Wertschätzung (»Jedes Alter zählt«)

In einer positiv-realistischen Alternskultur werden die aktuellen und zukünftigen Kompetenzen, Leistungen und Verdienste aller Mitarbeiter bzw. Führungskräfte jeden Alters (auch, und vor allem, kurz vor der Rente!), jeder Generation und jeden Geschlechts anerkannt und als wertvolle Beiträge zum Unternehmenserfolg wertgeschätzt. Alternsbedingte Unterschiede werden nicht als Nachteil, sondern als Stärken betrachtet und strategisch genutzt. Es geht also um das Leben und Er-leben einer ernst gemeinten, anerkennenden und wertschätzenden (und dadurch wertschöpfenden) Unternehmenskultur. Im gegenseitigen Umgang miteinander werden alternsspezifische Schwächen ebenso akzeptiert und gemeinsam bewältigt, wie alternsspezifische Stärken wertgeschätzt und gemeinsam gefördert werden; außerdem begegnen Mitarbeiter und Führungskräfte der verschiedenen Altersgruppen, Generationen und Geschlechter einander mit Respekt.

8.2.4 Orientierung an Inklusion (»Jeder wird mal alt«)

Diese Anerkennung und Wertschätzung in einer positiv-realistischen Alternskultur schließt also alle Alter (wie auch alle Generationen und Geschlechter) ein. Es herrscht eine alternsinkludierende Kultur, die die Trennung zwischen Alt und Jung aufhebt und die Chancengleichheit Älterer und Jüngerer fördert und alle unterstützt – im Sinne einer Antwort auf die komplette Alterns-Vielfalt aller Unternehmensangehörigen. Eine alternsinkludierende Kultur beschränkt sich auch nicht nur auf die Integration und Förderung der heute älteren Mitarbeiter und Führungskräfte. Schließlich werden alle einmal alt: die heute Jüngeren sind keine anderen, als die morgen Älteren. Da Altern alle angeht, erstreckt sich der Kulturwandel auf die gesamte Belegschaft - angefangen mit den Auszubildenden, über die Mitarbeiter und Führungskräfte im mittleren und höheren Alter bis hin zu denjenigen, die kurz vorm Ruhestand stehen oder die bereits im Ruhestand sind (Unternehmen werden zukünftig, vor allem je mehr sich der demografische Wandel zuspitzt, verstärkt auf deren Wissen und Arbeitskraft zurückgreifen). Entscheidend dafür ist auch die Förderung alternsgemischter Zusammenarbeit, in der sich Jüngere und Ältere nicht als Konkurrenz, sondern als einander ergänzende Kräfte erleben, die es zu nutzen gilt.

8.2.5 Orientierung an der Verantwortung des Alterns (»Altern geht uns alle an«)

Eine positiv-realistische Alternskultur macht aus dem Altern eine gemeinsame Gestaltungsaufgabe, für die nicht nur jeder Einzelne, sondern auch das Unternehmen (mit-)verantwortlich ist. Es geht um die Forderung und Förderung der Eigen- und Mitverantwortung aller Altersgruppen (wie auch aller Generationen und Geschlechter). Schließlich ist jeder betroffen: zwar altert jeder anders, aber jeder altert, und jeder will alt werden. Damit ist jeder verantwortlich für sein eigenes Altern, aber auch für das gemeinsame Altern im Unternehmen. Jeder ist in einer Eigen- und Mitverantwortung für den lebenslangen Erhalt, Förderung und Einsatz seiner (alternsbedingten) Stärken und Potenziale sowie für die Prävention seiner (alternsbedingten) Schwächen und Risiken. Das Unternehmen und vor allem seine Führungskräfte sind in einer Mitverantwortung für das Altern des Einzelnen, des Unternehmens und der Gesellschaft – aus betriebswirtschaftlichen, aber auch aus sozial-ethischen Gründen (im Sinne einer »*Corporate Ageing Responsibility*«). Sie schaffen die entsprechenden Rahmenbedingungen für erfolgreiches Altern am Arbeitsplatz. Demografie-Management ist also sowohl Unternehmens- und Führungsaufgabe bzw. -verantwortlichkeit als auch persönliche Aufgabe bzw. Verantwortlichkeit eines jeden Einzelnen.

8.2.6   Orientierung an Unterstützung und Vertrauen (»Altern heißt unterstützen und vertrauen«)

In einer positiv-realistischen Alternskultur herrscht eine kollegiale, partnerschaftliche und unterstützende Haltung unter den Unternehmensangehörigen. Mitarbeiter und Führungskräfte jeden Alters (und auch jeder Generation und jedes Geschlechts) leben und er-leben soziale Unterstützung. Damit sind primär die kollegiale Beratung und auch die gegenseitige Unterstützung sowie konkrete Hilfeleistungen gemeint, insbesondere zur Bewältigung kritischer Situationen, aber auch zur Meisterung und Gestaltung des Alterns am Arbeitsplatz. Eine positiv-realistische Alternskultur ist auch eine Vertrauenskultur. Unternehmensangehörige vertrauen in das betriebliche Management des Alterns im Unternehmen. Dafür braucht es viel Offenheit, Kommunikation und eine aktive Gesprächskultur, in der jeder seine Interessen, Anliegen und Wünsche, aber auch Unstimmigkeiten, Sorgen und Beschwerden mit Kollegen und Vorgesetzten offen, sachlich und vertrauensvoll an- und aussprechen kann – und dabei ernst genommen wird. Dafür muss viel und persönlich miteinander gesprochen werden, vor allem zwischen Jung und Alt. Außerdem braucht es dafür auch eine Kultur der konstruktiven Konfliktregelung, die Unterschiede und Konkurrenzen, aber auch Kompromisse, zwischen den verschiedenen Altersgruppen, Generationen und Geschlechtern zulässt. Vor allem die kooperative und vertrauensvolle Zusammenarbeit von Management und Arbeitnehmervertretern gilt als eine der wichtigsten Voraussetzungen für die erfolgreiche Umsetzung, Anwendung und Beibehaltung von Demografie-Management in einem Unternehmen.

8.2.7   Orientierung am lebenslangem Lernen und Gesundheit (»Altern heißt lernen und gesund bleiben«)

Angesichts der immer längeren Erwerbsphasen ermöglicht eine positiv-realistische Alternskultur auch das (arbeits-)lebenslange Lernen und Gesundbleiben der Mitarbeiter und Führungskräfte im Unternehmen. Sie kommt damit der neuen Urgenz einer alten Verantwortung nach, und zwar einer unternehmensseitigen, aber auch einer personalseitigen Verantwortung: Lernen bzw. Weiterbildung (im Sinne von Beschäftigungsfähigkeits-Management) sowie Gesundbleiben sind zentrale Pfeiler der Alternsmeisterung, vor allem am Arbeitsplatz; sie sind deshalb nicht nur Recht, sondern auch Pflicht – und zwar ein ganzes (Arbeits-)Leben lang, in jedem (Arbeits-)Lebensalter, auch, und vor allem, in den letzten Erwerbsjahren. Lernen und gesund leben muss für alle Lebensalter selbstverständlich werden. Schließlich ist Altern lebenslange Veränderung und Entwicklung, und damit auch lebenslanges Lernen und Gesundbleiben. Deshalb wird über kurz oder lang auch das klassische Arbeitsmodell »Ausbildung, Beruf, Ruhestand« einer permanenten Parallelität aus Lernen, Arbeiten und Erholen weichen. Somit ist eine positiv-realistische Alternskultur auch eine Lernkultur. Diese braucht unbedingt eine gesunde Fehlerkultur im Sinne einer Kultur des Ausprobierens und Fehlermachens (Fehler sind erlaubt!), die geprägt ist von einer grundlegenden Offenheit für Neues und Anderes.

Diese sieben Grundsätze einer positiv-realistischen Alternskultur im Unternehmen klingen schön und gut, werden Sie sich vielleicht denken – aber die entscheidende Frage, die es zu beantworten gilt, ist: **Wie wird nun diese wünschenswerte, positiv-realistische Alternskultur zur gelebten Praxis im Unternehmen?**

8.3   Alternskultur verankern

Jedes Unternehmen braucht eine positiv-realistische Kultur des Alterns, und zwar nicht nur für den Unternehmenswandel Demografie-Management, sondern überhaupt, um im 21. Jahrhundert zukunftsfähig zu bleiben. Ein positiv-realistisches Altern zu kultivieren und zu leben ist eine drängende Anforderung in unserer neuen, alternden Arbeitswelt – und muss deshalb unbedingt fester Bestandteil eines jeden Unternehmens werden. Und nach der Lektüre der vorhergehenden beiden Abschnitte wissen Sie auch, was eine Alternskultur genau ist, warum Sie die Entwicklung bzw. Verankerung einer Alternskultur auf keinen Fall vernachlässigen sollten und was dabei zu beachten ist. Doch zurück zu unserer Frage, was Unternehmen konkret tun können, um eine positiv-realistische Kultur des Alterns in der betrieblichen Praxis »zum Leben zu erwecken« (Realisierung der 6. Säule des erfolgreichen Demografie-Managements).

Der Wandel der Alternskultur eines Unternehmens ist ein weit reichender und höchst komplexer Prozess, der nicht von heute auf morgen passiert. Die betriebliche Kultur des Alterns lässt sich nicht einfach umgestalten. Im Gegenteil: der Alternskultur-Wandel ist ein langfristiger Prozess vieler kleiner Schritte. Denn, wie wir gesehen haben, ist die betriebliche Alternskultur ein selbstverständlicher, unbewusster Teil eines jeden Mitarbeiters bzw. einer jeder Führungskraft.

Alternskultur macht zukunftsfähig!

Alternskultur-Wandel im Demografie-Management geschieht als Letztes.

Ohne es zu wissen, lebt bzw. altert jeder nach der Alternskultur seines Unternehmens; »unsichtbar« und »hinter den Kulissen« steuert sie das Denken, Fühlen und Handeln der Unternehmensangehörigen in Bezug auf das Altern. Sie dürfen sich deshalb auch nicht wundern, dass eine Veränderung der betrieblichen Alternskultur bzw. der im Unternehmen geteilten altersbezogenen Einstellungen, Bilder, Werte und Verhaltensnormen (die sich im kollektiven Denken, Fühlen und Handeln manifestieren) von den Mitarbeitern und Führungskräften leicht als »Angriff« auf das eigene Selbstverständnis aufgefasst wird. Deshalb geschieht auch der Wandel der Alternskultur als Letztes und nicht als Erstes, wenn wir ein Unternehmen und sein Personal »*ready*« machen für das tiefgreifende Veränderungsvorhaben Demografie-Management. Die betriebliche Kultur des Alterns verändert sich nämlich nur dann, wenn Sie zuvor die notwendigen Voraussetzungen auf Seiten des Personals (Personalentwicklung), aber auch auf Seiten des Unternehmens (Organisationsentwicklung) geschaffen haben (▶ Overview »Wandel der betrieblichen Alternskultur: Ein personaler und organisationaler Veränderungsprozess«).

Wandel der betrieblichen Alternskultur: Ein personaler und organisationaler Veränderungsprozess

Der Wandel der betrieblichen Alternskultur braucht zuerst einen *personalen* Wandel – und zwar einen Wandel im Bewusstsein, in den Kompetenzen und in den Einstellungen, was das Altern und seine individuelle bzw. betriebliche Meisterung anbelangt. Aber mit der Realisierung der ersten drei Säulen des erfolgreichen Demografie-Managements haben Sie dies schon getan. Denn die Alternskultur eines Unternehmens beginnt sich bereits zu ändern, wenn Sie die Unternehmensangehörigen für das Altern und seine individuelle bzw. betriebliche Meisterung…

1. …sensibilisiert (unternehmensweiter Alternsbewusstsein-Wandel auf personaler Ebene; Säule 1, ▶ Kap. 3),
2. …qualifiziert (unternehmensweiter Alternskompetenz-Wandel auf personaler Ebene; Säule 2, ▶ Kap. 4),
3. …motiviert haben (unternehmensweiter Alternseinstellungs-Wandel auf personaler Ebene; Säule 3, ▶ Kap. 5).

Für den Wandel der betrieblichen Alternskultur braucht es allerdings auch einen *organisationalen* Wandel – und zwar einen Wandel in der Kommunikations- und Führungskultur in Bezug auf das Altern und seine individuelle bzw. betriebliche Meisterung. Mit der Realisierung der vierten und fünften Säule des erfolgreichen Demografie-Managements haben Sie dies auch schon getan. Denn der Wandel der Alternskultur wird vorangetrieben und beginnt sich bereits zu verankern, wenn im Unternehmen…

4. …alternserlaubend, -fordernd und -fördernd kommuniziert wird (unternehmensweiter Alternskommunikations-Wandel auf organisationaler Ebene; Säule 4, ▶ Kap. 6)

5. …und alternserlaubend, -fordernd und -fördernd geführt
   wird (unternehmensweiter Alternsführungs-Wandel auf organisationaler Ebene; Säule 5, ▶ Kap. 7)

   Alle Maßnahmen, die Sie zur unternehmensweiten Bildung eines
   Alternsbewusstseins, zur Entwicklung der Alternskompetenzen
   und insbesondere zur Revision der individuellen Alternsein-
   stellungen und Altersbilder durchgeführt haben, waren bereits
   zentrale *personale* Maßnahmen zur Entwicklung und Verankerung
   einer positiv-realistischen Alternskultur. Entsprechend waren alle
   Maßnahmen, die Sie zur unternehmensweiten Etablierung einer
   Alternskommunikation und zur Entwicklung der Alternsführung
   durchgeführt haben, bereits zentrale *organisationale* Maßnahmen zur Entwicklung und Verankerung einer positiv-realistischen
   Alternskultur.

Außerdem kann der komplexe personale und organisationale Veränderungsprozess »Alternskultur-Wandel« nur gemeinsam mit allen
Unternehmensangehörigen gelingen; mit ihnen steht und fällt der
Wandel der Alternskultur in der betrieblichen Praxis eines Unternehmens. Deshalb braucht die Entwicklung und Verankerung einer neu-
en Kultur des Alterns unbedingt ein partizipatives Vorgehen. Damit
ist die aktive Beteiligung der Betroffen am gesamten Veränderungsvorhaben Demografie-Management gemeint – und da jeder im Unternehmen altert, ist jeder Betroffener. Das »**Prinzip der »Partizipation«**
(Betroffene zu Beteiligten machen) ist das übergeordnete Leitprinzip
für betriebliches Demografie-Management. Dieser personale und
organisationale Entwicklungs- bzw. Veränderungsprozess ist nur so-
weit erfolgreich, wie frühzeitig und ernstgemeint ein Unternehmen
seine Mitarbeiter und Führungskräfte (auch Arbeitnehmervertreter,
Betriebsärzte (bzw. Betriebspsychologen, Behinderten-, Gleichstel-
lungs-, Gesundheits- und Sicherheitsbeauftragte), Aufsichtsräte aktiv
einbindet und beteiligt; dabei geht es um die Beteiligung am »Was«
und »Wie« der Veränderungen in der betrieblichen Praxis. Idealerweise beginnt die Partizipation bereits bei der konzeptuellen Planung
eines Demografie-Management Projekts und endet mit der erfolgreichen Anwendung und Beibehaltung der gemeinsam umgesetzten
Maßnahmen.

> **Partizipation als Leitprinzip im Demografie-Management!**

Nachhaltig erfolgreiches Demografie-Management wurde meist
im Rahmen eines partizipativen, schrittweisen Veränderungsprozess
ins Unternehmen eingeführt – und zwar im Sinne eines partner-
schaftlichen, betrieblichen Alterns-Konzepts: Mitarbeiter und Führungskräfte (aber auch Arbeitnehmervertreter und Betriebsärzte bzw.
Betriebspsychologen, Behinderten-, Gleichstellungs-, Gesundheits-
und Sicherheitsbeauftragte) wurden mit Eigenverantwortung für ihre
Alternsmeisterung ins betriebliche Demografie-Management einge-

> **Demografie-Management als partnerschaftliches Alterns-Kon-zept!**

8

**Partizipation im Demografie-
Management kultiviert Altern.**

**Entwicklung eines partnerschaft-
lichen Demografie-Manage-
ments!**

bunden, bei gleichzeitiger Betonung der betriebswirtschaftlichen und sozial-ethischen Mitverantwortung des Unternehmens. Denn jeder personale und organisationale Veränderungsprozess braucht Partizipation. Warum? Weil sich das Gewohnheitstier Mensch meist erst dann ändert, wenn es die notwendigen Veränderungen auf personaler und organisationaler Ebene mitbestimmen und mitgestalten darf. Denn das steigert nicht nur seine Veränderungsmotivation, sondern es wird sich auch mit der Veränderung selbst identifizieren, sie kultivieren und leben.

Für das Veränderungsvorhaben Demografie-Management bedeutet dies, dass ein partizipatives Vorgehen nicht nur die Alternsmotivation der Unternehmensangehörigen fördert, sondern viel mehr: partizipatives Demografie-Management treibt nämlich gleichzeitig die Entstehung, Entwicklung und Verankerung einer positiv-realistischen Alternskultur voran. Wenn die Unternehmensangehörigen am Management des Alterns im Betrieb beteiligt und dadurch mitverantwortlich gemacht werden, dann wollen sie das mitbestimmte und mitgestaltete Alterns-Management schließlich auch kultivieren und leben. Ein weiterer wichtiger Effekt von partizipativem Demografie-Management ist, dass die Unternehmensangehörigen ihr arbeitsbezogenes und berufspraktisches Expertenwissen – aber auch ihr individuelles Wissen über den konkreten Handlungsbedarf in Bezug auf das Altern in ihrem unmittelbaren Arbeitsumfeld – in alle Umsetzungs- bzw. Veränderungsprozesse einbringen können. Die Qualität und Effizienz der resultierenden Demografie-Management Praxis wird so nachhaltig gesteigert.

Die Etablierung eines partizipativen Demografie-Managements steht und fällt mit der Planung einer Alternspartizipations-Strategie. Deren Umsetzung ermöglicht dann die notwendige konsequente und kontinuierliche Partizipation von Projektbeginn bis zur nachhaltigen Verankerung von Demografie-Management im Unternehmen. Entscheidend ist, dass die Alternspartizipations-Strategie auch zeitnah kommuniziert wird (▶ Kap. 6), damit jeder weiß: das Unternehmen beteiligt seine Mitarbeiter und Führungskräfte sowie die Arbeitnehmervertreter, Betriebsärzte (bzw. Betriebspsychologen, Behinderten-, Gleichstellungs-, Gesundheits- und Sicherheitsbeauftragte) und auch Aufsichtsräte am geplanten Veränderungsvorhaben Demografie-Management und gibt ihnen Einfluss auf die kommenden Veränderungen, vor allem wenn es um die Bereiche geht, die das jeweilige unmittelbare Arbeitsumfeld betreffen (▶ Overview »Demografie-Management braucht Alternskultur braucht Partizipation: Planung einer Strategie«).

> **Demografie-Management braucht Alternskultur und Partizipation: Planung einer Strategie**
> Jeder personale und organisationale Veränderungsprozess

braucht Partizipation. Deshalb braucht auch die Umsetzung, Anwendung und Beibehaltung von Demografie-Management ein partizipatives Vorgehen: Mitarbeiter und Führungskräfte (aber auch Arbeitnehmervertreter und Betriebsärzte bzw. Betriebspsychologen, Behinderten-, Gleichstellungs-, Gesundheits- und Sicherheitsbeauftragte) werden mit Eigenverantwortung für ihre Alternsmeisterung ins betriebliche Demografie-Management eingebunden, bei gleichzeitiger Betonung der betriebswirtschaftlichen und sozial-ethischen Mitverantwortung des Unternehmens. Diese alternsorientierte Partizipation fördert nicht nur die Alternsmotivation aller Unternehmensangehörigen, sondern auch die Entstehung, Entwicklung und Verankerung einer positiv-realistischen Alternskultur. Die vier zentralen Elemente der Alternspartizipations-Strategie sind:

1. **Partizipierende Zielgruppe:** Wer wird am Demografie-Management beteiligt? insb. Führungskräfte, Arbeitnehmervertreter, Mitarbeiter
2. **Inhalt der Partizipation:** Bei was wird die Zielgruppe beteiligt? z. B. alternsorientierte Handlungsbedarfsanalyse, Maßnahmenentwicklung
3. **Art der Partizipation:** Wie wird die Zielgruppe beteiligt? insb. alternspartizipative Mitarbeiterbefragungen und -gespräche sowie Alternszirkel
4. **Zeitpunkt bzw. -raum der Partizipation:** Wann und wie lange findet die Beteiligung statt? z. B. im Anschluss an die Altersstrukturanalyse für ein halbes Jahr

Die Partizipation am Veränderungsvorhaben Demografie-Management muss nicht nur an die spezifische Betriebswelt eines Unternehmens und seiner Struktur angepasst werden, sondern auch an die einzelnen Zielgruppen, die für den Erfolg des jeweiligen Demografie-Management Projekts besonders wichtig sind. Schließlich geht es um das heikle, angst- und tabubesetzte Thema Altern. Außerdem haben wir ja schon gehört: Je größer das Unternehmen ist, desto genauer müssen die Zielgruppen definiert und bedürfnisorientiert beteiligt werden: Es gilt, die wichtigen Zielgruppen (einschließlich Stakeholder) des Veränderungsvorhabens Demografie-Management und ihre unterschiedlichen Partizipationsbedarfe bzw. -bedürfnisse zu bestimmen. **Dafür ist auch wichtig, die Relevanz bzw. Rolle dieser Zielgruppen für die erfolgreiche Umsetzung im jeweiligen Demografie-Management Projekt zu definieren.** So haben zum Beispiel Führungskräfte aufgrund ihrer Schlüsselrolle im Demografie-Management anderen Partizipationsbedarf, als ihre Mitarbeiter. Ähnliches gilt für Arbeitnehmervertreter, Betriebsärzte (bzw. Betriebspsychologen, Behinderten-, Gleichstellungs-, Gesundheits- und Sicherheitsbeauftragte) und Aufsichtsräte.

Bei der Partizipation im Demografie-Management spezifisch vorgehen!

Alterns-Partizipation braucht Strategie!

Für die unternehmensspezifische Planung der Alternspartizipations-Strategie hat sich der sog. »Alternspartizipations-Workshop« bewährt. Die vier zentralen Elemente der Alternspartizipations-Strategie gibt die Struktur für den Ablauf des Workshops vor (siehe vorheriges Overview). Denn im Prinzip geht es darum, die Fragen in Bezug auf die vier Elemente Schritt für Schritt zu beantworten, und zwar durch gemeinsame Diskussion und Reflexion im Team. Es empfiehlt sich, diesen Workshop mit Schlüsselpersonen der definierten Zielgruppen im jeweiligen Unternehmen durchzuführen (primär Schlüsselpersonen bzw. »*opinion leader*«, d. h. Schlüssel-Führungskräfte des oberen, mittleren und unteren Managements, Schlüssel-Mitarbeiter sowie Schlüsselpersonen der Arbeitnehmervertreter, Betriebsärzte (bzw. Betriebspsychologen, Behinderten-, Gleichstellungs-, Gesundheits- und Sicherheitsbeauftragte) und auch Aufsichtsräte. Schließlich wissen sie es ja am besten, was für sie wirklich wichtig ist, und bei was, sie wie und wann am besten beteiligt werden sollten. Die aktive Einbindung und Beteiligung genau derjenigen, die später auch erreicht werden sollen, steigert die Akzeptanz und Effizienz partizipativer Maßnahmen ungemein. Die dokumentierten Antworten ergeben die wesentlichen Bestandteile der resultierenden Alternspartizipations-Strategie. Alternativ zum »Alternspartizipations-Workshop« können auch mehrere »Alternspartizipations-Interviews« durchgeführt werden. Auch hier geben die vier zentralen Elemente der Alternspartizipations-Strategie wieder die Struktur für den Ablauf der Interviews vor. Es geht wieder darum, die wichtigen Zielgruppen (einschließlich Stakeholder) des Veränderungsvorhabens Demografie-Management und ihre unterschiedlichen Kommunikationsbedarfe bzw. -bedürfnisse zu bestimmen – aber diesmal im persönlichen Gespräch mit den Schlüsselpersonen bzw. »*opinion leader*« im jeweiligen Unternehmen. Die dokumentierten Interview-Antworten ergeben wieder die wesentlichen Bestandteile der resultierenden Alternspartizipations-Strategie.

Den Alternskultur-Wandel von oben vorleben!

Die wahrscheinlich wichtigste einzubindende Zielgruppe sind die Führungskräfte des Unternehmens. Ihre (verbindliche!) Einbindung und Partizipation an den Veränderungsprozessen gilt als *der* kritische Erfolgsfaktor im Demografie-Management (▶ Kap. 7). Außerdem beginnt die Entwicklung und Verankerung einer positiv-realistischen Alternskultur erst dann, wenn ein Unternehmen Altern zur Chefsache macht: die dafür notwendigen personalen und organisationalen Veränderungsprozesse beginnen »von oben«. Die Revision der im Unternehmen bisher gelebten Alterns-Einstellungen, -Bilder sowie -Werte und -Verhaltensnormen (kollektiven Alterns-Denk-, Fühl-, und Verhaltensweisen) muss von der obersten Führungsebene initiiert und über *top-down* Prozesse ins gesamte Unternehmen transportiert werden, d. h. das Top-Management ebenso wie die Führungskräfte aller anderen Organisationsebenen und Bereiche unterstützen diesen Kulturwandel konsequent und leben ihn selbst vor – und zwar so, dass es für jeden im Unternehmen ersichtlich ist (▶ Overview »Alternskultur vorleben: (Nicht nur) eine Aufgabe aller Führungskräfte«).

> **Alternskultur vorleben: (Nicht nur) eine Aufgabe aller Führungskräfte**
>
> Die neue, positiv-realistische betriebliche Alternskultur bzw. die neuen alternsbezogenen Einstellungen, Bilder sowie Verhaltensnormen und »Werte kann man nicht lehren, sondern nur vorleben«, stellte Viktor Frankl trefflich fest.
>
> Die primären Werteträger im Unternehmen sind die Führungskräfte, die deshalb als Vertreter der Unternehmens- bzw. Alternskultur eines Betriebs verantwortlich dafür sind, diese in ihren Arbeitsbeziehungen zu ihren Mitarbeitern auch zu leben: Insbesondere in ihrer Rolle als »Alterns-Vorbilder«, aber auch als »Alterns-Gestalter«, »Alterns-Unterstützer« und »Alterns-Selbstmanager« (▶ Kap. 7) setzen Führungskräfte alternskulturelle Veränderungen im Unternehmen in Gang und halten diese aufrecht, solange bis sie in der betrieblichen Praxis verankert wurden.
>
> Die Verantwortung für die Gestaltung einer positiv-realistischen Alternskultur liegt zwar primär bei den Führungskräften eines Unternehmens. Doch zum Leben erweckt wird die neue Alternskultur nicht nur von den Führungskräften, sondern auch von ihren Mitarbeitern bzw. von allen anderen Unternehmensangehörigen.

Die Führungskräfte sollten deshalb unbedingt mit ins Boot geholt und für diese Aufgabe entsprechend qualifiziert und motiviert werden. Entscheidend dafür – wie auch für den gesamten Alternskultur-Wandel – ist die gemeinsame Entwicklung, Kommunikation und Verankerung einer Alterns-Vision im Unternehmen. Denn diese vermittelt den Führungskräften und allen anderen Unternehmensangehörigen ein Bild von der Zukunft des Alterns im Unternehmen und sagt ihnen, warum die aktive Gestaltung dieser Zukunft erstrebenswert ist (z. B. »Unsere Vision ist es, ein Unternehmen zu werden, das die immer weniger und älter werdenden Mitarbeiter (1) erfolgreich gewinnt und bindet, (2) gesund, qualifiziert, motiviert bzw. arbeits- und leistungsfähig erhält, (3) ihren Stärken entsprechend einsetzt [Alterns-Chancen maximieren] und ihre Schwächen verhindert bzw. kompensiert [Alterns-Risiken minimieren] – und zwar über die immer länger werdende Lebensarbeitsspanne, für nachhaltigen ökonomischen, individuellen und sozialen Erfolg im demografischen Wandel.«).

Ebenso, wie die Alterns-Vision, sollte auch die neue positiv-realistische, partizipative Alternskultur mit ihren sieben Grundsätzen (Orientierung an der Realität des Alterns, am Individuum, an Wertschätzung, an der Verantwortung des Alterns, an Alterns-Inklusion, an Unterstützung und Kommunikation, sowie am (arbeits-)

Führungskräfte als zentrale Alterns-Partizipanden!

Verankerung der Alternskultur im Unternehmen!

lebenslangen Lernen und Gesundbleiben) im Unternehmensleitbild, in den Betriebsvereinbarungen und Führungsgrundsätzen festgelegt und verankert werden – und zwar im Sinne von Verhaltensnormen bzw. Handlungsempfehlungen, Verhaltensregeln und -richtlinien (z. B. für den betrieblichen Umgang mit den verschiedenen Altersgruppen und Generationen). Idealerweise sollte natürlich auch die Unternehmens- bzw. Personalstrategie sowie die Aufbau- und Ablauforganisation des Unternehmens sowohl der Alterns-Vision als auch der Alternskultur entsprechen.

Alle ins Demografie-Management Boot holen!

Dies wird Ihnen auch helfen, nicht nur die Führungskräfte, sondern auch alle anderen Unternehmensangehörigen mit an Bord zu holen. Ebenso wichtig, wie die Partizipation der Führungskräfte, ist auch die Einbindung der Arbeitnehmervertreter, der Betriebsärzte (bzw. Betriebspsychologen, Behinderten-, Gleichstellungs-, Gesundheits- und Sicherheitsbeauftragte) und auch des Personalmanagements. Schließlich sind sie alle Mitgestalter der betrieblichen Rahmenbedingungen und Personalprozesse, die für erfolgreiches Demografie-Management notwendig sind (▶ Kap. 9). Last but not least: im Boot fehlen dürfen auch **auf keinen Fall** die Mitarbeiter im Unternehmen; schließlich sind sie ja die primären Adressaten der Maßnahmen eines jeden betrieblichen Demografie-Managements.

Alternspartizipation durch Befragung!

Sobald die unternehmens- und zielgruppenspezifische Alternskommunikations-Strategie geplant ist, geht es an die Umsetzung der Strategie, und damit an die Durchführung konkreter Alternspartizipations-Maßnahmen mit den zu beteiligenden Zielgruppen (insb. durch alternspartizipative Mitarbeiterbefragungen und -gespräche sowie Alternszirkel). Die wahrscheinlich effizienteste Methode ist die systematische, alternspartizipative Mitarbeiterbefragung bzw. Befragung der identifizierten partizipativen Zielgruppen. Mitarbeiterbefragungen waren schon immer partizipativer Natur; schließlich lassen sie zeitgleich alle im Unternehmen zu Wort kommen. Die alternspartizipative Mitarbeiterbefragung kann als klassisch schriftliche Befragung, als Online-Befragung, als persönliche Befragung oder als Fokusgruppenbefragung durchgeführt werden (für die jeweiligen Vor- und Nachteile, ▶ Kap. 3, Overview »Alternsbewusstseins-Fragebögen vs. Alternsbewusstseins-Interview/-Fokusgruppe«). Sie sollte unternehmens- und zielgruppenspezifische Fragen zum »Ist« und »Soll« der Alternskultur und des Management des Alterns im Unternehmen beinhalten, zum Beispiel:

- »Welchen Stellenwert haben Ihrer Meinung nach die älteren (bzw. jüngeren) Mitarbeiter im Unternehmen, und welchen Stellenwert sollten sie haben?«
- »Wie wird mit älteren (bzw. jüngeren) Mitarbeitern im Unternehmen umgegangen, und wie sollte mit ihnen umgegangen werden?«
- »Werden Mitarbeiter aufgrund ihres Alters benachteiligt, und zwar bei Personalauswahl, -beurteilung, Personalentscheidungen (Einstellung, Beförderung, Einsatz) und bei der Personalentwicklung?«

- »Werden ältere (bzw. jüngere) Mitarbeiter im Unternehmen wertgeschätzt; wofür und wie sollten sie wertgeschätzt werden?«
- »Werden im Unternehmen die Bedürfnisse und Erwartungen der verschiedenen Altersgruppen berücksichtigt, und inwiefern sollten sie berücksichtigt werden?«
- »Wird die Qualifikation und die Gesundheit der älteren (bzw. jüngeren) Mitarbeiter im Unternehmen ausreichend gefördert, und wie sollte sie gefördert werden?«

Über diesen Weg können die befragten bzw. partizipierenden Zielgruppen ihre diesbezüglichen Meinungen, Vorschläge, Anliegen und Wünsche, aber auch Sorgen und Beschwerden in die geplanten und laufenden Veränderungsprozesse einbringen und diese mitgestalten. Entscheidend dafür sind jedoch: (1) eine differenzierte und anonyme Rückmeldung der Befragungsergebnisse; (2) eine unternehmensweit geführte Ergebnisdiskussion und gemeinsame Identifikation der Problembereiche bzw. Handlungsfelder; (3) sowie eine gemeinsame Entwicklung und Umsetzung geeigneter Lösungsmaßnahmen. Zusätzlich zur Partizipation der »Betroffenen als Beteiligte« liefert die alternspartizipative Mitarbeiterbefragung auch eine unternehmensweite Analyse der wahrgenommenen Alternskultur (Alternsklima) und der gewünschten Alternskultur eines Unternehmens. Und da Befragungen nicht nur analysieren, sondern gleichzeitig die Befragten auch verändern (▶ Kap. 3, »Alternsbewusstsein bilden«), ist diese Mitarbeiterbefragung auch bereits eine alternskultur-bildende Maßnahme.

Eine weitere Alternspartizipations-Maßnahme ist das alternspartizipative Mitarbeitergespräch, das Sie im letzten Kapitel schon als »Alterns-Gespräch« kennengelernt haben (▶ Kap. 7, »Alternsführung entwickeln«): es ist ein Mitarbeiter- oder Entwicklungsgespräch zwischen Mitarbeiter und Führungskraft »auf Augenhöhe«, das konsequent und regelmäßig über die gesamte Erwerbslaufbahn mit jedem Mitarbeiter geführt werden sollte. Hier können sich Mitarbeiter – im direkten Gespräch mit ihrem Vorgesetzten in einer sachlichen und vertrauensvollen Atmosphäre – mit ihren individuellen Meinungen, Vorschläge, Anliegen und Wünsche, aber auch Sorgen und Beschwerden noch nachhaltiger in die geplanten und laufenden Veränderungsprozesse einbringen. Wichtig ist auch hier wieder, dass die Gesprächsergebnisse für die gemeinsame Weiterentwicklung der Alternskultur und des Alterns-Managements am Arbeitsplatz auch tatsächlich genutzt werden.

Die wahrscheinlich aktivste Einbindung der verschiedenen Zielgruppen ermöglichen die »Alternszirkel«, die im Prinzip mit den sog. »Qualitätszirkeln« aus der Organisationsentwicklung vergleichbar sind. Im Rahmen von innerbetrieblichen Arbeitskreisen bzw. -gruppen (ca. 8 bis 12 Mitglieder aus den verschiedenen partizipativen Zielgruppen) werden unter der Leitung eines neutralen Moderators in regelmäßigen Abständen speziell für den jeweiligen Unternehmens-

Das alternspartizipative Mitarbeitergespräch

Alternszirkel etablieren!

bereich bzw. die Abteilung alternsbezogene Probleme identifiziert, diskutiert und konkrete Lösungsmaßnahmen entwickelt, die auf die jeweilige Arbeitsplatzsituation und Kollegen zugeschnitten sind. Unter der Leitung bzw. Koordination dieser »Alternszirkel« werden diese Lösungen nicht nur der Unternehmensleitung präsentiert, sondern auch in der betrieblichen Praxis umgesetzt und evaluiert. Die Betroffenen werden so zu besonders aktiven Beteiligten gemacht, die das Alterns-Management eines Unternehmens mitgestalten und, was vielleicht sogar viel wichtiger ist, es kultivieren, vorleben und selbst leben.

Ready to age! **Ihr Unternehmen lebt jetzt das Altern!**

Mit der Entwicklung der Alternskultur haben wir nun unser Unternehmen vollumfänglich »*ready*« gemacht für die nachhaltige Umsetzung von Demografie-Management: unser Unternehmen hat jetzt nämlich nicht nur ein alterns-bewusste (▶ Kap. 3), alterns-kompetente (▶ Kap. 4) und alterns-motivierte (▶ Kap. 5) Unternehmensangehörige – sondern auch eine alterns-erlaubende, -fordernde und -fördernde Kommunikations-, Führungs- und Unternehmenskultur: Altern wird kommuniziert, geführt und gelebt. Um wieder in unserem Bilde zu sprechen: das Unternehmen bzw. die Unternehmensangehörigen haben nun alle Voraussetzungen, um im »Demografie-/Alterns-Sturm« rechtzeitig die »Segel zu setzen« und loszufahren.

Und das tun sie jetzt auch.

8

Demografie-Management, und zwar nachhaltig

Verankern! ... bis Altern kein Thema mehr ist

» (Demografie-Management) angewendet heißt noch lange nicht beibehalten. (Konrad Lorenz) «

Das letzte Kapitel widmet sich der Sicherstellung der Nachhaltigkeit von betrieblichem Demografie-Management. Denn erfolgreich umgesetzte und angewendete Maßnahmen werden noch lange nicht beibehalten. Deshalb beschäftigen wir uns nun mit der nachhaltigen Gestaltung und Verankerung des Unternehmenswandels Demografie-Management »…bis Altern kein Thema mehr ist.« Wesentlich dabei ist die Verstetigung der neuen Demografie- bzw. alternsorientierten Strukturen und Prozesse im Unternehmen sowie deren Integration in den Arbeitsalltag. Letztlich geht es darum, Demografie-Management zu planen, spezifische Strukturen zu schaffen und diese Schritt für Schritt im Unternehmen wachsen zu lassen. Doch erfolgreiches Altern am Arbeitsplatz muss nicht nur geplant und strukturiert, sondern auch fortlaufend gesichert und verbessert werden, und zwar durch kontinuierliche Evaluation der Struktur-, Prozess- und Ergebnisqualität von betrieblichem Demografie-Management.

9.1   Demografie-Management planen und strukturieren…

Die Macht der Gewohnheit

Ihr Unternehmen bzw. die Unternehmensangehörigen haben also nach der Realisierung der sechs Säulen des erfolgreichen Demografie-Managements nun die Segel im Demografie-/Alterns-Sturm gesetzt und sind auch losgefahren. Heißt das jetzt, dass sie den richtigen Kurs im Unternehmenswandel Demografie-Management auch beibehalten werden? Nicht notwendigerweise. Wir kennen das nur zu gut von uns selbst: Nur weil wir einmal etwas Neues ausprobiert und angewendet haben, heißt das noch lange nicht, dass wir dieses Neue bzw. die Veränderung auch beibehalten. Nicht selten fallen wir in unser Gewohntes zurück, und das war es dann auch mit der Veränderung.

Demografie-Management in den Arbeitsalltag integrieren!

Dieses Problem hat aber nichts mehr mit Angst und Widerständen bzw. mit fehlender Akzeptanz und Vertrauen zu tun. Schließlich haben wir diese ja inzwischen ab- bzw. aufgebaut, und zwar durch alternsorientierte Personal- und Organisationsentwicklung in den Bereichen Alterns-Bewusstsein, -Qualifikation, -Motivation sowie Alterns-Kommunikation, -Führung und -Kultur (Realisierung der sechs Säulen des erfolgreichen Demografie-Managements). Doch damit eine Veränderung, wie der Unternehmenswandel Demografie-Management auch bleibt – in unserem Fall: damit die Unternehmensangehörigen den richtigen Kurs auch wirklich beibehalten –, muss diese unbedingt geplant und auch die entsprechenden Strukturen für den Wandel geschaffen werden.

Isoliert eingeführtes Demografie-Management hat ein kurzes Ablaufdatum.

Der Unternehmenswandel Demografie-Management bzw. die alternsorientierte Gestaltung einer Organisation und ihrer Arbeitsprozesse ist kein zeitlich begrenztes Projekt. Denn es geht darum,

Demografie-Management in das Unternehmen bzw. in seine täglichen Abläufe und Entscheidungen, d. h. in den Arbeitsalltag, zu integrieren. Ein isoliert eingeführtes Demografie-Management hat ein ziemlich kurzes Ablaufdatum. Die erfolgreiche Umsetzung, Anwendung und Beibehaltung von Demografie-Management braucht deshalb eine sorgfältige Planung und vor allem Strukturbildung, um die Demografie- bzw. altersorientierten Maßnahmen im Unternehmen nachhaltig zu verstetigen.

Leider gibt es keine allgemeingültigen Pläne und Strukturen für die nachhaltige Umsetzung von betrieblichem Demografie-Management. Schließlich muss jedes Demografie-Management zum jeweiligen Unternehmen und seiner eigenen spezifische Unternehmenswelt bzw. zu seinen Rahmenbedingungen und Ressourcen auch passen. Es braucht also eine maßgeschneiderte Planung und Strukturbildung. Trotzdem lassen sich Grundsätze formulieren, die Unternehmen helfen, ihr Demografie-Management bzw. das Altern am Arbeitsplatz konkret und realisierbar zu planen und zu strukturieren (◘ Tab. 9.1).

Demografie-Management braucht maßgeschneiderte Planung und Strukturbildung.

Mit »Planen und Strukturieren« von betrieblichem Demografie-Management ist also nicht nur ein realistisch durchführbarer Zeitplan gemeint. Primär geht es nämlich um die Festlegung von finanziellen und personellen Ressourcen und Verantwortlichkeiten, d. h. um die Budgetplanung und -sicherung sowie um die Strukturplanung und -bildung.

Ressourcen und Verantwortlichkeiten festlegen!

Da personale und organisationale Veränderungen im Unternehmen immer Geld kosten, kostet auch der Aufbau eines nachhaltigen Demografie-Managements Geld. Demografie-Management braucht deshalb eine frühzeitige Budgetplanung und -sicherung, damit die notwendigen Mittel rechtzeitig zur Verfügung stehen und die erforderlichen Planungs-, Analyse-, Entwicklungs-, Umsetzungs- und Qualitätsmanagement-Prozesse finanziert werden können. Die Möglichkeiten reichen von der Einrichtung eines eigenen Demografie-Management Budgets im Jahresplan, über die Nutzung vorhandener Budgets (z. B. für bestehende Personalmaßnahmen, die im Sinne von Demografie-Management angepasst werden können) bis hin zu Forschungs-Praxis-Kooperationen, die externe personelle Ressourcen sowie kostengünstiges, jedoch qualitativ hochwertigstes *Know-How* schaffen.

Ein Demografie-Management Budget planen und sichern!

Die Verstetigung von Demografie-Management bzw. die Sicherung seiner Nachhaltigkeit im Unternehmen erfordert jedoch nicht nur finanzielle, sondern auch personelle Ressourcen und die Festlegung von Verantwortlichkeiten, d. h. Strukturplanung, -bildung. Dazu empfiehlt sich die Einrichtung einer eigenen Stelle, die zuständig ist für das Demografie-Management im Unternehmen (natürlich in enger Zusammenarbeit mit den einzelnen Unternehmensbereichen) – und zwar nicht nur für die Koordination der Planungs-, Analyse-, Entwicklungs- und Umsetzungsprozesse, sondern auch danach für die fortlaufende Sicherung und Verbesserung der umgesetzten Maßnahmen (Demografie- bzw. altersorientiertes Qualitätsmanagement, inklusive Budgetkontrolle,

Demografie-Management braucht einen Beauftragten!

9

▣ Tab. 9.1   Aufbau eines betrieblichen Demografie-Managements: Grundsätze für den Ablauf

Begleitendes, alternsorientiertes Change-Management (6 Säulen des erfolgreichen Demografie-Managements)	Demografie-Management
	Startphase: Unternehmensleitung vergibt den Auftrag zum Aufbau eines unternehmensweiten Demografie-Managements
Sensibilisieren: (Demografie-orientierte Personalentwicklung) Realisierung der Säule 1: Alterns-Bewusstseinsbildung	
Qualifizieren, Motivieren (Demografie-orientierte Personalentwicklung) Realisierung der Säulen 2 und 3: Entwicklung der Alternskompetenz und Alternsmotivation **Kommunizieren, Führen, Kultivieren** (Demografie-orientierte Organisationsentwicklung) Realisierung der Säulen 4, 5, 6: Entwicklung der Alternskommunikation, -führung und -kultur; Partizipation (alle Geschäftsbereiche, Unternehmensleitung, Betriebsrat) **Unternehmen ist »ready« für Demografie-Management** (Ängste und Widerstände sind abgebaut, Akzeptanz und Vertrauen aufgebaut)	**Planungs-, Analyse- und Entwicklungsphase** **Planung** einer Demografie-Management Strategie, die an alle Unternehmensangehörigen kommuniziert wird: – Budgetplanung und –sicherung – Strukturplanung und –bildung – Zeitplanung (inkl. Meilensteine) **Analyse** (1) der aktuellen Altersstruktur und Prognose ihrer zukünftigen Entwicklung (für einzelne Bereiche, Abteilungen, Arbeitsgruppen, Standorte) sowie (2) altersspezifische Kennzahlen-Analyse (mit Bezug zu Kapazität, Produktivität: z. B. Fluktuationsraten; Fehlzeiten; Frühpensionierungsraten; Stellenvakanzen und -besetzungen; Beteiligung an Weiter-bildungs-, Gesundheitsmaßnahmen (Weiterbildungsquoten); Altersdiversitätsgrade; Mitarbeiterzufriedenheit) **& Identifikation** von Handlungsfeldern, -bedarf für die verschiedenen Altersgruppen sowie Festlegung der Ziele bzw. der Erfolgs-/Qualitätskriterien für die Evaluation (siehe Punkt 8.) **Entwicklung** entsprechender Maßnahmen (inkl. Erprobung, Bewertung, Auswahl in Pilotprojekten) **WICHTIG:** – Maßnahmen sollten bedarfsorientiert, individuell anpassbar, wirksam und einfach umzusetzen sein; – Maßnahmen müssen nicht unbedingt neu erfunden werden, um einem erfolgreichen Altern am Arbeitsplatz gerecht zu werden; es geht um eine Demografie- bzw. alternsorientierte Optimierung der bereits bestehenden Strukturen, Prozesse und Instrumente (insb. in den Bereichen: Unternehmensstrategie sowie alle Führungs- und Organisationsthemen (inkl. Kommunikation, Kultur); Personalmanagement (Strategie, Planung, Gewinnung, Auswahl, Bindung, Engagement, Führung, Entwicklung, Talent- und Gesundheits-Management); Gestaltung von Arbeit (Platz, Inhalt, Zeit, Sicherheit), Laufbahn & Gratifikation; Wissensmanagement; Management von Diversity und Work-Life-Balance Konzepte

☐ **Tab. 9.1** Fortsetzung

Falls die sechs Säulen des erfolgreichen Demografie-Managements noch nicht in den vorherigen Phasen realisiert wurden, sollte dies spätestens zu Beginn und zur Begleitung der Umsetzungsphase erfolgen!	**Umsetzungsphase** **Planung einer Demografie-Management Umsetzungs-strategie** (nur falls noch nicht unter 2. erfolgt!), die an alle Unternehmensangehörigen kommuniziert wird: – Budgetplanung und –sicherung – Strukturplanung und –bildung – Zeitplanung (inkl. Meilensteine) – Bedarfsorientierte Umsetzung der Maßnahmen in ausgewählten, einzelnen Unternehmensbereichen (Pilot-Umsetzung) und dann im gesamten Unternehmen (Umsetzung der Maßnahmen in den Regelbetrieb) **WICHTIG:** – für frühe Erfolge bzw. »*quick wins*« sollten zu Beginn erst kleinere, leicht und kurzfristig umzusetzende sowie kostengünstigere Maßnahmen umgesetzt werden – entscheidend ist dabei auch die Analyse der Reaktionen, des Feedbacks der Unternehmensangehörigen – darauf aufbauend können aufwendigere Maßnahmen entsprechend angepasst und erfolgreicher umgesetzt werden Jeder Bereich bedient sich der Maßnahmen individuell, nach seinen eigenen Bedürfnissen und Besonderheiten Evaluation zur Sicherung & Verbesserung der Struktur-, Prozess-, Ergebnisqualität von betrieblichem Demografie-Management anhand festgelegter Erfolgs-/Qualitäts-kriterien (Demografie- bzw. altersorientiertes Qualitäts-management)

Berichtswesen und Kommunikation). Es geht um die Ernennung eines verantwortlichen »Demografie- bzw. Alterns-Beauftragten« sowie die Etablierung eines ihm unterstehenden »Alterns-Ausschusses« (bzw. »Alterns-Zirkel«, ▶ Kap. 8, »Alternskultur verankern«). Bei der Zusammensetzung dieses Alterns-Gremiums ist unbedingt darauf zu achten, dass Schlüsselpersonen bzw. »*opinion leader*« im Unternehmen ausgewählt werden, die aufgrund ihrer Position in Bezug auf Macht und Vertrauen als wichtige Ansprechpartner vor Ort und Multiplikatoren im Demografie-Management fungieren können. Dazu gehören Mitglieder der Unternehmensleitung und Arbeitnehmervertretung (ggf. auch des Aufsichtsrates) sowie Schlüssel-Führungskräfte und -Mitarbeiter, aber auch Betriebsärzte und Behinderten-, Gleichstellungs- oder Gesundheits- und Sicherheitsbeauftragte. Außerdem sollten insbesondere der Alterns-Beauftragte, aber auch der gesamte Alterns-Ausschuss, für die Übernahme der neuen Verantwortlichkeiten qualifiziert und vor allem keiner unfreiwillig damit betraut werden – ansonsten fehlt es am notwendigen *Know-How*, Einsatz und Engagement.

Wenn es nicht möglich ist, eine eigene Stelle für das Demografie-Management einzurichten oder diese intern mit einem Alterns-Beauftragten zu besetzen, dann empfiehlt sich die Einbeziehung externer Alterns-Experten. Außerdem bringen sie Erfahrungen und vor

Externe Alternsexperten einbeziehen!

9

Demografie-Management in die Management-/Zielvereinbarungssysteme integrieren!

Demografie-Management in die Betriebsvereinbarungen/ Leitlinien aufnehmen!

allem das Spezialwissen mit, das im Unternehmen nicht so ohne weiteres vorgehalten werden kann. Zudem sind sie »unbelastete« Dritte, die häufig auch mehr Glaubwürdigkeit und Überzeugungskraft haben: Die Neutralität, Objektivität und Unabhängigkeit externer Alterns-Experten ist vor allem im Unternehmenswandel Demografie-Management von Vorteil, wo wir es mit besonders kritischen Veränderungsprozessen und erheblichen Widerständen zu tun haben. Schließlich umgehen Sie mit der Beauftragung Externer auch die Gefahr der Betriebsblindheit; Sie bekommen von ihnen die »ungeschminkte Wahrheit« sowie neue Perspektiven und Lösungen. Als besonders neutral, objektiv und unabhängig gelten Wissenschaftler, die praxisnah arbeiten und ihre Expertise Unternehmen zur Verfügung stellen. Außerdem sind ihre Leistungen individualisiert, und sie genießen meist besondere Akzeptanz und Vertrauen unter allen Unternehmensangehörigen.

Eine weitere Möglichkeit der Strukturbildung zur Verstetigung von Demografie-Management im Unternehmen ist die Integration der umzusetzenden bzw. umgesetzten Maßnahmen in die bestehenden Management- und Zielvereinbarungssysteme aller Führungskräfte. Dabei geht es primär um die Aufnahme alternsorientierter Parameter bzw. Kennzahlen (◘ Tab. 9.1) sowie um die, für jeden sichtbare, Honorierung der Führungskräfte bzw. ihrer Bereiche, wenn die alternsorientierten Ziele erreicht wurden (z. B. Erreichen der festgelegten Weiterbildungsbeteiligung aller Mitarbeiter über 50). Trotzdem können, wie bereits gesagt, alternsorientierte Kennzahlen nie die ökonomische Kennzahl bei der jährlichen Führungskräfte-Beurteilung ersetzen (und sollten das auch gar nicht!). Jedoch werden sich alternsorientierte Kennzahlen ohnehin mittel- und langfristig in den ökonomischen Kennzahlen niederschlagen – Demografie-Management ist schließlich ökonomische Notwendigkeit.

Schließlich sollte Demografie-Management nicht nur in die Management- und Zielvereinbarungssysteme der Führungskräfte aufgenommen werden, sondern auch in die handlungsleitenden Betriebsvereinbarungen und Leitlinien eines Unternehmens. So könnte z. B. eine Betriebsvereinbarung über die regelmäßige Weiterbildung aller Mitarbeiter bzw. Führungskräfte über 50 abgeschlossen und in den Unternehmensleitlinien festgelegt werden, dass die Rekrutierung, Auswahl und Entwicklung von Mitarbeitern und Führungskräften unabhängig von ihrem Alter zu erfolgen hat (► Kap. 8, »Alternskultur verankern«). Entscheidend ist natürlich, dass die Umsetzung der Betriebsvereinbarungen und Leitlinien durch regelmäßiges Monitoring auch überwacht und damit kontrolliert wird.

Und genau dieses Thema des Überwachens bzw. Kontrollierens bringt uns zum zweiten wichtigen Pfeiler der Verankerung von betrieblichem Demografie-Management: Nachhaltiges Demografie-Management muss nämlich nicht nur geplant und strukturiert, sondern auch gesichert und verbessert werden.

9.2   …aber auch sichern und verbessern

Die Verstetigung von betrieblichem Demografie-Management erfordert auch ein fortlaufendes Sichern und Verbessern seiner Qualität. Denn die Qualität im Demografie-Management stellt sich nicht
von alleine ein. Im Sinne eines Demografie- bzw. alternsorientierten
Qualitätsmanagements muss sie durch das Engagement des gesamten
Unternehmens und seiner Angehörigen erarbeitet werden, und zwar
nicht nur einmal, sondern immer wieder. Die Basis dieses kontinuierlichen Qualitätssicherungs- und verbesserungsprozesses im Demografie-Management bildet die Evaluation (▶ Overview »Evaluation im
Demografie-Management: Die Struktur-, Prozess- und Ergebnisqualität sichern und verbessern«).

Qualität im Demografie-Management kommt nicht von alleine.

**Evaluation im Demografie-Management: Die Struktur-,
Prozess-, Ergebnisqualität sichern und verbessern**
Evaluation im betrieblichen Demografie-Management meint die
systematische Bewertung bzw. Überprüfung der…
- …Strukturqualität (personelle, finanzielle Ressourcen und
  Strukturen des Demografie-Managements),
- der Prozessqualität (Maßnahmen, Abläufe und Leitlinien des
  Demografie-Managements)
- sowie der Ergebnisqualität: Effektivität (Wirkung) und Effizienz (Kosten-Nutzen-Verhältnis nach ökonomischem Prinzip)
  der verschiedenen Maßnahmen des Demografie-Managements,…
…und zwar im Hinblick auf definierte, vorher festgelegte Ziele
bzw. Qualitätskriterien.
  Entscheidend ist, dass diese Evaluation nicht erst nach Abschluss der Umsetzungsphase durchgeführt wird (gesamthafte
oder summative Evaluation), sondern bereits schon währenddes-
sen (begleitende oder formative Evaluation).
  Außerdem sollte die Evaluation nicht nur einmalig erfolgen,
sondern zu einem festen und kontinuierlichen Bestandteil eines
jeden betrieblichen Demografie-Managements gemacht werden.
Nur so kann dessen Struktur-, Prozess- und Ergebnisqualität fortlaufend sichergestellt und verbessert werden – bereits während,
aber auch lange nach seiner Umsetzung.
  Und das ist absolut entscheidend, um Demografie-Management maximal wirksam, und unter Berücksichtigung eines gesun-
den Kosten-Nutzen-Verhältnisses, im Unternehmen nachhaltig zu
verankern.

Erfahrungsgemäß werden jedoch solche Qualitätssicherungs-
und -verbesserungsprozesse am häufigsten vernachlässigt. Viele
Unternehmen verzichten auch auf die regelmäßige Evaluation der

Strukturen, Prozesse und
Ergebnisse von Demografie-Management evaluieren!

Struktur-, Prozess- und Ergebnisqualität von betrieblichem Demografie-Management. Die Gründe sind vielfältig: Für die meisten scheint der Effekt bzw. Nutzen Demografie-orientierter Maßnahmen auf der Hand zu liegen – warum also nochmals überprüfen, geschweige denn verbessern? Außerdem könnten sich die Maßnahmen als weniger wirksam zeigen als erwartet. Die Strukturen und Prozesse von betrieblichem Demografie-Management werden meist deshalb nicht überprüft bzw. verbessert, weil ihre Bedeutung für die Effektivität und Effizienz Demografie-orientierter Maßnahmen oft unterschätzt wird. Außerdem fehlt es häufig auch an der notwendigen Methodenkompetenz und an geeigneten Evaluationsinstrumenten. Viele fürchten sich auch vor einer Bürokratisierung ihres Demografie-Managements sowie vor umständlichen Messungen und unüberschaubaren Statistiken. Schließlich stehen häufig auch ganz einfach keine Ressourcen mehr zur Verfügung. Ein weiteres Problem ist, dass sich betriebliches Demografie-Management jeglicher Kosten-Nutzen-Betrachtungsweise zu entziehen scheint. Die notwendigen Investitionen amortisieren sich nicht in kurzer Zeit, und der ökonomische Nutzen ist schwer messbar. Dies gilt insbesondere für Maßnahmen mit präventivem Charakter, deren Wirksamkeit sich erst auf lange Sicht zeigt – was sich auch nicht immer in »Zahlen« bzw. in ökonomischem Erfolg niederschlägt. Überhaupt gestaltet sich eine Evaluation der Ergebnisqualität Demografie-orientierter Maßnahmen oftmals als problematisch, da die Effekte nicht immer direkt messbar sind und Kausalbeziehungen hergestellt werden können. Die Dauer des Wirkungseintritts einer Demografie-orientierten Maßnahme bestimmt daher auch den Zeitpunkt der Evaluation (z. B. bereits nach einigen Wochen, Monaten oder erst nach ein oder zwei Jahren). Für dessen Bestimmung sollten Erfahrungswerte und wissenschaftliche Erkenntnisse herangezogen werden, damit Maßnahmen nicht zu früh fälschlicherweise abgesetzt oder angepasst werden.

Demografie-Management und Kosten-Nutzen-Analysen

Nichts desto trotz zeigen erste Kosten-Nutzen-Analysen von betrieblichem Demografie-Management, dass – ähnlich wie beim betrieblichen Gesundheitsmanagement – pro investiertem Euro nach einigen Jahren ca. 3-5 Euro zurück fließen (insb. wegen reduzierter Kosten aufgrund von Fehlzeiten, Arbeitsunfähigkeit und Fluktuation sowie gesteigerter Produktivität). Der objektive ökonomische Nutzen von Demografie-Management kann zwar erst langfristig nachgewiesen werden, doch ist es meist nur dieses Erfolgskriterium, das Demografie-Management als obligatorische Führungs- bzw. Management-Aufgabe in die Prozesse eines Unternehmens integrieren kann. Allerdings sollte der nachgewiesene ökonomische Nutzen nicht als einziges Erfolgskriterium bei der Ergebnisevaluation (bzw. Messung der Ergebnisqualität) Demografie-orientierter Maßnahmen angewendet werden. Denn dieses »harte« Kriterium würde den Zielen eines betrieblichen Demografie-Managements bzw. seinem Anspruch nicht gerecht werden. Erfolgreiches Demografie-Management hat nicht nur betriebswirtschaftliche Ziele, sondern erfüllt auch eine sozial-ethische Mitverantwortung – und hat damit auch individuelle und gesellschaftliche Ziele (▶ Kap. 1, Overview »Demografie-Management: Ökonomischer, individueller und sozialer Nutzen«).

Besonders wichtig ist deshalb auch der subjektiv erlebte Nutzen bzw. die Zufriedenheit der Unternehmensangehörigen mit den Demografie-orientierten Maßnahmen. Der subjektive Nutzen muss auch nicht immer mit dem objektiv messbaren Nutzen übereinstimmen; es gibt auch Maßnahmen mit geringen objektiven Effekten, die aber als äußerst nützlich erlebt werden und die Zufriedenheit der Unternehmensangehörigen enorm steigern. Dieses »weiche« Kriterium ist auch bereits kurzfristig messbar und spürbar, was vor allem zu Beginn der Umsetzungsphase äußerst wichtig ist. Außerdem fördert es die Alterns-»*Readiness*« der Unternehmensangehörigen, was die Umsetzung weiterer Maßnahmen erheblich erleichtert. Die Zufriedenheit der Mitarbeiter bzw. Führungskräfte mit dem betrieblichen Demografie-Management hat einen zentralen Einfluss auf die Anwendung, Beibehaltung und die Ergebnisse seiner Maßnahmen – und sollte deshalb unbedingt mit einem »Demografie-Management Zufriedenheitsinventar« gemessen werden.

Die Ziele bzw. die Erfolgs-/Qualitätskriterien für die Evaluation der Struktur-, Prozess- und Ergebnisqualität von betrieblichem Demografie-Management sollten unbedingt bereits in der Planungsphase, spätestens jedoch vor der Umsetzung der jeweiligen Maßnahme genau definiert und festgelegt werden, und zwar als quantitative bzw. qualitative Kennzahlen (z. B. Ziel: »Erhöhung der Qualifikation der über 50jährigen Mitarbeiter«, Kennzahl: »Weiterbildungsquote«). Dementsprechend umfassen die Evaluationsmethoden auch unterschiedliche qualitative und quantitative Kennzahlen und Datenquellen (z. B. qualitative Mitarbeiterbefragungen zur Messung der subjektiven Mitarbeiterzufriedenheit; quantitative Erhebung objektiver HR-Daten wie Krankenstand, Fluktuationsraten). Letztlich geht es hier um den Vergleich der festgestellten Ist-Größen mit vorher festgelegten Ziel- bzw. Soll-Größen (z. B. Ist-Größe der Frühpensionierungsrate der 55- bis 65jährigen liegt bei 60 %, die Soll-Größe bei 10 %). Entscheidend ist auch, dass der Aufwand der Evaluation nicht größer ist, als der Aufwand der umzusetzenden Demografie-orientierten Maßnahmen. Außerdem sind manche Effekte von betrieblichem Demografie-Management wirklich so deutlich, dass sie auch ohne aufwändige Evaluationsinstrumente nachgewiesen werden können (z. B. durch einfache Kurzbefragungen/-feedbacks unmittelbar nach der Durchführung einer Schulungsmaßnahme: Teilnehmeranzahl? Zufriedenheit mit dem Ablauf, Inhalt? Verbesserungsbedarf?). Ebenso, wie die Ziele bzw. Erfolgs-/Qualitätskriterien und die Kennzahlen, sollten auch die Evaluationsmethoden unbedingt bereits in der Planungsphase und wieder spätestens vor der Umsetzungsphase festgelegt werden.

Die Verantwortlichkeiten für die Qualitätssicherung und -verbesserung (basierend auf regelmäßigen Evaluierungen) liegen, wie bereits erwähnt, bei dem Alterns-Beauftragten und seinem Alterns-Ausschuss. Sie sind auch dafür zuständig, ein internes

Das Demografie-Management Zufriedenheitsinventar

Ziele bzw. Erfolgs-/Qualitätskriterien im Demografie-Management bereits früh definieren!

Alternsorientiertes Qualitätsmanagement braucht Verantwortlichkeiten!

Kommunikations- bzw. Alterns-Berichtswesen aufzubauen, das regelmäßig und zielgruppenspezifisch über die Evaluationsergebnisse sowie über den identifizierten Verbesserungsbedarf in Bezug auf die Strukturen, Prozesse und Ergebnisse des Demografie-Managements informiert (z. B. jährliche Veröffentlichung eines Alternsberichts und Reporting an die verschiedenen Zielgruppen, insb. Unternehmensleitung, Arbeitnehmervertreter, Mitarbeiter, Führungskräfte).

Demografie-Management kontinuierlich an aktuelle, zukünftige Trends anpassen!

Die nachhaltige Verankerung von Demografie-Management im Unternehmen erfordert – zusätzlich zur Evaluation der Struktur-, Prozess- und Ergebnisqualität – auch ein kontinuierliches Monitoring der aktuellen und zukünftigen externen Einflüsse bzw. Rahmenbedingungen eines Unternehmens. Damit sind wirtschaftliche, gesellschaftliche, aber auch politische bzw. gesetzliche Trends und Entwicklungen gemeint (z. B. Veränderungen der Arbeits-/Absatzmärkte, des gesellschaftlichen Stellenwerts von Familie und Freizeit im Vergleich zum Beruf, des Renteneintrittsalters), die Anpassungen der Strukturen, Prozesse und Maßnahmen des Demografie-Managements notwendig machen können. Schließlich sollen die festgelegten Erfolgs-/Qualitätskriterien ja auch trotz neuer Trends und Entwicklungen weiterhin erfüllt werden. Dazu muss ein Unternehmen jedoch regelmäßig überprüfen, ob es angesichts solcher Einflüsse mit dem aktuellen Demografie-Management noch »in die richtige Richtung segelt«, oder ob eben Veränderungen erforderlich sind. Dazu sollten Unternehmen auch immer über die Praxis des betrieblichen Demografie-Managements ihrer Wettbewerber Bescheid wissen (z. B. durch Austausch in Netzwerken; Best-Practice-Vergleiche; wissenschaftliche Beratung). Um nachhaltig erfolgreiches Demografie-Management betreiben zu können, braucht es also einen kontinuierlichen Evaluationsprozess, der auch relevante externe Einflüsse bzw. Rahmenbedingungen berücksichtigt.

Normen für Qualitätssicherung und -verbesserung von betrieblichem Demografie-Management

Zur Etablierung eines Qualitätsmanagementsystems haben Unternehmen eine ganze Reihe verschiedener Qualitätsmanagement-Normen bzw. -Standards zur Verfügung. Speziell für die Qualitätssicherung und -verbesserung von betrieblichem Demografie-Management gibt es allerdings bisher noch keine allgemein verbindliche Norm. Jedoch weisen die beiden bekanntesten Qualitätsmanagementmodelle, das EFQM-Modell (der *European Foundation for Quality Management*) sowie die DIN EN ISO 9001 (der *International Organization for Standardization*), Bezug zum Thema Altern auf – und zwar nicht nur in personalbezogenen, sondern auch in allgemeinen prozess- und ergebnisbezogenen Kriterien. Zur Sicherung und Verbesserung der Qualität von betrieblichem Demografie-Management haben Unternehmen also die Möglichkeit, diese Modelle Demografie-orientiert anzupassen.

Demografie-Management zertifizieren lassen!

Außerdem können sich Unternehmen seit Kurzem auch in Bezug auf ihr Demografie-Management freiwillig zertifizieren lassen. In Deutschland gibt es seit 2010 ein Qualitätssiegel für altersgerechte Personalentwicklung, nämlich das sog. AGE CERT. Dieses Siegel wurde im Rahmen einer Initiative der Marie-Luise und Ernst Becker Stiftung, in Kooperation mit dem Zentrum für Alter und Arbeit der Universität Vechta, entwickelt; es soll vorbildliche Ansätze in der altersgerechten Personalentwicklung sichtbar machen und auszeichnen. Außerdem dient das AGE CERT nicht nur als Instrument zur Bewertung der Personalentwicklung eines Unternehmens, sondern hilft auch, Verbesserungsmöglichkeiten zu identifizieren und aufzuzeigen. In Österreich wird vom Bundesministerium für Arbeit, Soziales und Konsumentenschutz ein Gütesiegel für alterns- und generationengerechte Arbeitsgestaltung verliehen, das sog. NESTOR GOLD. Entwickelt wurde dieses Gütesiegel ebenfalls im Jahre 2010, und zwar gemeinsam mit dem Bundesministerium für Wirtschaft, Familie und Jugend, den Sozialpartner-Organisationen und dem Arbeitsmarktservice. Ähnlich, wie das AGE CERT, ist NESTOR GOLD nicht nur ein Bewertungsinstrument, sondern auch Handlungsleitfaden. Ein weiteres wichtiges Instrument zur Beurteilung und Verbesserung alternsgerechter Maßnahmen in den Bereichen Gesundheitsförderung, Personalentwicklung, Arbeitsgestaltung und Führung ist der sog. »*Work Ability Index* (WAI)« (Arbeitsbewältigungsindex); dieser wurde bereits in den 1980er Jahren am *Finnish Institute of Occupational Health* entwickelt und inzwischen in etwa 25 Sprachen übersetzt.

Doch unabhängig davon, welche Wege Unternehmen bei der Sicherung und Verbesserung ihres Demografie-Managements gehen, geht es letztlich darum, betriebliches Demografie-Management zum verbindlichen Bestandteil der bestehenden Qualitätssicherung und -verbesserung zu machen. In anderen Worten: Es geht um die Förderung eines kontinuierlichen Sicherungs- und Verbesserungsprozesses des betrieblichen Managements des demografischen Wandels bzw. des Alter(n)s und der Generationen am Arbeitsplatz.

Schlusswort: Neues Altern, neues Selbstverständnis

An dieser Stelle möchte ich Ihnen für Ihr besonderes Veränderungsvorhaben Demografie-Management besonders viel Erfolg wünschen.

Außerdem möchte ich Ihnen zum Abschluss noch eine provokante Erkenntnis mit auf den Weg geben, die Mark Twain nicht trefflicher hätte formulieren können:

» Age is an issue of mind over matter. If you don't mind, it doesn't matter. «

Age is an issue of mind over matter. If you don't mind, it doesn't matter.

Wenn uns das Alter bzw. das Altern und Älterwerden »nichts ausmacht«, dann »macht es auch nichts aus«. Diese Erkenntnis ist aktueller und richtiger denn je, auch unter wissenschaftlichen Gesichtspunkten.

Neues Altern braucht ein neues Selbstverständnis!

Deshalb sollte das übergeordnete Ziel eines jeden betrieblichen Demografie-Managements sein, dass das Altern der Belegschaften am Arbeitsplatz bzw. im Unternehmen »nichts ausmacht«, dass es zu einem neuen Selbstverständnis wird und damit auch »kein Thema mehr ist:« Anstatt ums Altern, geht es nur noch um den einzelnen Menschen, d. h. um seine individuellen, beruflichen *und* privaten Bedürfnisse und Interessen (die es zu berücksichtigen gilt!), Stärken und Potenziale (die es zu maximieren und nutzen gilt!) sowie auch um seine individuellen Schwächen und Risiken (die es zu minimieren gilt!).

Demografie-Management verankern, bis Altern kein Thema mehr ist: Denn letztlich zählt der Einzelne.

Und genau das gilt es im Sinne einer Unternehmensphilosophie in den Strukturen, Steuerungs- und Planungsprozessen eines Unternehmens zu verankern: Altern managen im Unternehmen heißt letztlich nichts anderes, als individuelle Lebens- und Berufsphasen sinnvoll miteinander zu verbinden – und zwar in einer ausgewogenen lebenslangen Balance von Lernen, Arbeiten und Erholen.

Altern: Organisationen & Ressourcen

Weltweit gibt es zahlreiche Organisationen, die sich den verschieden-artigen Herausforderungen des Alternsphänomens widmen. Nach-folgend finden Sie eine Auswahl einiger exzellenter Ressourcen (ohne den Anspruch der Vollständigkeit zu erheben), um mehr über die transformationellen Aspekte des Alterns herauszufinden.

American Association of Retired Persons (AARP)

ActiveAge

The Age and Employment Network (TAEN)

Ageing Well Network

Age Platform Europe

Allianz Demographic Pulse

American Aging Association

American Association of Homes and Services for the Aging: Ins-titute for the Future of Aging Services

American Federation for Aging Research

American Geriatrics Society

American Society on Aging

Arbeit und Alter (Industriellenvereinigung, Bundesarbeiter-kammer, Wirtschaftskammer Österreich, Österreichischer Gewerk-schaftsbund)

Association for Education and Ageing

Axa Global Forum for Longevity

Bundesarbeitsgemeinschaft der Senioren-Organisationen (BAGSO)

Berliner Demografie Forum

Bertelsmann Stiftung: Demographischer Wandel

British Geriatrics Society

British Society of Gerontology

Bundesministerium für Familie, Senioren, Frauen und Jugend: Wirtschaftsfaktor Alter

Bundesministerium für Arbeit, Soziales und Konsumentenschutz (BMASK): Nestor Gold

Bundesministerium für Bildung und Forschung: Die demografi-sche Chance

Canadian Association on Gerontology

Center for Generational Studies

Center for Strategic & International Studies (CSIS): Global Aging Initiative

Centre for Policy on Ageing

Council on Foreign Relations (CFR): Population & Demography

Deutsches Zentrum für Altersfragen (DZA)

Demografie Netzwerk (ddn)

Economist Intelligence Unit

European Foundation for the Improvement of Living and Wor-king Conditions

European Research Area in Ageing

Fraunhofer-Institut für Arbeitswirtschaft und Organisation

Generali Zukunftsfonds

Gerontological Society of America
Global Coalition on Aging
Hans Böckler Stiftung: Demografischer Wandel
HelpAge International
Initiative Neue Qualität der Arbeit (INQA)
Institut für Gerontologie der TU Dortmund
Institut für Gerontologie der Universität Heidelberg
Institut für Gerontologie der Universität Vechta, Zentrum für Arbeit und Alter
Institut für Psychogerontologie
International Coalition for Aging and Physical Activity
International Federation on Ageing
International Longevity Centre (UK, USA)
Jacobs Center on Lifelong Learning and Institutional Development
Körber Stiftung: Potenziale des Alters
Marie-Luise und Ernst Becker Stiftung, AGE CERT
Massachusetts Institute of Technology (MIT): AgeLab
Max-Planck-Institut für demografische Forschung
National Council on Aging
National Institute on Aging (National Institutes of Health)
Österreichische Plattform für Interdisziplinäre Altersfragen (ÖPIA)
The Oxford Institute of Population Ageing
The Philips Centre for Health and Well-being: Aging Well
Population Association of America
Psychologische Alternsforschung der Universität Heidelberg
RAND Health
Robert Bosch Stiftung: Beruf und Alter
Schweizer Staatssekretariat für Wirtschaft (SECO): Ältere Arbeitnehmer
Stanford Center on Longevity
United Nations Programme on Ageing
United Nations Population Fund
World Demographic and Ageing Forum
World Health Organization: Ageing and Life Course
WAI-Netzwerk Deutschland & Österreich
Work/Life Center (National Institutes of Health)
Zentrum für Gerontologie der Universität Zürich

- **Medien:**
Activities, Adaptation, Aging
Age
Age & Ageing
Ageing & Society
Ageing Horizons
Ageing International
Aging
Aging & Mental Health
Aging Cell

Aging: Clinical and Experimental Research
Aging Male
Aging, Neuropsychology, & Cognition
Biogerontology
Canadian Journal on Aging
Clinical Gerontologist
Demography
European Geriatric Medicine
European Journal of Ageing
European Journal of Population
Experimental Aging Research
Experimental Gerontology
Generations
Gerontologist
Gerontology & Geriatrics Education
Gerontology
Global Ageing Issues & Action
The Guardian: Science / Ageing
International Journal of Aging & Human Development
International Journal of Education and Ageing
Journal of Aging & Health
Journal of Aging & Physical Activity
Journal of Aging & Social Policy
Journal of Aging Studies
Journals of Gerontology
Journal of Intergenerational Relationships
Journal of Nutrition in Gerontology and Geriatrics
Journal of Population Ageing
Journal of the American Geriatrics Society
Journal of Women & Aging
Neurobiology of Aging
New York Times: The New Old Age Blog
Population Studies A Journal of Demography
Psychology & Aging
Research on Aging
Zeitschrift für Gerontologie und Geriatrie

Literaturhinweise

Adecco Institute (2012). Adecco staffing mature worker survey. London.

Adecco Institute (2007). Sind Europas Unternehmen auf die demografische Herausforderung vorbereitet? Die demografische Fitness-Umfrage 2007. London.

Anderson L et al. (2009). Promoting cognitive health in diverse populations of
older adults (special issue). Gerontologist, 49, 1-111.

Baltes PB, Baltes MM (1990). Successful aging: Perspectives from the behavioral
sciences. Cambridge: Cambridge University Press.

Beard JR et al. (2011). Global population ageing: Peril or promise? Geneva: World
Economic Forum.

Bedell G, Young R (Hrsg.) (2009). The new old age. Perspectives on innovating our
way to the good life for all. London: The LAB Innovating Public Services

Berner F, Rossow, J, Schwitzer KP (2012). Individuelle und kulturelle Altersbilder:
Expertisen zum 6. Altenbericht der Bundesregierung (Band 1). Wiesbaden:
Springer VS.

Berner F, Rossow J, Schwitzer KP (2012). Altersbilder in der Wirtschaft, im Gesund-
heitswesen und in der pflegerischen Versorgung: Expertisen zum 6. Altenbericht der Bundesregierung (Band 2). Wiesbaden: Springer VS.

Bertelsmann Stiftung (2010). Demografischer Wandel verändert den Erwerbsper-
sonenmarkt. Gütersloh.

Bertelsmann Stiftung (2005). Erfolgreich mit älteren Arbeitnehmern: Strategien
und Beispiele für die betriebliche Praxis, 3. Auflage. Gütersloh.

Bielak A (2010). How can we not 'lose it' if we still don't understand how to 'use
it'? Unanswered questions about the influence of activity participation on
cognitive performance in older age. Gerontology, 56, 507–519.

Bögel J, Ferichs F (2011). Betriebliches Alters- und Alternsmanagement: Handlungsfelder, Maßnahmen und Gestaltungsanforderungen. BOD.

Bortz WM (2007). We live too short and die too long: How to achieve and enjoy
your natural 100-year-plus life span. New York: Select Books.

Bortz WM, Stickrod R (2010). The roadmap to 100: The breakthrough science of
living a long and healthy life. New York: Palgrave.

Boston Consulting Group (2011). Global aging: How companies can adapt to the
new reality.

Boston Consulting Group (2011). Turning the challenge of an older workforce into
a managed opportunity.

Booz & Company (2011). New Demographics: Shaping a prosperous future as
countries age.

Booz & Company (2008). Smart workforce management: How to successfully
address changing demographics.

Bortz J, Döring N (Hrsg.) (2006). Forschungsmethoden und Evaluation für Human-
und Sozialwissenschaftler, 4. Auflage. Berlin: Springer.

Braedel-Kühner C (2005). Individualisierte, alternsgerechte Führung. Frankfurt:
Peter Lang.

Brandenburg U, Domschke JP (2007). Die Zukunft sieht alt aus: Herausforderungen des demografischen Wandels für das Personalmanagement. Wiesbaden:
Gabler.

Brandtstädter J (2009). Goal pursuit and goal adjustment: Self-regulation and
intentional self-development in changing developmental contexts. Advances
in Life Course Research, 14, 52–62.

Bundesagentur für Arbeit (2012). Arbeitsmarktberichterstattung: Ältere am
Arbeitsplatz. Nürnberg.

Bundesanstalt für Arbeitsschutz und Arbeitsmedizin (2008). Mit Erfahrung die Zukunft meistern! Altern und Ältere in der Arbeitswelt. Dortmund.

Bundesanstalt für Arbeitsschutz und Arbeitsmedizin (2011). Why WAI? Der Work
Ability Index im Einsatz für Arbeitsfähigkeit und Prävention. 4. Auflage.
Dortmund.

Bundesministerium des Inneren (2007). Jedes Alter zählt: Demografiestrategie der
Bundesregierung. Berlin.

Bundesministerium für Familie, Senioren, Frauen und Jugend (Hrsg.) (2011). Fachkräftemangel: Ältere Beschäftigte bieten neue Potenziale. Berlin.
Bundesministerium für Familie, Senioren, Frauen und Jugend (Hrsg.) (2011). Wirt-
  schaftsmotor Altern. Berlin.
Bundesministerium für Familie, Senioren, Frauen und Jugend (Hrsg.) (2010). Eine
  neue Kultur des Alterns. Erkenntnisse und Empfehlungen des 6. Altenbe-
  richts. Berlin.
Bundesministerium für Familie, Senioren, Frauen und Jugend (Hrsg.) (2010). Über-
  gänge gestalten. Eine Expertise zu Motivation und Wünschen älterer Beschäf-
  tigter in Bezug auf die Gestaltung des Übergangs in den Ruhestand. Berlin.
Bundesministerium für Familie, Senioren, Frauen und Jugend (Hrsg.) (2008). Er-
  fahrung rechnet sich. Aus Kompetenzen Älterer Erfolgsgrundlagen schaffen.
  Berlin.
Bruch H, Kunze F, Böhm S (2010). Generationen erfolgreich führen: Konzepte
  und Praxiserfahrungen zum Management des demographischen Wandels.
  Wiesbaden: Gabler.
Cabeza R, Nyberg L, Park D (2009). Cognitive neuroscience of aging. New York:
  Oxford University Press.
Cicero MT (2010). Cato maior de senectute (übersetzt von M. Giebel). Stuttgart:
  Reclam.
Deller J et al. (2008). Personalmanagement im demografischen Wandel: Ein Hand-
  buch für den Veränderungsprozess. Heidelberg: Springer.
Doppler K, Lauterburg C (2008). Change Management, 12. Auflage. Frankfurt:
  Campus.
Eberhardt D, Meyer M (2011). Mit Führung den demographischen Wandel gestal-
  ten. Mering: Hampp.
Economist Intelligence Unit (2011). A silver opportunity? Rising longevity and its
  implications for business. London.
Econsense, Forum Nachhaltige Entwicklung der Deutschen Wirtschaft (2012). Die
  Deutsche Wirtschaft und der demografische Wandel: Lebensphasenorientier-
  te Personalpolitik. Berlin.
Erickson KI, Gildenger AG, Butters MA (2013). Physical activity and brain plasticity
  in late adulthood. Dialogues in Clinical Neuroscience, 15, 99–108.
European Centre for the Development of Vocational Training (2010). Working and
  ageing: Emerging theories and empirical perspectives. Luxemburg: Publica-
  tions Office of the European Union.
European Centre Vienna. (2013). Active Ageing Index 2012: Methodology report.
  Vienna.
Fernández-Ballesteros R (Ed.) (2007). Geropsychology: European Perspectives for
  an Aging World. Cambridge, MA: Hogrefe & Huber.
Fernández-Ballesteros R (2008). Active aging: The contribution of psychology.
  Cambridge, MA: Hogrefe & Huber.
Flato E, Reinbold-Scheible S (2008). Zukunftsweisendes Personalmanagement:
  Herausforderung demografischer Wandel. Landsberg: Moderne Industrie.
Forstmeier S, Maercker A (2008). Probleme des Alterns. Göttingen: Hogrefe.
Frey D, Gerkhardt M, Fischer P (2008). Erfolgsfaktoren und Stolpersteine bei Verän-
  derungen. In: Fisch R, Müller A, Beck D (Hrsg.). Veränderungen in Organisatio-
  nen (S. 281–299). Wiesbaden: Springer VS.
Generali Zukunftsfonds (Hrsg.) (2012). Generali Altersstudie 2013: Wie ältere Men-
  schen leben, denken und sich engagieren. Frankfurt: S. Fischer.
Grady C (2012). The cognitive neuroscience of ageing. Nature Reviews Neurosci-
  ence, 13, 491–505.
Groth A (2013). Führungsstark im Wandel, 2. Auflage. Frankfurt: Campus.
Hammer E (2012). Männer altern anders: Eine Gebrauchsanweisung. Freiburg:
  Herder.
Happe G (2007). Demografischer Wandel in der unternehmerischen Praxis: Mit
  Best-Practice-Berichten. Wiesbaden: Gabler.

Hedge JW, Borman WC (2012). The Oxford handbook of work and aging (Oxford library of psychology). New York: Oxford University Press.

Herrmann N (2007). Erfolgspotenzial ältere Mitarbeiter: Den demografischen Wandel souverän meistern. München: Hanser.

Hodin MW, Hoffmann M (2011). Snowbirds and water coolers: How aging populations can drive economic growth. SAIS Review, 31, 5–14.

Hole D, Zhong L, Schwartz J (2010). Talking about whose generation? Deloitte Review, 6, 84–97.

Holz M, Da-Cruz P (2007). Demografischer Wandel in Unternehmen: Herausforderung für die strategische Personalplanung. Wiesbaden: Gabler.

Howe N, Jackson R (2008). The graying of the great powers. Washington D.C.: Center for Strategic & International Studies.

Hsu LM, Chung J, Langer EJ (2010). The influence of age-related cues on health and longevity. Perspectives on Psychological Science, 5, 632–648.

Hüther M, Naegele G (2013). Demografiepolitik: Herausforderungen und Handlungsfelder. Wiesbaden: Springer VS.

Ilmarinen J (2009). Work Ability – a comprehensive concept for occupational health research and prevention. Editorial. Scandinavian Journal of Work, Environment & Health, 35, 1–5.

Ilmarinen J (2009). Ageing and Work: An International Perspective. In: S.J. Czaja & J. Sharit (Eds.), Ageing and Work. Issues and Implications in a Changing Landscape (pp. 51–73). Baltimore: Johns Hopkins University Press.

Initiative Neue Qualität der Arbeit (2011). Arbeitsfähigkeit erhalten und fördern. Berlin.

Initiative Neue Qualität der Arbeit (2011). Wie Zukunftstrends unseren Arbeitsmarkt verändern. Berlin.

Institut für gesundheitliche Prävention (2009). Menschen in altersgerechter Arbeitskultur (MiaA). Berlin.

Irle M (2009). Älterwerden für Anfänger. Hamburg: Rowohlt.

Jackson R, Howe N, Nakashima K (2010). The global aging preparedness index. Washington D.C.: Center for Strategic & International Studies.

Jellouschek H (2012). Wenn Paare älter werden, 2. Auflage. Freiburg: Herder.

Kistler E (2008). Alternsgerechte Erwerbsarbeit. Düsseldorf: Hans Böckler Stiftung.

Kotter JP (2012). Leading Change. Boston, MA: Harvard Business Review Press.

von Kleist B (2012). Wenn der Wecker nicht mehr klingelt, 4. Auflage. München: dtv.

Kolland F, Ahmadi P (2010). Bildung und aktives Altern: Bewegung im Ruhestand. Bielefeld: Bertelsmann.

König, F, Kläs, A (2013). Der demografische Wandel und die Anforderung an das Personalmanagement: Herausforderungen für Unternehmen und Mitarbeiter. Saarbrücken: Akademiker Verlag

Kruse A (2010). Ältere Arbeitnehmer: Potential für den Arbeitsmarkt. Robert Bosch Stiftung.

Kruse A (2007). Alter: Was stimmt? Freiburg: Herder.

Kruse A, Rentsch T, Zimmermann HP (Hrsg.) (2012). Gutes Leben im hohen Alter: Das Altern in seinen Entwicklungsmöglichkeiten und Entwicklungsgrenzen verstehen. Heidelberg: Akademische Verlagsgesellschaft.

Kruse A, Wah, HW (2010). Zukunft Altern: Individuelle und gesellschaftliche Weichenstellungen. Heidelberg: Spektrum.

Kruse P (2012). Alter: Leben und Arbeit. Hamburg: Körber-Stiftung.

Kunisch S et al. (2010). From grey to silver: Managing the demographic change successfully. Berlin: Springer.

Langer EJ (2009). Counterclockwise: A proven way to think yourself younger and healthier. London: Hodder & Stoughton.

Langhoff T (2009). Den demographischen Wandel im Unternehmen erfolgreich gestalten: Eine Zwischenbilanz aus arbeitswissenschaftlicher Sicht. Berlin: Springer.

Lehky M (2011). Leadership 2.0: Wie Führungskräfte die neuen Herausforderungen im Zeitalter von Smartphone, Burn-out & Co. managen. Frankfurt: Campus.

Lehr U (2006). Psychologie des Alterns, 7. Auflage. Wiebelsheim: Quelle & Meyer.

Lemmer R (2012). Generali schaltet auf Zukunft. Wirtschaftswoche, 12.11.2012.

Leopoldina Nationale Akademie der Wissenschaften (2011). More Years, More Life: Recommendations of the German Joint Academy Initiative on Aging. Stuttgart: Wissenschaftliche Verlagsgesellschaft.

Levy BR et al. (2012). Association between positive age stereotypes and recovery in older persons. Journal of the American Medical Association, 308, 1972–1973.

Llewellyn J, Chaix-Viros C (2008). The business of ageing. London: Nomura Global Equity Research.

Lindenberger U et al. (Hrsg.) (2012). Die Berliner Altersstudie, 3. Auflage. Berlin: Akademie Verlag.

Lloyd-Sherlock P et al. (2012). Population ageing and health. The Lancet, 379, 1295–1296.

Lövdén M et al. (2010). A theoretical framework for the study of adult cognitive plasticity. Psychological Bulletin, 136, 659–676.

Maier H et al. (2010). Supercentarians. Berlin: Springer.

Marin B, Zaidi A (2007). Mainstreaming ageing: Indicators to monitor sustainable policies. Surrey, UK: Ashgate.

Martin M, Kliegel M (2010). Psychologische Grundlagen der Gerontologie, 3. Auflage. Stuttgart: Kohlhammer.

Mayer, K U (2013). Zukunft leben: Die demografische Chance. Berlin: Nicolai.

McKinsey Deutschland (2011). Wettbewerbsfaktor Fachkräfte. Berlin.

Mercer, Bertelsmann Stiftung (2012). Den demografischen Wandel im Unternehmen managen. Frankfurt.

Motel-Klingebiel A, Wurm S, Tesch-Römer C (Hrsg.) (2010). Altern im Wandel: Befunde des Deutschen Alterssurveys 1996-2008 (DEAS). Stuttgart: Kohlhammer.

Mümken S, Brussig M (2012). Alterserwerbsbeteiligung in Europa. Altersübergangs-Report, Nr. 2012-01. Duisburg, Düsseldorf: Institut für Arbeit und Qualifikation, Hans-Böckler-Stiftung.

Naegele G, Walker A (2006). A guide to good practice in age management. Dublin: European Foundation for the Improvement of Living and Working Conditions.

National Intelligence Council (2012). Global Trends 2030: Alternative Worlds. Washington D.C.

Naisbitt, J (1982). Megatrends: ten new directions transforming our lives. New York: Warner Books.

Nerdinger FW, Blickle G, Schaper N (2011). Arbeits- und Organisationspsychologie, 2. Auflage. Berlin: Springer.

Ng TWH, Feldman DC (2012). Evaluating six common stereotypes about older workers with meta-analytical data. Personnel Psychology, 65, 821–858.

Nygard CH et al. (2011). Age management during the life course. Tampere: Tampere University Press.

Niejahr E (2007). Alt sind nur die anderen: So werden wir leben, lieben und arbeiten. Frankfurt: S. Fischer.

Nowossadek S, Vogel C (2013). Aktives Altern. Report Altersdaten 2/2013. Berlin: Deutsches Zentrum für Altersfragen.

Nübold A, Maier GW (2012). Führung in Zeiten des demografischen Wandels. In: S. Grote (Hrsg.), Die Zukunft der Führung (S. 131-152). Berlin: Springer.

Oertel J (2012). Generationenmanagement in Unternehmen. Wiesbaden: Gabler.

Oswald WD, Gatterer, G., & Fleischmann, U. M. (2008). Gerontopsychologie, 2. Auflage. Wien: Springer.

Park DC, Bischof GN (2013). The aging mind: neuroplasticity in response to cognitive training. Dialogues in Clinical Neuroscience, 15, 109–119.

Philipps LH, Andrés P (2010). The cognitive neuroscience of aging (special issue). Cortex, 46, 421–589.

Preißling D (Hrsg.) (2010). Erfolgreiches Personalmanagement im demografischen Wandel. München: Oldenbourg.

Prezewowsky M (2007). Demografischer Wandel und Personalmanagement: Herausforderungen und Handlungsalternativen vor dem Hintergrund der Bevölkerungsentwicklung. Wiesbaden: Gabler.

PricewaterhouseCoopers (2008). Pro 50: Arbeit mit Zukunft. Frankfurt.

PricewaterhouseCoopers (2011). Demografie-Management 2011. Frankfurt.

Prümper J (2012). Herausforderung demografischer Wandel. In L. von Rosenstiel, E. von Hornstein & S. Augustin (Hrsg.). Change Management Praxisfälle (S. 233–253). Berlin: Springer.

Radebold H, Radebold H (2009). Älterwerden will gelernt sein. Stuttgart: Klett-Cotta.

Reuter-Lorenz P, Park DC (2010). Human neuroscience and the aging mind. The Journals of Gerontology, 65B, 405–415.

von Rosenstiel L, Nerdinger FW (2011). Grundlagen der Organisationspsychologie, 7. Auflage. Stuttgart: Schäffer-Poeschel.

von Rosenstiel L, von Hornstein E, Augustin S (Hrsg.) (2012). Change Management Praxisfälle. Berlin: Springer.

Rump J, Eilers S (2013). Lebensphasenorientiert führen: Eine Strategie für die Zukunft. BPUVZ, 4, 152–158.

Rump J, Eilers S (2012). Die jüngere Generation in einer alternden Arbeitswelt: Baby Boomer versus Generation Y. Sternenfels.

Salthouse T (2010). Major issues in cognitive aging. New York: Oxford University Press.

Schaie KW, Willis SL (2011). Handbook of the Psychology of Aging, 7th edition. San Diego, CA: Academic Press.

Schenk H (2005). Der Altersangst-Komplex. München: C.H. Beck.

Schneider C (2011). Gesundheitsförderung am Arbeitsplatz: Nebenwirkung Gesundheit. Bern: Hans Huber.

Schmallenbach C (2012). Mit Demografie-Management Zukunftssicherung betreiben. Versicherungswirtschaft, 19, 1424–1425.

Schmidbauer W (2001). Altern ohne Angst. Hamburg: Rowohlt.

Schmidt CE et al. (2011). Von der Personalverwaltung zur Personalentwicklung: Demographic risk management in Krankenhäusern. Anaesthesist, 60, 507–516.

Schmidt CE et al. (2012). Generation 55+: Führung und Motivation von Generationen im Krankenhaus. Anaesthesist, 61, 630–639.

Schulz von Thun F (2004). Miteinander reden 1: Störungen und Klärungen. Allgemeine Psychologie der Kommunikation, 48. Auflage. Reinbeck: Rowohlt.

Schulz von Thun F, Ruppel J, Stratmann R (2003). Miteinander reden: Kommunikationspsychologie für Führungskräfte. Reinbeck: Rowohlt.

Schweitzer, J, Bossmann, U (2013). Systemisches Demografie-Management. Wie kommt Neues zum Älterwerden ins Unternehmen? Wiesbaden: Springer VS

Seyfried, B. (Hrsg.) (2011). Ältere Beschäftigte: Zu jung um alt zu sein. Bielefeld: Bertelsmann.

Sievert, S et al. (2013). Produktiv im Alter: Was Politik und Unternehmen von anderen europäischen Ländern lernen können. Berlin: Berlin-Institut für Bevölkerung und Entwicklung.

Soros G (1994-2003). Transforming the culture of dying. New York: Open Society Institute.

Soros G (1999). Reflections on death in America. The Hospice Journal, 14, 205–215.

Sporket M (2011). Organisationen im demographischen Wandel: Alternsmanagement in der betrieblichen Praxis. Wiesbaden: Springer VS.

Sporket M (2009). Alternsmanagement in der betrieblichen Praxis. Zeitschrift für Gerontologie und Geriatrie, 42, 292–298.

Standard & Poor's (2013). Global Aging 2013: Rising to the challenge. Standard & Poor's Rating Services.

Statistische Ämter des Bundes und der Länder (2012). Arbeitsmärkte im Wandel. Wiesbaden.

Stern Y (2009). Cognitive reserve. Neuropsychologia, 47, 2015–2028.

Strack R, Baier J, Fahlander A (2008). Managing demographic risk. Harvard Business Review, February, 119–128.

Szymanski H, Lange A, Berens T (2009). Die Bilanzierung von Instrumenten zur Gestaltung des demografischen Wandels. Dortmund: Bundesanstalt für Arbeitsschutz und Arbeitsmedizin.

Tempel J, Ilmarinen J (2012). Arbeitsleben 2025: Das Haus der Arbeitsfähigkeit im Unternehmen bauen. Hamburg: VSA.

Tesch-Römer C (2012). Active aging and quality of life in old age. New York, Geneva: United Nations.

Tucker M, Stern Y (2011). Cognitive reserve in aging. Current Alzheimer Research, 8, 354–360.

Towers Watson (2013). Demografischer Wandel – Status Quo und Herausforderungen für Unternehmen in Deutschland und Österreich. Frankfurt.

United Nations (2012). Ageing in the twenty-first century: A celebration and a challenge. New York: United Nations Population Fund.

United Nations Population Division (2011). World Population Prospects: The 2010 Revision. New York: United Nations Population Division.

Vahs D, Weiand A (2010). Workbook Change Management: Methoden und Techniken. Stuttgart: Schäffer-Poeschel.

Voelpel S, Leibold M, Früchtenicht JD (2007). Herausforderung 50 plus. Konzepte zum Management der Aging Workforce: Die Antwort auf das demographische Dilemma. Erlangen: Publicis/Wiley.

Wahl HW, Diehl M, Kruse A (2008). Psychologische Alternsforschung: Beiträge und Perspektiven. Psychologische Rundschau, 59, 2–23.

Wahl HW, Tesch-Römer C, Ziegelmann JP (2012). Angewandte Gerontologie: Interventionen für ein gutes Altern in 100 Schlüsselbegriffen, 2. Auflage. Stuttgart: Kohlhammer.

Walter N et al. (2013). Die Zukunft der Arbeitswelt. Stuttgart: Robert Bosch Stiftung.

Ware B (2012). The top five regrets of dying. London: Hay House.

Watzlawick P, Beavin JH, Jackson D (2011). Menschliche Kommunikation: Formen, Störungen, Paradoxien, 12. Auflage. Bern: Huber.

Wegge J et al. (2012). Führung im demografischen Wandel. Report Psychologie, 37, 344–354.

Wick G (2012). The Aging Issue. Karger Gazette, 72.

World Health Organization (2013). World Health Statistics 2013. Geneva.

World Health Organization (2012). Dementia: A public health priority. Geneva.

World Health Organization (2007). Women, ageing and health: A framework for action. Geneva.

Zölch M et al. (2009). Fit für den demografischen Wandel? Ergebnisse, Instrumente, Ansätze guter Praxis. Bern: Haupt.

Stichwortverzeichnis